高等学校大数据专业系列教材

# 大数据存储

## NoSQL

郭旦怀 编著

清华大学出版社

北京

# 内 容 简 介

"数据是人类共同的财富""数据是现代科学研究的基石"。在当今这个大数据的时代,如何强调数据的重要性似乎都不为过。随着互联网及其应用的普及,传统关系数据库越来越难以满足计算机应用对数据存储、访问和安全的需要,非关系数据库和新兴数据库应运而生。本书主要面向新一代数据库系统,详细介绍数据库发展史、数据库设计原则、NoSQL和NewSQL的基本原理与设计思想。本书选取了新一代数据库发展历程中具有代表性的数据库展开讲解,如键值数据库实例的Redis与DynamoDB、列族数据库的HBase与Cassandra、文档数据库的MongoDB与CouchDB、图数据库的Neo4j与ArangoDB,NewSQL则选择了TiDB、Vitess和CockroachDB。

本书主要面向大数据及相关专业的本科生和计算机专业的研究生,以及广大从事大数据存储与管理等领域的专业人员、高等院校教师及相关领域的科研人员。

**图书在版编目(CIP)数据**

大数据存储：NoSQL/郭旦怀编著.—北京：清华大学出版社,2023.7
高等学校大数据专业系列教材
ISBN 978-7-302-63376-1

Ⅰ.①大… Ⅱ.①郭… Ⅲ.①数据管理－高等学校－教材 Ⅳ.①TP274

中国国家版本馆 CIP 数据核字(2023)第 068450 号

责任编辑：陈景辉　张爱华
封面设计：刘　建
责任校对：郝美丽
责任印制：杨　艳

出版发行：清华大学出版社
　　　　网　　　址：http://www.tup.com.cn,http://www.wqbook.com
　　　　地　　　址：北京清华大学学研大厦 A 座　　邮　　编：100084
　　　　社 总 机：010-83470000　　　　　　　　　邮　　购：010-62786544
　　　　投稿与读者服务：010-62776969,c-service@tup.tsinghua.edu.cn
　　　　质量反馈：010-62772015,zhiliang@tup.tsinghua.edu.cn
　　　　课件下载：http://www.tup.com.cn,010-83470236
印 装 者：大厂回族自治县彩虹印刷有限公司
经　　销：全国新华书店
开　　本：185mm×260mm　　　　印　张：14.75　　　　　字　　数：358 千字
版　　次：2023 年 9 月第 1 版　　　　　　　　　　　　印　　次：2023 年 9 月第 1 次印刷
印　　数：1～1500
定　　价：59.90 元

产品编号：099226-01

# 前 言

党的二十大报告指出,教育、科技、人才是全面建设社会主义现代化国家的基础性、战略性支撑。必须坚持科技是第一生产力、人才是第一资源、创新是第一动力,深入实施科教兴国战略、人才强国战略、创新驱动发展战略,开辟发展新领域新赛道,不断塑造发展新动能新优势。

在当今大数据的时代,数据是最为宝贵的资源,是社会管理、商业应用、科学研究、国防安全的决策基础。随着对数据容量、数据访问便捷性和数据安全性重视程度的提升,几乎所有的信息系统都需要使用数据库系统来组织、存储、管理数据,人们对新型数据库技术的研究和关注日益增多。同时,目前的数据库系统相关书籍主要讲解关系数据库以及 NoSQL数据库,研究状况也局限于多年之前,缺少对 NoSQL 以及 NewSQL 全面系统的介绍。基于上述背景,本书主要基于新一代数据库技术,介绍以 NoSQL、NewSQL 数据库为代表的大数据存储的相关理论、设计思想以及应用。

**本书主要内容**

全书分为三部分共 10 章。

第一部分为大数据相关基础知识,包括第 1~3 章。第 1 章绪论,介绍数据存储基本概念、数据存储的发展阶段、大数据基本概念以及大数据时代的数据存储关键技术。第 2 章回顾数据库发展史,概括数据库发展简史,按数据库发展时间线依次介绍网状与层次数据库、关系数据库、NoSQL、NewSQL,随后介绍中国数据库的发展历史,最后展望下一代数据库的关键技术。第 3 章介绍数据库的基本原理、设计原则以及评价标准。

第二部分为 NoSQL 基础与应用,包括第 4~8 章。第 4 章介绍 NoSQL 基本原理以及键值数据库、列族数据库、文档数据库及图数据库 4 类 NoSQL 数据库的设计思想。第 5 章介绍键值数据库实例:Redis 与 DynamoDB,包括对 Redis 与 DynamoDB 基础知识、关键技术或工作原理的介绍以及 Redis 的安装实践。第 6 章介绍列族数据库实例:HBase 与Cassandra,包括对 HBase 与 Cassandra 基础知识、关键技术或工作原理的介绍以及安装实践。第 7 章介绍文档数据库实例:MongoDB 与 CouchDB,包括对 MongoDB 与 CouchDB 基础知识、关键技术或工作原理的介绍以及安装实践。第 8 章介绍图数据库实例:Neo4j 与ArangoDB,包括对 Neo4j 与 ArangoDB 基础知识、关键技术或工作原理的介绍以及安装实践。

第三部分为 NewSQL 基础与应用,包括第 9、10 章。第 9 章介绍 NewSQL 数据库的基本原理、分类以及设计思想。第 10 章介绍 3 种典型的 NewSQL 数据库：TiDB、Vitess 和 CockroachDB,包括对这 3 种典型 NewSQL 数据库基础知识、工作原理的介绍以及安装实践。

### 本书特色

(1) 问题驱动,由浅入深。

本书通过分析大数据存储涉及的核心问题,由浅入深、逐步地对数据库的重要概念及原理进行讲解与探究,为读者更好地掌握大数据存储的原理提供便利和支持。

(2) 注重原理,抓住前沿。

本书重点从原理讲述不同数据库的设计思想,结合实例帮助学生理解不同数据库的特点,同时由于本书涉及的内容更新较快,本书尽量将当前研究热点、研究方向也纳入进来。

(3) 风格简洁,使用方便。

本书风格简洁明快,对于非重点的内容不做长篇论述,以便读者在学习过程中明确内容之间的逻辑关系,更好地掌握大数据存储技术的内容。

### 配套资源

为便于教与学,本书配有数据集、教学课件、教学大纲、教学日历、期末试卷及答案、软件安装包。

(1) 获取数据集、软件安装包：先扫描本书封底的文泉云盘防盗码,再扫描下方二维码,即可获取。

数据集　　　　　　　软件安装包

(2) 其他配套资源可以扫描本书封底的"书圈"二维码,关注后回复本书书号,即可下载。

### 读者对象

本书主要面向大数据及相关专业的本科生和计算机专业的研究生,也包括广大从事大数据存储与管理等领域的专业人员、高等院校教师及相关领域的科研人员。

本书得到国家自然科学基金(No：41971366,91846301)和中央高校基本科研业务费专项资金资助(BUCTRC：202132),特此感谢。北京化工大学信息科学与技术学院宏德时空数据智能实验室的窦泽平、于紫雪、于珊珊同学参与了部分书稿的编写和修改,北京化工大学信息科学与技术学院王友清院长、俞度立教授、张帆副院长和其他老师也提供了支持和帮助,在此一并表示感谢。同时,在本书的编写过程中,参考了诸多相关资料,在此对相关资料的作者表示衷心的感谢。

限于本人水平和时间,加之大数据存储技术的飞速发展,书中难免有疏漏之处,欢迎广大读者批评指正。

郭旦怀

2023 年 3 月

# 目 录

## 第一部分 大数据相关基础知识

# 第二部分　NoSQL 基础与应用

# 第一部分 大数据相关基础知识

# 第 1 章

# 绪　　论

## 1.1 数据存储基本概念

### 1.1.1　数据存储的定义

数据存储是指在电磁、光学或硅基存储介质中保留数字信息的方法和技术的集合。通常采用专门的信息保留技术,保存数据并确保可在需要时对其进行访问。数据存储通过使用计算机或其他设备运用记录介质来保存数据。最常用的数据存储方式有文件存储、块存储和对象存储,每种存储方式针对不同的用途设计。数据存储的容量和能力通常作为软件系统或者数据中心能力的重要衡量指标。

#### 1. 数据存储是计算机信息交换的基础

数字信息在数据存储介质中有两种作用形式:输入数据(由用户提供)和输出数据(由计算机提供)。用户可以通过计算机向存储介质输入数据,也可以通过计算机从存储介质中取出数据。最早的数据都是手动输入计算机的,当时如果没有用户的输入,那么计算机的 CPU 就无法计算任何内容或产生任何输出数据。

人们在计算机发展的早期很快就发现,持续地手动输入数据会耗费大量的时间和精力。于是,RAM(Random Access Memory,随机存取存储器)方案应运而生,它可以短期有效地解决这一问题。RAM 是与 CPU 直接交换数据的内部存储器,它可以随时读写,而且速度很快,通常作为操作系统或其他运行程序的临时资料存储介质。随着数据的增加,采用计算机内存这一方式并不能满足复杂计算的需要,原因在于:首先,内存的存储容量和保留时间都非常有限,RAM 的数据会在计算机关机时被清除,无法长期保存;其次,RAM 的每字节价格太高,尽管计算机内存技术取得了巨大进步,出现了动态 RAM(DRAM)和同步 DRAM(SDRAM),但这一技术仍受到成本高、容量小和无法长期保留等方面的限制。

ROM(Random Only Memory,只读存储器)虽然可以长期保存数据,但缺乏写入功能,所以只能当作诸如操作系统等几乎不改变的软件的存储介质。

**2. 数据存储的应用**

随着计算机技术的发展,人们希望计算机能够永久保存数据,即通过使用数据存储,用户可在设备上保存数据,当计算机关机时,数据仍然保留。这样,用户可向计算机发出指令,从存储设备中读取数据,而无须手动地将数据输入计算机,也可根据需要从各种其他的来源读取输入数据,并将其保存到指定的存储位置。通过数据存储,用户还可与他人共享数据。

目前,企业和个人用户都需要大量的数据存储,以满足不同计算需求,如大数据项目、人工智能(AI)、机器学习、物联网(IoT)和个人照片的存储。

大数据存储的驱动因素还有数据备份的需求,数据有可能会因为自然灾害、设备故障或非法入侵遭到破坏或丢失,为避免数据丢失导致的损失,组织或个人可以使用大型数据存储作为备份解决方案。常采用云存储异地灾备的技术方案。

**3. 数据存储的方式**

数据存储的工作方式是通过现代计算机(或称为终端)直接或通过网络连接到存储设备的。用户使用计算机访问存储设备中的数据,或将数据存储到设备。根据数据存储方式的不同,数据存储可分为直连存储(Direct Attached Storage,DAS)、网络附加存储(Network Attached Storage,NAS)、存储区域网络(Storage Area Network,SAN)。

**图 1-1 DAS 结构示意**

1) DAS

DAS 是最简单的存储类型,存储设备直接连接到主机设备,如图 1-1 所示。DAS 的典型示例是连接到 PC 或服务器的外部存储设备。DAS 设备可以由单个机箱中的多个硬盘驱动器组成,无须任何网络连接。常见的 DAS 的连接方式有 USB(通用串行总线)、SATA(串行高级技术附件)、eSATA(外部串行高级技术附件)、SAS(串行连接 SCSI)。

DAS 的优点:性能是 DAS 的主要优势,由于存储设备直接连接到主机,它可以提供最佳性能和最低的延迟,仅受连接接口的固有限制。通过合理的配置,DAS 具有维护要求低且经济高效的数据存储解决方案。

DAS 的缺点:由于需要直接连接而且没有网络连接,DAS 不适合为多个用户或设备提供存储连接。此外,DAS 的可扩展性有限,这主要受到主机可以使用的接口数量和 DAS 可支持的驱动器数量的限制。

2) NAS

NAS 是一种文件级的数据存储解决方案,通过网络提供存储服务。NAS 设备可以同时连接到多个用户或 PC 和服务器,而不会显著降低性能,是目前最受个人消费者和企业用户欢迎的存储解决方案之一。

大多数 NAS 设备都以多设备(SSD/HDD)机箱的形式出现。NAS 中的磁盘通常采用 RAID 阵列等冗余解决方案或 SHR(Synology Hybrid RAID)等专有解决方案进行组合。大多数 NAS 设备支持从 RAID 1 到 RAID 5 的典型 RAID 配置,而更高级的 NAS 设备支持高级 RAID 配置,如 RAID 50 和 RAID 60。

典型的 NAS 解决方案使用 SMB(Server Message Block)或 NFS(Network File System)等网络协议来提供跨网络的连接。

NAS 的优点：NAS 提供基于网络连接的存储服务，存储连接到网络，而不是单个主机。存储可以在几乎无限量的主机之间轻松共享。因为大多数设备都支持集成额外的机箱来扩展存储，所以 NAS 可以轻松实现扩容。此外，由于 NAS 设备本身可以支持 RAID 配置，因此它们天然支持数据冗余方案。NAS 设备便于配置，而且需要相对较少的维护。

近年来，NAS 设备已经从简单的网络存储解决方案发展为具有完整功能的微型服务器。QNAP 和 Synology 等 NAS 操作系统直接在 NAS 中提供附加功能，例如，运行电子邮件服务器、Dock 容器和 VM 解决方案。

NAS 的缺点：NAS 的性能严重依赖于网络性能。低速网络会对 NAS 解决方案产生负面影响。因此，在整合 NAS 解决方案时，网络速度和延迟是主要考虑因素。此外，NAS 设备需要利用 CPU、RAM 等设备，这些设备升级潜力非常有限。当设备面临性能问题，难以升级底层硬件。

3）SAN

SAN 是一种面向企业和数据中心的高性能存储解决方案，可提供对主机设备的块级存储访问，如图 1-2 所示。SAN 是从为企业和数据中心提供可靠且可扩展的块级存储的需求演变而来的。在 SAN 之前，获得块级访问权限的唯一选择是使用连接到独立服务器的内部存储设备，它严重限制了可用的存储容量，或被迫转向昂贵的多服务器系统。SAN 通过允许用户的存储作为通过网络访问的独立设备解决了这个问题。SAN 兼具了 DAS 的性能和 NAS 的灵活性，同时也增加了配置和维护的复杂性。SAN 通常使用以下协议来实现主机和 SAN 解决方案之间的连接：SCSI（小型计算机系统接口）、ISCSI（互联网小型计算机系统接口）和光纤通道。

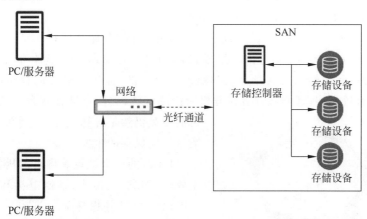

图 1-2 SAN 结构示意

在商业应用方面，IBM、Dell、EMC、Hewlett-Packard 和 NetApp 等公司积极提供 SAN 解决方案。虽然 SAN 还支持诸如 RAID 的存储冗余选项，但它超越了简单的 RAID 配置，支持多阵列 RAID、缓存，甚至内置灾难恢复和备份选项。

SAN 的优点：由于 SAN 针对那些任务优先型企业的工作任务而设计，因此 SAN 具有高可靠性、高性能以及高扩展性的特点。块级访问允许企业降低对本地存储的需求，并通过网络引导优化包括操作系统在内的环境,主机设备可以通过 SAN 访问所有存储。与其他解决方案相比,SAN 可以提供几乎无限的容量和可扩展性,原因在于可以将任意数量的 SAN 设备添加到应用级存储方案中。

SAN 的缺点:SAN 的主要缺点是其复杂性。即使是基本的 SAN 解决方案,实施和维护也很复杂,需要具有优化的高性能网络架构专用硬件和软件解决方案才能达到最佳性能。

### 1.1.2　数据存储介质

#### 1. 存储介质工作原理

存储介质(Storage Media)是应用程序和用户用以接收、保留、读取和索引电子数据的物理设备。存储介质可能位于计算机或其他设备内部,也可能是直接或通过网络连接的外部系统。

早期形式的存储介质包括打孔的计算机纸带。每个孔对应一个数据位。纸带阅读器会识别孔并将其转换为数字。打孔卡片在数据存储的早期也被广泛使用,曾经存储了世界上大部分的数字信息。纸带和打孔卡片随后被磁带取代,后逐步让位于磁性软盘。目前的存储介质主要是机械硬盘(HDD)和固态硬盘(SSD)等。除此之外还有 USB 闪存驱动器、光盘(CD)和非易失性存储器(NVM)卡。

根据存储数据类型的不同,存储又可分为主存储和辅助存储。主存储是指保存在内存中以供计算机处理器快速检索的数据,而辅助存储是指存储在非易失性设备(如 SSD 和 HDD)上的数据。

#### 2. 存储介质分类

存储介质有许多不同的形式,其中包括如下几类。

(1) 硬盘驱动器(Hard Disk Driver,HDD)。

HDD 简称硬盘,为磁带或软盘(现已不再使用)等磁存储介质提供了一种高容量替代方案。一般由磁盘、磁头、主轴等部分组成,如图 1-3 所示。所有的盘片都固定在一个旋转轴上,这个轴即盘片主轴。所有盘片之间是严格平行的,在每个盘片的存储面上都有一个磁头。盘片涂有磁性层,通常在计算机开机时连续旋转,数据存储在磁盘上的不同扇区中。

**图 1-3　硬盘组件**

目前硬盘仍然是计算机存储、活跃的数据档案和数据长期保存的主要选择。

HDD 的一个缺点是磁盘的机械部分容易发生故障,如盘片、磁头、控制电机和主轴,这些都可能出现故障并损坏驱动器。尽管如此,HDD 在企业级磁盘阵列中仍然很受欢迎,因为它们的容量不断增加,并且能够反复擦写数据。随着技术的发展,单个磁盘的容量也越来越大,2017 年,西部数据公司推出了 14TB 硬盘,该硬盘成为当时市场上容量最大的硬盘。希捷科技在 2019 年推出了 16TB 硬盘。此后,西部数据公司推出了 20TB 的磁盘。

近年来,一些 HDD 使用叠瓦式磁记录(Shingled Magnetic Recording,SMR)作为传统磁记录的替代方案。SMR 允许将数据写入磁盘部分重叠的磁道中,从而实现更大的面密度。SMR 驱动器最适合处理持续写入的数据,例如,基于磁盘的归档和备份,但它可能会对响应速度有要求的任务性能产生负面影响。

(2)独立硬盘冗余阵列(Redundant Array of Independent Disk,RAID)。

图 1-4 RAID 硬盘示例

磁盘阵列(Disk Array,DA)是使用多个磁盘(包括驱动器)的组合来代替一个大容量的磁盘,如图 1-4 所示。这不仅能比较容易地构建大容量的磁盘存储器系统,而且可以提高系统的性能,因为磁盘阵列中的多个磁盘可以并行地工作。磁盘阵列一般是以条带为单位把数据均匀地分布到多个磁盘上(交叉存放),使得磁盘存储器系统可以并行地处理多个数据读写请求,从而提高总体的 I/O 性能。这个并行性有两方面的含义:一是多个独立的请求可以由多个盘来并行地处理,这减少了 I/O 请求的排队等待时间;二是一个请求如果访问多个块,就可以由多个磁盘合作来并行处理,从而提高了单个请求的数据传输率。

阵列中磁盘个数越多,磁盘阵列的性能就越高。但是,磁盘数量的增加会导致磁盘阵列可靠性的下降。磁盘阵列的可靠性是单个磁盘可靠性的 $1/N$($N$ 为磁盘个数)。

RAID 通过在磁盘阵列中设置冗余信息盘很好地解决这个问题,由此成为 DA 方案的代表。当单个磁盘失效时,丢失的信息可以利用冗余盘中的信息重新构建。只有在这个失效磁盘被恢复(修复或更换)之前,又发生了第二个磁盘的失效时,磁盘阵列才不能正常工作。由于磁盘的平均无故障时间(MTTF)为几十年,而平均修复时间(MTTR)只有几小时,因此容错技术使得磁盘阵列的可靠性比单个磁盘高很多。例如,假设单个磁盘在 3 年内出现故障的概率是 2.59%,构建一个由 8 个磁盘构成的 RAID,如采用 RAID 5,磁盘阵列 3 年内不出故障的安全概率为 99.224 067%;而如果采用 RAID 6 构建系统,3 年内不出故障的安全概率为 99.911 772%。

在 RAID 中增加冗余信息盘有多种不同的方法,这也构成了不同 RAID 级别。表 1-1 列举了不同的 RAID 级别的特征比较。

表 1-1 不同的 RAID 级别的特征比较

| 特 征 | 最少#个驱动器 | 数据保护 | 读取性能 | 写入性能 | 读取性能(降级) | 写入性能(降级) | 产能利用率 | 典 型 应 用 |
|---|---|---|---|---|---|---|---|---|
| RAID 0 | 2 | 无保护 | 高 | 高 | 不适用 | 不适用 | 100% | 高端工作站、数据记录、实时渲染、非常短暂的数据 |
| RAID 1 | 2 | 单驱故障 | 高 | 中等 | 中等 | 高 | 50% | 操作系统、事务数据库 |
| RAID 1E | 3 | 单驱故障 | 高 | 中等 | 高 | 高 | 50% | 操作系统、事务数据库 |

续表

| 特　征 | 最少# 个驱动器 | 数据保护 | 读取性能 | 写入性能 | 读取性能(降级) | 写入性能(降级) | 产能利用率 | 典型应用 |
|---|---|---|---|---|---|---|---|---|
| RAID 5 | 3 | 单驱故障 | 高 | 低 | 低 | 低 | 67%～94% | 数据仓库、网络服务、归档 |
| RAID 5EE | 4 | 单驱故障 | 高 | 低 | 低 | 低 | 50%～88% | 数据仓库、网络服务、归档 |
| RAID 6 | 4 | 两驱故障 | 高 | 低 | 低 | 低 | 50%～88% | 数据归档、备份到磁盘、高可用性解决方案、具有大容量需求的服务器 |
| RAID 10 | 4 | 每个子阵列中最多有一个磁盘故障 | 高 | 中等 | 高 | 高 | 50% | 快速数据库、应用服务器 |
| RAID 50 | 6 | 每个子阵列中最多有一个磁盘故障 | 高 | 中等 | 中等 | 中等 | 67%～94% | 大型数据库、文件服务器、应用服务器 |
| RAID 60 | 8 | 每个子阵列中最多有两个磁盘故障 | 高 | 中等 | 中等 | 低 | 50%～88% | 数据归档、备份到磁盘、高可用性解决方案、具有大容量需求的服务器 |

（3）闪存(Flash Memory)。

和传统机械类硬盘不同,闪存不依赖于转动的机械部件,相反,数据直接写入微芯片,

使存储操作速度比传统磁盘快得多。闪存模块如图 1-5 所示。Neal 等人通过实验表明,NAND 闪存随机写入速度平均可达 600MB/s,峰值超过 1GB/s。但是,由于必须在整个块中擦除和重写数据,因此会影响闪存设备的整体耐用性。

图 1-5　闪存模块

闪存主要有两种类型:NAND 和 NOR。这是由它们各自的逻辑门定义而命名的,这些逻辑门决定了数字电路的基本架构。NAND 闪存是按块写入和读取的,而 NOR 闪存是独立读取和写入字节的,两种类型的闪存都被广泛应用于各种设备。

NOR 闪存往往用于医疗设备和科学仪器等设备的嵌入式系统和平板电脑及智能手机等消费类设备。在有些情况下,NOR 闪存可替代 RAM 或 ROM 驱动器。

NAND 闪存用于几乎所有类型的通用存储,因为它在写入、擦除和顺序读取方面效率更高。NAND 闪存比 NOR 闪存具有更高的密度和耐用性,所以常被企业级存储方案采用。一些设备同时使用这两种类型的闪存。例如,智能手机可能依赖 NOR 闪存来启动操作系统,而 NAND 闪存用于手机的所有其他存储。

基于 NAND 闪存的 SSD 通常按每个闪存单元支持的位数分为单级或多级。单级单元(SLC)NAND 每个闪存单元存储 1 位数据,该单元处于已编程(0)状态或已擦除(1)状态。多级单元(MLC)NAND 每个闪存单元存储 2 位数据,三级单元(TLC)每个单元存储 3 位数

据,四级单元(QLC)存储4位数据。目前正在研发五级单元(PLC)闪存,该闪存将5位数据压缩到每个单元中。

(4) SSD。

基于闪存的SSD广泛用于基于网络的存储(例如NAS和SAN)和直接连接存储,后者可以从外部连接到计算机或直接嵌入系统中。直接连接SSD有时用作网络存储阵列的替代品或扩展。SSD样例如图1-6所示。

内置SSD有多种形式,如使用PCIe(Peripheral Component Interconnect Express,外设组件互连标准)串行端口的附加卡、安装在计算机主板模块上的磁盘(DOM)闪存引导驱动器、基于闪存的双列直插式内存模块(DIMM)、位于主板上的动态随机存取内存(DRAM)中,以及提供性能缓存、在服务器内存空间中运行的非易失性存储级内存,它结合了DRAM和NAND。

SSD设计之初利用串行连接SCSI(SAS)和串行高级技术附件(SATA)协议,现在许多SSD采用非易失性内存快速(NVMe)协议,NVMe使用计算机的PCIe端口使应用程序能够直接与数据存储设备通信,NVMe协议可以更好地发挥SSD的功能。基于PCIe的NVMe SSD能有效减少延迟并提高吞吐量。NVMe的成功促进了非易失性存储器(NVMe-oF)的发展。NVMe-oF可以使用NVMe命令通过以太网、光纤通道或InfiniBand(无限带宽)连接在主机和闪存设备之间传输数据。

(5) USB闪存驱动器。

USB闪存驱动器是一种通过USB端口连接到计算机或其他设备的可移动存储介质,如图1-7所示。USB闪存驱动器的大小可能有所不同,但它们通常约为拇指大小,其设计类似于SSD,但规模较小。USB闪存驱动器通过插入兼容的USB端口连接到设备,从而可以快速传输或复制数据。

图1-6 英特尔公司的基于3D XPoint的Optane SSD　　图1-7 USB闪存驱动器

其他可移动闪存存储介质包括Secure Digital卡(SD卡)、microSD卡、Secure Digital High Capacity卡(SDHC卡)、Compact Flash卡(CF卡)、Smart Media卡、Sony Memory Stick、Multi Media Card(MMC)和xD-Picture Card等。

(6) 光盘(Optical Disc)。

光盘是运用激光把二进制数据刻在扁平、具有反射能力的盘片上,当光盘在光驱中高速旋转、激光头在电机的控制下做径向移动时,数据就源源不断地被记录或读取出来,如图1-8所示。光盘大约在20世纪90年代中期时开始普及,具有存放大量资料的特性,1片12cm的CD-R约可存放1小时的MPEG1的视频、74分钟的音乐,或680MB的资料。许多光盘只支持一次写入多次读取操作。根据使用的激光种类的不同,光盘可分为使用红外激光的CD(Compact Disc)、VCD(Video

图1-8 光盘

Compact Disc)和 SVCD(Super Video Compact Disc),使用红色激光的 DVD(Digital Versatile Disc)、EVD(Enhanced Versatile Disc)、FVD(Forward Versatile Disc)、HVD (High-definition Versatile Disc)、HDV(High Definition Video)、NVD(Net Video Disc)、VMD(Versatile Multilayer Disc)和 UMD(Universal Media Disc)以及使用蓝色激光的 Blue-ray Disc(BD 蓝光光盘)和 HD DVD 等。

(7)磁带(Magnetic Tape)。

图 1-9　Spectra Logic LTO-8 磁带介质和驱动器

磁带是一种非易失性存储介质,由带有可磁化覆料的塑料带状物组成(通常封装为卷)。Spectra Logic LTO-8 磁带介质和驱动器如图 1-9 所示。磁带是循序访问的设备,尤其适合长时间资料存储和备份以及顺序读写大量资料的情况。磁带的类型多种多样,可存储的内容也多种多样。例如,存储视频的录像带,存储音频的录音带(包括盘式录音带(Reel-to-Reel Audio Tape Recording)、卡式录音带(Compact Audio Cassette)、数字音频磁带(DAT)、数字线性磁带(DLT)和 8 音轨卡匣(8-Track Cartridges))等各式各样的磁带。用于计算机的磁带在 20 世纪 80 年代被广泛应用,但由于速度较慢、体积较大等缺点,现今主要用于商业备份等。磁带的存储寿命较长,维护成本低廉,制造和放置成本也非常低,所以对数据安全性要求较高的机构仍大量使用磁带。

磁带柜(Tape Library,也称 Tape Silo 或 Tape Jukebox)是一整套资料存储装置或设备,机内包含了一到多个磁带机(Tape Driver),同时机内也有多个沟槽可用来放置磁带匣(Tape Cartridge),并配有机械手臂来抓取磁带匣,机械臂上常设置条码读取器,能读取磁带匣上的条码,以此来辨识磁带匣的编号,而操作人员或软件通过编号的对应查表可得知磁带匣内所存储记录的内容资料,此外机械臂也具有计算能力,使机械臂能精确定位并取出、放回各槽中的磁带匣。磁带库由成百上千的物理磁带组成。支持磁带库的系统使用户能够添加或删除磁带、跟踪磁带的位置并设置安装点以访问磁带上的数据。通过统一管理和运作的机械手臂和软件,磁带柜可以管理庞大的数据存储。

# 1.2　数据存储的发展阶段

## 1.2.1　人工管理阶段

在计算机出现之前,人们运用纸张等常规的手段对数据进行记录、存储和加工,利用计算工具(算盘、计算尺)进行计算,并且主要使用人的大脑管理和利用这些数据。20 世纪 50 年代中期,计算机主要用于科学计算。当时没有磁盘等直接存取设备,只有纸带、卡片、磁带等外存,也没有操作系统和管理数据的专门软件。数据处理的方式是批处理。

该阶段管理数据的特点如下。

(1)数据不长期保存。该阶段的计算机主要应用于科学计算,一般不需要将数据长期保存,只是在计算某一任务时将数据输入,用完后不保存原始数据,也不保存计算结果。

(2)无专门数据管理软件系统。程序员不仅要规定数据的逻辑结构,而且要在程序中设计存储结构、存取方式、输入输出方式等。因此程序中存取数据的子程序随着存储的改变而改变，数据与程序不具有一致性。

（3）数据无法共享。数据是面向程序的，即使两个程序用到相同的数据，也必须各自定义、各自组织，数据无法共享、无法相互利用和互相参照，从而导致程序与程序之间有大量重复的数据。

## 1.2.2 文件系统阶段

20世纪50年代后期到60年代中期，随着计算机硬件和软件的发展，磁盘、磁鼓等直接存取设备开始普及，计算机不仅用于科学计算，还大量用于管理、分析社会经济数据。这一时期的数据处理系统是把计算机中的数据组织成相互独立命名的数据文件，并按文件的名字来进行访问，对文件中的记录进行存取。数据可以长期保存在计算机外存上，支持通过文件系统对数据进行反复处理，支持文件的查询、修改、插入和删除等操作。文件系统实现了记录内数据的结构化，但从文件的整体来看却是无结构的。其数据面向特定的应用程序，因此数据共享性、独立性差，且冗余度大，管理和维护的代价也较大。

## 1.2.3 数据库系统阶段

自20世纪60年代后期以来，计算机性能得到进一步提高，更重要的是出现了大容量磁盘，存储容量大大增加且单位存储字价格下降。为了满足实际应用中多个用户、多个应用程序共享数据的要求，克服文件系统管理数据的不足，使数据能为尽可能多的应用程序服务，发展了数据库管理技术。

数据库的特点是数据不再只针对某一个特定的应用，而是面向所有应用，具有整体的结构性，共享性高，冗余度小，程序与数据之间具有一定的独立性，并且对数据访问进行统一的控制。

此阶段数据管理的特点如下。

（1）数据结构化。数据库在描述数据时不仅要描述数据本身，还要描述数据之间的联系。数据结构化是数据库的主要特征之一，也是数据库系统与文件系统的本质区别。

（2）数据共享性高、冗余少且易扩充。数据不再针对某一个应用，而是面向整个系统，数据可被多个用户和多个应用共享，而且易于增加新的应用，所以数据的共享性高且易扩充。同时，数据共享大大减少了数据的冗余。

（3）数据独立性高。数据独立于应用程序，数据不随着应用程序的修改而修改。数据独立性包括逻辑数据独立性和物理数据独立性。逻辑数据独立性是指用户的应用程序与数据库的逻辑结构是相互独立的，即当数据的逻辑结构改变时，用户程序可以不变。逻辑数据独立性用于将外部级别与概念视图分开，如果对数据的概念视图进行任何更改，那么数据的用户视图将不会受到影响。逻辑数据独立性发生在用户界面级别。而物理数据独立性是指用户的应用程序与存储在磁盘上的数据库中的数据是相互独立的，即数据在磁盘上怎样存储由DBMS(Database Management System，数据库管理系统)管理，用户程序不需要了解，应用程序要处理的只是数据的逻辑结构，这样即使数据的物理存储改变了，应用程序也不用改变。物理数据独立性指无须更改概念模式即可更改内部模式的能力，如果对数据库系统服务器的存储大小做任何改变，那么数据库的概念结构不会受到影响。物理数据独立性用于将概念级别与内部级别分开,物理数据独立性发生在逻辑接口级别。

数据独立性是数据库系统发展最重要的目标之一,它使数据能独立于应用程序。可以说数据处理的发展史就是数据独立性不断进化的历史。在人工管理阶段,数据和程序完全交织在一起,没有独立性可言,数据结构做任何改动,应用程序也需要做相应的修改;文件系统出现后,虽然将两者分离,但实际上应用程序中依然要反映文件在存储设备上的组织方法、存取方法等物理细节,因而只要数据做了任何修改,程序仍然需要做改动。而数据库系统的一个重要目标就是要使程序和数据真正分离,使它们能独立发展。

(4) 数据由 DBMS 统一管理和控制。数据库为多个用户和应用程序所共享,对数据的存取往往是并发的,即多个用户可以同时存取数据库中的数据,甚至可以同时存放数据库中的同一个数据,为确保数据库数据的正确有效和数据库系统的有效运行,DBMS 提供以下 4 方面的数据控制功能。

① 数据安全性控制:防止因不合法使用数据而造成数据的泄露和破坏,保证数据的安全和机密。

② 数据的完整性控制:系统通过设置完整性规则,以确保数据的正确性、有效性和相容性。

③ 并发控制:多用户同时存取或修改数据库时,防止相互干扰而给用户提供不正确的数据,并使数据库受到破坏。

④ 数据恢复:当数据库被破坏或数据不可靠时,系统有能力将数据库从错误状态恢复到最近某一时刻的正确状态。

# 1.3 大数据基本概念

大数据(Big Data)这一概念自从 20 世纪 90 年代第一次提出以来,一直是很热门的词汇,但并没有统一的定义。大数据一般是指传统数据处理软件无法处理的庞大或复杂的数据集。大数据分析包括数据获取、数据存储、数据检索、数据分析、共享、传输、可视化、查询、信息隐私保护和数据溯源。大数据最初与 3 个关键概念相关联:数据体量大、数据的多样性和数据更新速度快。如果没有掌握大数据的专业知识,那么数据的数量和种类可能会产生超出从大数据中创造和获取价值的成本和风险。

狭义的大数据往往是指使用预测分析、用户行为分析或某些其他从大数据中提取价值的数据分析方法。大数据的分析总是和"发现商业趋势、预防疾病、打击犯罪等"相关联。就其真正本质而言,大数据分析技术并不是全新的内容,也不是最近几十年才有的。人们一直在尝试使用数据分析技术来支持他们的决策过程。公元前 300 年左右的古埃及人已经尝试在亚历山大图书馆中获取"数据"。此外,罗马帝国常常分析其军队的统计数据,以确定军队的最佳分布。

然而,在过去的二十年中,数据生成的数量和速度发生了变化——超出了人类的理解范围。2013 年全球数据总量为 4.4ZB。预计到 2025 年,这一数字将急剧上升至 175ZB。即使使用当今最快的计算机,也无法分析所有数据。如何处理这些越来越大(和非结构化)的数据集是过去十年传统数据分析逐步演变为"大数据"的原因。

## 1.3.1　大数据 1.0 阶段

数据分析和大数据起源于数据库管理领域。它严重依赖于传统关系数据库管理系统（RDBMS）中的存储、提取和优化技术。

数据库管理和数据仓库被认为是大数据 1.0 阶段的核心组成部分。它集成了一些成熟的技术，如数据库查询、在线分析处理和标准报告工具，为今天的数据分析奠定了基础。

大数据 1.0 阶段的需求得益于互联网的蓬勃发展，需要对海量的非结构化数据进行分布式存储与并行计算，主要的关键技术包括以 HDFS/HBase 为代表的海量数据存储层和以 MapReduce 为代表的批处理计算框架。从决策角度看，这一阶段主要以数据驱动的模式为主。

## 1.3.2　大数据 2.0 阶段

自 2000 年年初以来，Internet 和 Web 开始提供独特的数据收集和数据分析机会。随着网络流量和在线商店的扩张，雅虎、亚马逊和 eBay 等公司开始通过分析点击率、IP 特定位置数据和搜索日志来分析客户行为。这开启了一个全新的蕴含各种可能性的新世界。

从数据分析和大数据的角度来看，基于 HTTP 的 Web 流量引入大量的半结构化和非结构化数据，除了标准的结构化数据类型之外，现在需要寻找新的方法和存储解决方案来处理这些新的数据类型，以便有效地分析它们。社交媒体数据的出现和增长极大地加剧了对能够从这些非结构化数据中提取有意义信息的工具、技术和分析技术的需求。

这一阶段以融合计算为主的技术趋势，是伴随着移动互联网发展的，需要对海量、多样化、高并发的数据进行实时分析、交互式查询。关键技术包括 HDFS/HBase 和 MPP，强调类 YARN 的统一资源管理，包括 MapReduce 的批处理、Spark 内存计算、Solr 交互式计算和 Storm 流式计算等。从决策角度来看，这一阶段是理论驱动的。

## 1.3.3　大数据 3.0 阶段

在这一阶段，尽管来自 Web 的大量非结构化内容仍然是数据分析和大数据方面的主要关注点，但移动设备带来了更多更丰富的有价值的信息。移动设备不仅可以分析行为数据，如点击和搜索查询，还可以存储和分析 GPS 数据。随着这些移动设备的进步，可以跟踪运动、分析身体行为甚至与健康相关的数据。这些数据提供了一系列全新的应用机会，从交通到城市设计和医疗保健。

同时，基于传感器的互联网设备的兴起正在以前所未有的方式提高数据生成速度和体量。数以百万计的电视、恒温器、可穿戴设备甚至冰箱以"物联网"而闻名，单台设备每天都在产生数兆字节的数据。从这些新数据源中提取有意义和有价值信息的工作对大数据的技术提出了新的要求。

这一阶段围绕着认知计算展开，面对的需求是在万物互联时代对海量流式数据、人工智能分析等提供毫秒级的低延时处理能力，关键技术包括 HDFS/HBase 和 MPPDB 的智能跨域数据中心存储、以 YARN 为核心的智能跨域数据中心资源管理、Spark 和 Data Intensive Streaming 的融合数据处理平台，最后为人工智能、知识探索、发现和管理的认知计算服务。从决策角度看，大数据 3.0 阶段进入了 Data-driving-theory 即数据驱动理论的阶段。

## 1.4 大数据时代的数据存储

理想的大数据存储系统将允许存储可无限扩展的体量的数据,同时应对高速率的随机写入和读取访问,灵活高效地处理一系列不同的数据模型,同时支持结构化和非结构化数据,同时还要考虑隐私保护和可能的数据加密。显然,所有这些需求不能同时满足。

大数据存储系统通常通过使用分布式、无共享架构来解决容量不断扩大的挑战。通过扩展提供计算能力和存储的新节点来解决新增的存储需求。新机器可以无缝地添加到存储集群中,存储系统负责在各节点之间透明地分配数据。

大数据存储解决方案还需要应对大数据的快速变化和多样性。就查询延迟而言,速度很重要,即获得查询回复需要多长时间?对高速率的传入数据尤其重要。例如,如果需要提供事务保证,对数据库的随机写访问会大大降低查询性能。

### 1.4.1 大数据存储的潜力

随着大数据在各行业应用的深入,大数据存储已成为一种商业服务,可扩展存储技术已达到企业级水平,可以管理几乎无限量的数据。Cloudera、Hortonworks 和 MapR 等供应商以及各种 NoSQL 数据库供应商(尤其是那些使用内存和列式存储技术的供应商)提供的基于 Hadoop 的解决方案被广泛使用就是很好的案例。与依赖基于行的存储和昂贵的缓存策略的传统关系数据库管理系统相比,这些新颖的大数据存储技术以更低的操作复杂性和成本提供更好的可扩展性。

大数据存储技术大幅提高了存储性能、可扩展性和可用性,在使用和进一步开发方面仍有巨大的潜力。

(1) 跨行业挖掘社会和企业的数据价值潜力:大数据存储技术是社会管理和企业高级分析的关键推动因素,具有改变社会和关键业务决策方式的潜力。这在能源等传统非 IT 领域已经得到了验证。虽然这些行业面临诸如缺乏熟练的大数据专家和监管障碍等非技术问题,但新的数据存储技术有可能在各个工业部门内和跨工业部门实现新的价值生成,大数据存储技术降低跨行业数据挖掘的技术门槛。

(2) 缺乏统一数据标准是主要障碍:NoSQL 的历史建立在解决特定技术挑战的基础上,这些挑战导致了一系列不同的存储技术。技术方案选择的多样性加上缺乏查询数据的标准使得数据交换变得更加困难,缺乏统一标准将迫使应用程序与特定的存储解决方案联系起来,这不利于大数据的推广与应用。

(3) 图数据存储中的开放性和可扩展性的挑战:基于图数据结构,大数据在越来越多的应用程序中体现了其优势。图数据可以更好地捕获语义与来自各种不同数据源的信息的复杂关系,并有可能提高通过分析数据关联产生的整体价值。虽然图数据库越来越多地用于此目的,但很难在计算节点之间有效地分布基于图形的数据结构。

(4) 隐私和安全隐患:尽管大数据存储中的隐私和安全问题越来越受到重视,但个人保护和数据安全仍落后于大数据存储系统的技术迭代,需要进行大量研究以更好地了解数据如何被滥用、如何保护数据并将其集成到大数据存储解决方案中。

## 1.4.2 大数据存储的社会和经济影响

正如新兴的大数据技术及其在不同领域的应用所表明的,存储、管理和分析大量异构数据的能力暗示着一个具有巨大变革潜力的数据驱动型社会和经济新形态的出现。企业现在可以以更低的成本存储和分析数据,同时以更强的分析能力将更多数据纳入决策分析。Google、Twitter、Facebook(已改名为 Meta)、百度、阿里、华为等公司是数据构成关键资产的成熟参与者,其他行业也变得更加信赖数据驱动决策。例如,公共卫生部门可以通过更好地整合和分析相关健康数据来调整并提供更好的公共卫生服务。

越来越多的行业受到大数据处理技术的成熟度和成本效益提高的鼓舞。例如,在新媒体领域,对社交媒体的分析有可能通过汇总大量自媒体新闻来改变新闻业。在交通领域,交通系统的综合数据管理集成有可能实现个性化的多式联运,增加城市内旅行者的体验,同时帮助决策者更好地管理城市交通。在这些领域,NoSQL 存储技术被证明是有效分析大量数据和创造额外业务价值的关键推动力。

在跨部门社会管理层面,向数据驱动型经济和社会管理模式的转变可以从 DataMarket、InfoChimps 等数据平台的出现以及欧盟的开放数据倡议和其他国家门户网站得到体现。从其产品和服务的定位可以看出,技术供应商正在支持向数据驱动型经济的转变。

## 1.4.3 大数据存储关键技术

### 1. 数据存储技术

在过去十年中,为了应对数据体量爆炸式增长的需求,以及硬件从纵向扩展到横向扩展方式的转变导致新的大数据存储系统激增,这些系统从传统的关系数据库转向非关系数据库。面向大数据存储的非关系数据库通常会牺牲数据一致性等属性,以便在数据量增加时保持快速查询响应的能力。大数据存储的使用方式与传统关系数据库管理系统类似,例如,采用 OLTP 解决方案和数据仓库,其在高效处理大规模的非结构化和半结构化数据时优势明显。

(1)分布式文件系统。

分布式文件系统(Distributed File System,DFS)或称网络文件系统(Network File System,NFS),是一种允许文件通过网络在多台主机上分享的文件系统,可让多机器上的多用户分享文件和存储空间。

在分布式文件系统中,客户端并非直接访问底层的资料存储区块,而是通过网络,以特定的通信协议和服务器通信,客户端和服务端都能根据访问控制清单或者授权,来限制对于文件系统的访问。在一个共享的磁盘文件系统中,所有节点对资料存储区块都有相同的访问权,在这样的系统中,访问权限就必须由客户端程序来控制。分布式文件系统具有透明的文件复制与容错功能,即使系统中有一小部分的节点离线,整体来说系统仍然可以持续工作而不会有文件损失。

HDFS(Hadoop Distributed File System,Hadoop 分布式文件系统)等文件系统提供了在商用硬件上以可靠方式存储大量非结构化数据的能力。HDFS 作为 Hadoop 框架的一个组成部分,已经成为了事实上的行业标准。它专为大型数据文件而设计,非常适合快速抽取数据和批量处理。

（2）NoSQL 数据库。

NoSQL 数据库（常称非关系数据库）是最重要的大数据存储技术。NoSQL 数据库和关系数据库数据模型不同，这些模型不一定遵守原子性、一致性、隔离性和持久性（Atomicity，Consistency，Isolation，Durability，ACID）的事务属性。

NoSQL 数据库是为可扩展性而设计的，通常会牺牲一致性。与关系数据库相比，NoSQL 数据库通常使用低层次、非标准化的查询接口，这使得它们更难以集成到需要 SQL接口的现有应用程序中。缺乏标准接口使得更换数据库变得比较困难。NoSQL 数据库可以根据使用的数据模型进行如下分类。

① 键值数据库：键值数据库以键值对的方式存储数据。数据对象可以是完全非结构化的或半结构化的，并且可以通过单个键访问。数据对象不需要共享相同的结构。

② 列族数据库：面向列的数据库将数据表存储为数据列，而不是像大多数关系数据库那样存储为数据行。列族数据库通常是稀疏、分布式和持久的多维排序映射，其中数据是由行键、列键和时间戳组成的三元组索引。数据由列族访问，即一组相关的列键，有效地压缩列中的稀疏数据。列族是在存储数据之前创建的，一般情况下它们的数量会很小，但列数是可扩展的。原则上，当需要访问所有列时，列式存储不太适合。然而在实践中这种情况很少发生，这导致了列式存储的卓越性能。

③ 文档数据库：与键值数据库中的值相比，文档是结构化的。但是，不需要所有文档都必须遵守像关系数据库中的记录一样的通用模式。因此，文档数据库适合存储半结构化数据。与键值数据库类似，也可以使用唯一键查询文档。但是，需要通过查询文档的内部结构来访问文档，例如，请求包含具有指定值的字段的所有文档。查询接口的功能通常取决于数据库使用的编码格式。常见的编码包括 XML 和 JSON。

④ 图形数据库：图数据库（如 Neo4j）将数据存储在图形结构中，使其适合存储高度关联的数据，例如，社交网络图。图数据库的一种特殊形式是三元组存储，例如，AllegroGraph和 Virtuoso，它们专门用于存储 RDF 三元组等。

虽然通常 NoSQL 数据存储比传统关系数据库具有更好的扩展性，但可扩展性会随着数据存储使用的数据模型复杂性的增加而降低。这一点在图数据库体现得尤为明显。图数据库有一种优化读取访问是将图划分为彼此之间最小连接的子图，并将这些子图分布在计算节点之间。然而，随着新边被添加到图中，子图之间的连接性可能会显著增加。这也带来了更大的网络流量和非本地计算，导致更高的查询延迟。因此，高效的分片方案必须考虑动态重新分配图数据所需的开销。

（3）NewSQL 数据库。

NewSQL 是一种新型的关系数据库，旨在实现与 NoSQL 数据库相当的可扩展性，同时保持传统关系数据库系统的事务保证。NewSQL 数据库具有以下特征。

- 应用程序采用 SQL 与数据库进行交互。
- 事务的 ACID 支持。
- 非锁定并发控制机制。
- 提供更高的节点性能的架构。
- 横向扩展、无共享架构，能够在大量节点上运行而不会遇到瓶颈。

一般认为,NewSQL 比传统的 OLTP 关系数据库快约 50 倍。例如,VoltDB 在非复杂(单分区)查询的情况下可实现线性扩展并提供 ACID 支持。它可以扩展到几十个节点,每个节点都被限制在主内存的大小。

(4) 大数据查询平台。

大数据查询平台指在分布式文件系统或 NoSQL 数据库等大数据存储前端提供查询界面的综合技术。大数据查询平台简化了对底层数据存储的查询,主要关注的是提供高级接口,例如,通过类似 SQL 的查询语言实现低查询延迟,如 Hive 在 HDFS 之上提供了一个抽象层,允许通过类似 SQL 的查询语言查询结构化文件。Hive 通过翻译 MapReduce 作业中的查询来执行查询。因此,即使面对小型数据集,Hive 查询也具有很高的延迟。Hive 的优点包括类似 SQL 的查询界面和轻松演变模式的灵活性,并且数据仅在查询时进行验证。与 SQL 数据库的写时模式方法相比,这种方法称为读时模式。Hive 还支持 Hadoop 列式存储 HBase。

与 Hive 相比,Impala 旨在以低延迟执行查询。它重用了与 Hive 相同的元数据和类似 SQL 的用户界面,但使用了自己的分布式查询引擎,可以实现更低的延迟。它还支持 HDFS 和 HBase 作为底层数据存储。

Spark SQL 是另一个支持 Hive 接口的低延迟查询界面。Spark SQL 项目声称"它可以比 Hive 快 100 倍地执行 Hive QL 查询,而无须对现有数据或查询进行任何修改"。它通过使用 Spark 框架而不是 Hadoop 的 MapReduce 框架执行查询来实现。

Drill 是 Google 的 Dremel 的开源实现,它与 Impala 类似,被设计为嵌套数据的可扩展、交互式临时查询系统。Drill 提供了自己的类似 SQL 的查询语言 DrQL,它与 Dremel 兼容,但设计之初旨在支持其他查询语言,例如,Mongo 查询语言。与 Hive 和 Impala 相比,它支持一系列无模式数据源,例如,HDFS、HBase、Cassandra、MongoDB 和 SQL 数据库。

### 2. 大数据存储安全

大数据安全是用于保护数据和分析方法免受攻击、盗窃或其他可能导致问题或对其产生负面影响的恶意活动的所有措施和工具的总称。与其他形式的攻击一样,大数据可能会受到来自在线或离线攻击的危害。

由于大数据存储了来自各种来源、类型各异的数据,因此需要确保其安全性,几乎每个使用大数据的企业都有某种形式的敏感数据,需要对其进行保护。敏感数据包括用户的信用卡详细信息、银行详细信息、密码等。为了确保数据的安全,可以构建各种策略,例如,通过防火墙阻止未经授权的用户和入侵、使用户身份验证等。

1) 大数据存储安全的基本架构

以下是大数据存储安全平台的常见架构。

(1) 数据分类:将大数据应用中的训练数据集提供给分类算法,通过考虑不同类型的可能攻击和使用数据的历史,将数据分为正常和敏感两类。

(2) 敏感数据加密:敏感数据使用同态密码系统进行加密。

(3) 使用 ORAM 技术存储数据:重点是使用 ORAM 技术将正常和加密的敏感数据存储在单独的系统节点上。

(4) 通过路径隐藏方法访问数据：任何寻求特定数据的最终用户都可以利用路径隐藏技术获取数据,同时确保数据隐私。路径隐藏技术可防止第三方猜测数据访问模式,从而保护整个系统。

2) 确保安全数据存储的事务日志

由于数据的分布存储,数据面临着特殊的安全挑战。通过自动分层,运营商将数据存储的控制权交给算法以降低成本。事务日志必须说明数据行踪、层级移动和更改。

必须仔细设计自动分层策略,以防止敏感数据转移到成本较低导致的安全性较低的层;应该建立监控和日志机制,以便清楚地了解自动分层解决方案中的数据存储和数据移动。

代理重加密方案,可以应用于多层存储和数据共享,以确保无缝的机密性和真实性。但是,大数据应用程序的性能必须提高。

3) 加密强制访问控制和安全通信

今天,数据通常以未加密的方式存储,访问控制完全依赖于类似门的强制执行。然而,数据只能由授权实体通过密码学的保证访问——在存储和传输中也是如此。出于这些目的,需要新的加密机制以高效且可扩展的方式提供所需的功能。

虽然云存储提供商可以提供加密服务,但加密密钥材料应该在客户端生成和存储,并且永远不要交给云提供商。一些产品将此功能添加到大数据存储的应用层,例如,zNcrypt、Protegrity Big Data Protection for Hadoop 和 Intel Distribution for Apache Hadoop(现在是 Cloudera 的一部分)。

基于属性的加密是未来发展的一个方向,它可以将密码学与大数据存储的访问控制相结合。

4) 粒度访问控制的安全和隐私挑战

由于法律限制、隐私政策和公司其他政策多样化的安全要求,数据的多样性是一项重大挑战,需要细粒度的访问控制机制来确保符合这些要求。主要的大数据组件将与基于令牌的身份验证以及基于用户和作业的访问控制列表(Access Control List,ACL)结合使用。但是,需要更细粒度的机制,例如,基于属性的访问控制(Attribute Based Access Control,ABAC)和可扩展访问控制标记语言(Extensible Access Control Markup Language,XACML)来对数据来源的广泛多样性进行建模和分析。

## 1.4.4 大数据存储的未来需求和新兴范式

### 1. 大数据存储的未来需求

未来的大数据存储技术有三个需求,包括查询接口的标准化、增加对数据安全的支持和用户隐私保护,以及对语义数据模型的支持。

1) 标准化查询接口

从中长期的发展看,NoSQL 数据库将极大地受益于标准化查询接口,类似于关系数据库系统的 SQL。目前,除了图数据库的事实标准 API 和 SPARQL 数据操作语言之外,目前还没有针对单个 NoSQL 存储类型的标准。目前大部分 NoSQL 数据库通常提供自己的声明性语言或 API,缺少标准化的声明性语言。

虽然对于某些数据库类别(键值、文档等),声明性语言标准化仍然缺失,但业界仍在努力讨论标准化需求。例如,ISO/IEC JTC 大数据研究组建议现有的 ISO/IEC 标准委员会应进一步研究"定义标准接口以支持非关系数据存储"。

标准化接口的定义将支持创建数据虚拟化层,该层将提供异构数据存储系统的抽象,因为它们通常用于大数据用例。

2)安全和隐私

数据共享和社会规范确保大量存储的数据可以进行共享和拓展,以最大限度地发挥大数据的优势。今天,用户不知道大数据系统如何处理他们的数据(缺乏透明度),也不清楚大数据用户如何有效地共享和获取数据。例如,大数据允许基于来自多种来源的聚合数据进行新颖的分析。这种方法是否会引起个人信息的滥用?

(1)数据溯源和出处:数据的溯源和出处在大数据存储中变得越来越重要,原因有二:①数据来自哪里、数据是否正确和可信、结果会发生什么变化;②随着大数据进入关键业务流程和价值链,大数据存储将受到合规规则的约束。因此,大数据存储必须维护元数据,支持数据追溯,并提供用户友好的方式来理解和跟踪数据的使用。

(2)沙盒和虚拟化技术:除了访问控制之外,大数据分析的沙盒和虚拟化变得更加重要。根据规模经济原则,大数据分析受益于资源共享。但是,共享分析组件的安全漏洞会导致加密访问密钥和完整存储访问受到损害。因此,大数据分析中的工作必须被沙盒化,以防止安全漏洞升级,从而防止未经授权的存储访问。

3)语义数据模型

大量异构数据源增加了数据使用者的开发成本,因为应用程序需要了解每个单独数据来源的单独数据格式。一个趋势是通过语义网应对这一挑战,语义网通过建立不同数据的语义网络实现数据的共享与互操作。数据存储的需求是支持语义数据模型的大规模存储和管理。特别是需要进一步探索表达性和高效存储与查询之间的权衡。

**2. 大数据存储的发展趋势**

1)NoSQL 数据库的使用增加

NoSQL 数据库,尤其是图数据库和列式存储,越来越多地用作关系数据库系统的替代或补充。例如,使用语义数据模型以及将数据与许多不同的数据和信息源交叉连接的需求大大推动了能够使用基于图形的模型存储和分析大量数据的需求。然而,这需要克服当前基于图数据库系统的限制。例如,Jim Webber 指出"图形技术将变得非常重要"。在另一次采访中,时任雅虎欧洲和拉丁美洲研究院副总裁的 Ricardo Baeza-Yates 也指出了处理大规模图数据的重要性(Baeza-Yates 2013)。其他项目包括 Google 的知识图谱和 Facebook 的图谱搜索,展示了知识图谱技术的相关性和日益成熟。

2)内存与面向列的设计

许多现代高性能 NoSQL 数据库都基于列式设计。其主要优点是在大多数实际应用中只需要几列来访问数据。因此,将数据存储在列中可以更快地访问。此外,面向列的数据库通常不支持连接操作。相反,一种常见的方法是使用单个宽列表,该表基于完全非规范化的列式存储数据。

根据 Michael Stonebraker 的说法,"SQL 供应商将全部转向列存储,因为它们比行存储快得多"。

SAP HANA 等高性能内存数据库通常将内存技术与基于列的设计相结合。与在内存中缓存数据的关系系统相比,内存数据库可以使用反缓存等技术。研究表明,执行查询的大部分时间都花在了管理任务上,如缓冲区管理和锁定。

3）与分析框架的融合

大数据存储逐渐由纯数据存储系统向集成分析数据库转变,如图 1-10 所示。在大数据项目中,越来越多的应用需要更好地分析数据以改善各个部门的运营状况。从技术上讲,这意味着对超越简单聚合和统计的复杂分析的需求增加。研究表明,对复杂分析的需求将强烈影响现有的数据存储解决方案。由于面向用例的特定分析是创造实际业务价值的最关键组件之一,因此扩展这些分析以满足性能要求以及降低整体开发复杂性和成本变得越来越重要。

图 1-10　从纯数据存储系统到集成分析数据库的范式转变

# 思考题

1. 查阅相关资料,具体描述大数据的 5V 特征。
2. 根据自己的了解,谈一谈大数据所带来的思维方式的转变。
3. 结合学习以及其他资料,分析未来数据存储的发展趋势。
4. 查阅相关资料,简单阐述促进大数据发展的主要因素。

# 第 2 章

# 数据库发展史

## 2.1 数据库发展简史

数据库技术是 20 世纪 60 年代开始兴起的一门信息管理自动化的学科,是计算机科学中的一个重要分支。随着计算机应用的不断发展,数据库技术的应用越来越广泛。

数据管理是数据库的核心任务,包括对数据的组织、存储、检索和维护等。从数据管理的角度,数据库技术到目前为止共经历了 3 个阶段:人工管理阶段、文件系统阶段和数据库系统阶段。数据模型是数据库系统的核心,按照数据模型发展的主线,数据库分为 3 次主要革命,分别为网状与层次数据库、关系数据库、非关系数据库以及新一代数据库。

图 2-1 中的时间轴展示了主要数据库的发布时间。

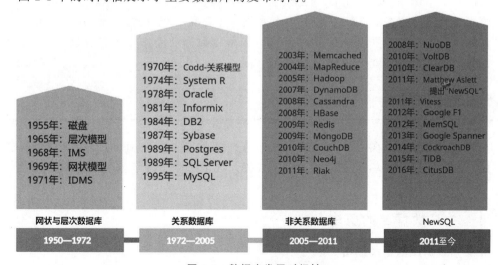

图 2-1 数据库发展时间轴

## 2.2 网状与层次数据库

网状数据库是数据库历史上的第一代产品,它成功地将数据从应用程序中独立出来并进行集中管理。网状数据库基于网状数据模型建立数据之间的联系,能反映现实世界中信息的关联,是许多空间对象的自然表达形式。

1964 年,世界上第一个数据库系统——IDS(Integrated Data Storage,集成数据存储)诞生于通用电气公司。IDS 是网状数据库,奠定了数据库发展的基础,在当时得到了广泛的应用。5 年后,美国数据库系统语言协会(Conference on Data System Language,CODASYL)下属的数据库任务组(Database Task Group,DBTG)发布了一份报告,阐述了网状数据库系统的许多概念、方法和技术。

在 20 世纪 70~80 年代初,网状数据库系统十分流行,在数据库系统产品中占据主导地位。例如,配备在富士通公司 M 系列机上的 AIM(Advanced Information Manager)系统和配备在 UNIVAC(UNIVersal Automatic Computer)上的 DMS 1100 系统都是网状数据库系统。

紧随网状数据库后出现的是层次数据库,其数据模型是层次数据模型,即使用树结构来描述实体及其之间关系的数据模型。在这种结构中,每个记录类型都用节点表示,记录类型之间的联系则用节点之间的有向线段来表示。每个子节点只能有一个父节点,但是每个父节点可以有多个子节点。这种结构决定了采用层次数据模型作为数据组织方式的层次数据库系统只能处理一对多的实体联系。

1968 年,世界上第一个层次数据库系统——IMS(Information Management System,信息管理系统)诞生于 IBM 公司,这也是世界上第一个大型商用的数据库系统。

如上所述,网状数据库系统和层次数据库系统在数据库发展的早期比较流行。网状数据库模型对于层次和非层次结构的事物都能比较自然地模拟,相比层次数据库应用更广泛,在当时占据着主要地位。

1973 年,Charles W. Bachman 被授予图灵奖,以表彰他在数据库领域,尤其是在网状数据库管理系统方面的杰出贡献。但是,网状数据库也存在一些问题:首先,用户在复杂的网状结构中进行查询和定位操作比较困难;其次,网状数据的操作命令具有过程式的性质;最后,网状数据库对于层次结构的表达并不直接。

## 2.3 关系数据库

关系数据库是基于关系模型来组织数据的数据库,其以行和列的形式存储数据,这一系列的行和列被称为表,一组表组成数据库。关系数据库应用数学方法来处理数据库中的数据。

### 2.3.1 关系数据库的历史

**1. 关系数据库的正式提出**

1962 年,CODASYL 发表"信息代数"(Information Algebra),最早将类似于关系数据

库中使用的数学方法用于数据处理。1968 年,David Child 在 IBM 7090 机上实现了集合论数据结构,但系统、严格地提出了关系模型的是美国 IBM 公司的 E. F. Codd。

在关系数据库方面,可以说,没有人比 E. F. Codd 具有更大的影响力。第二次世界大战后不久,E. F. Codd 获得了牛津大学的数学学位,随后移民到美国,从 1949 年开始为 IBM 公司工作,担任"编程数学家",并研制了 IBM 的一些商业电子计算机。20 世纪 60 年代后期,E. F. Codd 在加利福尼亚州圣何塞的 IBM 实验室工作。他感到当时数据库存在一些问题:数据库使用很麻烦,基本只能由具有专业编程技能的人访问;数据库缺乏理论基础,不能确保逻辑一致性,不能提供处理丢失信息的方法;在数据库中,数据的表示与物理存储的格式相匹配,而不是与数据的逻辑表示相匹配,这使得普通用户不容易理解。

1970 年,E. F. Codd 在 *Communications of the ACM* 上发表论文 *A relational model of data for large shared data banks*,初步讨论了关系数据模型的基本框架,使得数据建模和应用程序编程更加简单,开创了数据库的关系方法和关系数据理论的研究,为数据库技术奠定了理论基础,开创了数据库系统的新纪元。1983 年,ACM 把这篇论文列为从 1958 年以来的四分之一世纪中具有里程碑意义的 25 篇研究论文之一。

### 2. 关系数据库的稳步发展

20 世纪 70 年代末,IBM 公司的圣何塞实验室在 IBM 370 系列机上研制的关系数据库实验系统 System R 获得成功。System R 是一个提供高级关系数据接口的数据库管理系统,该系统通过尽可能地将最终用户与底层存储结构隔离开来,提供高度的数据独立性,System R 证明了关系数据库可以提供足够的性能,并且开创了 SQL。1981 年,IBM 公司宣布新的数据库软件产品 SQL/DS(Structured Query Language/Data System,结构化查询语言/数据系统)问世,其具有 System R 的全部特征。与 System R 同期,美国加利福尼亚大学伯克利分校也研制了 INGRES 关系数据库实验系统,并由 INGRES 公司发展成为 INGRES 数据库产品,INGRES 是历史上非常有影响的计算机研究项目之一。1978 年,Oracle 诞生。

### 3. 关系数据库的广泛应用

SQL Server 是 Microsoft 公司推出的关系数据库管理系统,于 1988 年左右发布,最初由 Microsoft、Sybase 和 Ashton-Tate 3 家公司共同开发。作为第一代关系数据库管理系统,在全世界有着广泛应用。1996 年,Microsoft 公司推出了 SQL Server 6.5 版本,两年后 SQL Server 7.0 版本出现。进入 21 世纪之后,2000 年 Microsoft 公司推出了 SQL Server 2000;2019 年 SQL Server 2019 出现,成为目前广泛应用的版本。目前,SQL Server 2022 上线,支持 Azure,并在性能和安全性方面有很多创新。

1995 年 5 月 23 日,MySQL 的第一个内部版本发行。MySQL 是一个关系数据库管理系统,由瑞典 MySQL AB 公司开发,是最流行的关系数据库管理系统之一。关于它的由来,可以追溯到 1979 年,程序员 Monty Widenius 在工作中用 BASIC 语言设计了一个报表工具,它可以在 4MHz 主频和 16KB 内存的计算机上运行,不久之后,Monty Widenius 将此工具用 C 语言进行了重新编写,将其移植到了 UNIX 平台上,就形成了一个底层、面向报表的存储引擎,这就是 MySQL 的雏形,这个工具被命名为 UNIREG。1983 年,Monty Widenius 遇到了 David Axmark,两人相见恨晚,开始合作运营 TcX 公司,Monty Widenius

主要负责技术方面,David Axmark 主要负责管理方面。1990 年,Monty Widenius 接到了一个项目,客户需要为当时的 UNIREG 提供更加通用的 SQL 接口,有人提议使用商用数据库,但 Monty Widenius 认为当时的商用数据库速度不能令人满意,之后又借助 mSQL 的代码,将其集成到自己的存储引擎中,但令人失望的是,mSQL 的速度也无法满足客户的需求。于是 Monty Widenius 雄心大起,决心自己重新写一个 SQL 支持,MySQL 就正式诞生了。

1995 年 MySQL 的第一个内部版本发行,1996 年其又推出了 3.11.1 版本。而 1999—2000 年,MySQL AB 公司在瑞典成立,同年发布了包含事务型存储引擎 BDB 的 MySQL 3.23,之后集成了存储引擎 InnoDB,从此 MySQL 慢慢变得稳定。目前已经更新到了 8.0.34 版本,仍在不断完善。

多年来,关系数据库系统的研究和开发取得了辉煌的成就。关系模型在多个行业中的广泛使用使其成为公认的数据管理标准模型。

### 2.3.2 关系模型

关系模型只包含单一的数据结构——关系。虽然现实世界中存在多种实体,实体之间存在多样的联系,但在关系模型中,各种各样的联系都用单一的数据结构,即关系进行表示。关系模型建立在集合代数的基础上,所以有必要从集合代数的角度进行介绍。

**1. 域**

域(Domain)指的是一组具有相同数据类型的值的集合。

**2. 元组**

元组(Tuple)指的是一组无序的属性值。在实际的数据库系统中,元组对应一行。

**3. 笛卡儿积**

给定两个集合 $X$ 和 $Y$,这两个集合的笛卡儿积(Cartesian Product)表示为 $X \times Y$,第一个对象是 $X$ 的成员,而第二个对象是 $Y$ 的所有可能有序对的其中一个成员。

在关系中,笛卡儿积是域上的一种集合运算。

**4. 关系**

关系(Relation)是笛卡儿积的有限子集,是不同元组的集合。通俗来讲关系是一张二维表,表的每行对应一个元组,表的每列对应一个域。

为便于理解,此处给出一个例子。

在关系的描述中,给出了两个域,分别为 $D_1$ 和 $D_2$,$D_1$ 代表公司部门名称,包含{供应部,财务部,研发部},$D_2$ 代表员工姓名,包含{张三,王薇,李明,赵帆}。

因为笛卡儿积是域上的一种集合运算,所以此处对 $D_1$ 和 $D_2$ 进行笛卡儿积运算。

$D_1 \times D_2 =$ {(供应部,张三),(供应部,王薇),(供应部,李明),(供应部,赵帆),(财务部,张三),(财务部,王薇),(财务部,李明),(财务部,赵帆),(研发部,张三),(研发部,王薇),(研发部,李明),(研发部,赵帆)}

形成二维表,$D_1$ 和 $D_2$ 的笛卡儿积如表 2-1 所示。

该表格中的每一行即为元组,关系即为该笛卡儿积的有限子集,以二维表的形式进行展示。由于域可以相同,因此需要为每列起一个名字,称为属性。

表 2-1  $D_1$ 和 $D_2$ 的笛卡儿积

| DepartmentName | EmployeeName | DepartmentName | EmployeeName |
|---|---|---|---|
| 供应部 | 张三 | 财务部 | 李明 |
| 供应部 | 王薇 | 财务部 | 赵帆 |
| 供应部 | 李明 | 研发部 | 张三 |
| 供应部 | 赵帆 | 研发部 | 王薇 |
| 财务部 | 张三 | 研发部 | 李明 |
| 财务部 | 王薇 | 研发部 | 赵帆 |

不过,此时可以发现,表 2-1 的笛卡儿积是没有实际语义的,因为一个员工只会在一个部门进行工作,所以可以选取笛卡儿积的真子集,形成实际语义的关系,如张三在供应部工作,王薇在研发部工作,李明在研发部工作,赵帆在财务部工作。为该关系起名为 EIT(Employee Information Table),EIT 关系如表 2-2 所示。

表 2-2  EIT 关系

| DepartmentName | EmployeeName | DepartmentName | EmployeeName |
|---|---|---|---|
| 供应部 | 张三 | 研发部 | 李明 |
| 研发部 | 王薇 | 财务部 | 赵帆 |

此时,把两个属性的名称取为域名,于是可以将这个关系表示为 EIT(DepartmentName,EmployeeName)。

## 2.3.3  关系操作

关系模型使用关系表示多种多样的联系,而在现实生活中,往往需要对关系进行操作,以满足用户的切实需求。

### 1. 5 种基本关系操作

关系模型中常用的关系操作有查询(Query)操作、插入(Insert)操作、删除(Delete)操作、修改(Update)操作 4 方面。其中关系的查询表达能力很强,是关系操作中最主要的部分。查询操作分为选择(Select)、投影(Project)、连接(Join)、除(Divide)、并(Union)、差(Except)、交(Intersection)、笛卡儿积等。其中,选择、投影、并、差、笛卡儿积是 5 种基本关系操作,因为其他操作都可以由这 5 种基本关系操作来定义和导出。

1)选择

在这 5 种基本操作中,选择操作是十分重要的。当人们面对关系中的多个元组时,会发现它是杂乱的,不一定可以一目了然地找出所需内容,而通过选择操作,就可以根据用户的实际想法,从中筛选想要的信息,忽略掉其他信息。所以,选择操作即从关系中找出满足给定条件的元组。根据用户的要求,使用选择操作对一些元组进行选取,在关系代数中记作:

$$\sigma_F(R) = \{t \mid t \in R \bigcap F(t) = '真'\}$$

其中,$\sigma$ 表示选择操作;$R$ 是一个关系;$F$ 表示选择条件,是一个逻辑表达式,当符合给定的条件时,值为"真",不符合给定条件时值为"假"。

例如,有 $R$ 关系如表 2-3 所示,需要查询关系 $R$ 中 number 为 3 的元组。

表 2-3　R 关系

| number | name | number | name |
| --- | --- | --- | --- |
| 1 | Lisa | 4 | Jo |
| 2 | peter | 5 | Ray |
| 3 | Luna | | |

此处进行选择操作,如下:

$$\sigma_{\text{number}='3'}(R)$$

在进行选择操作后,选择操作结果如表 2-4 所示。

表 2-4　选择操作结果

| number | name |
| --- | --- |
| 3 | Luna |

2) 投影

因为关系中包含多种属性,当人们仅仅关心其中一部分属性时,可以采取投影的方式筛选出部分信息,明晰自己需要的信息。所以,投影操作即从关系中选择若干属性列组成新的关系,在关系代数中记作:

$$\Pi_A(Z)=\{t[A] \mid t \in Z\}$$

其中,$\Pi$ 表示投影操作,$Z$ 是一个关系,$A$ 是属性列。

例如,有 $Z$ 关系如表 2-5 所示,需要查询关系 $Z$ 中的 name 和对应 value 值。

表 2-5　Z 关系

| number | name | value |
| --- | --- | --- |
| 1 | Lisa | 98 |
| 2 | peter | 97 |
| 3 | Luna | 85 |
| 4 | Jo | 80 |
| 5 | Ray | 91 |

此处进行投影操作,如下:

$$\Pi_{\text{name},\text{value}}(Z)$$

在进行投影操作后,投影操作结果如表 2-6 所示。

表 2-6　投影操作结果

| name | value | name | value |
| --- | --- | --- | --- |
| Lisa | 98 | Jo | 80 |
| peter | 97 | Ray | 91 |
| Luna | 85 | | |

3) 并

设有两个关系 $K$ 和 $S$,它们具有相同的结构,$K$ 和 $S$ 的并是由属于 $K$ 或属于 $S$ 的元组组成的集合。通过并操作,可以将两个关系中的元组合并到同一个二维表中展示,在关系代数中记作:

$$K \bigcup S=\{t \mid t \in K \vee t \in S\}$$

因为两个关系具有相同的结构,所以进行并操作之后,关系的属性列数量不变。

例如,有 $K$ 关系如表 2-7 所示,$S$ 关系如表 2-8 所示,$K \cup S$ 结果如表 2-9 所示。

表 2-7  K 关系

| A | B | C |
|---|---|---|
| $a_1$ | $b_1$ | $c_1$ |
| $a_2$ | $b_2$ | $c_2$ |
| $a_3$ | $b_3$ | $c_3$ |

表 2-8  S 关系

| A | B | C |
|---|---|---|
| $a_2$ | $b_2$ | $c_2$ |
| $a_3$ | $b_3$ | $c_3$ |
| $a_1$ | $b_2$ | $c_2$ |

表 2-9  K∪S 结果

| A | B | C |
|---|---|---|
| $a_2$ | $b_2$ | $c_2$ |
| $a_3$ | $b_3$ | $c_3$ |
| $a_1$ | $b_2$ | $c_2$ |
| $a_1$ | $b_1$ | $c_1$ |

4) 差

$K$ 和 $S$ 的差是由属于 $K$ 但不属于 $S$ 的元组组成的集合,在关系代数中记作:

$$K - S = \{t \mid t \in K \wedge t \notin S\}$$

例如,有 $K$ 关系如表 2-7 所示,$S$ 关系如表 2-8 所示,$K - S$ 结果如表 2-10 所示。

表 2-10  K−S 结果

| A | B | C |
|---|---|---|
| $a_1$ | $b_1$ | $c_1$ |

5) 笛卡儿积

此处笛卡儿积的元素是元组,关系 $K$ 和 $S$ 的笛卡儿积的列数为关系 $K$ 的列数与关系 $S$ 的列数之和,每个新的元组由来自关系 $K$ 的元组和来自关系 $S$ 的元组共同组成。

例如,有 $K$ 关系如表 2-7 所示,$S$ 关系如表 2-8 所示,$K$ 和 $S$ 的笛卡儿积结果如表 2-11 所示。其中,"."表示某关系的某属性,例如,$K.A$ 表示关系 $K$ 的 $A$ 属性。

表 2-11  K 和 S 的笛卡儿积结果

| $K.A$ | $K.B$ | $K.C$ | $S.A$ | $S.B$ | $S.C$ |
|---|---|---|---|---|---|
| $a_1$ | $b_1$ | $c_1$ | $a_2$ | $b_2$ | $c_2$ |
| $a_1$ | $b_1$ | $c_1$ | $a_3$ | $b_3$ | $c_3$ |
| $a_1$ | $b_1$ | $c_1$ | $a_1$ | $b_2$ | $c_2$ |
| $a_2$ | $b_2$ | $c_2$ | $a_2$ | $b_2$ | $c_2$ |
| $a_2$ | $b_2$ | $c_2$ | $a_3$ | $b_3$ | $c_3$ |
| $a_2$ | $b_2$ | $c_2$ | $a_1$ | $b_2$ | $c_2$ |

续表

| K.A | K.B | K.C | S.A | S.B | S.C |
|-----|-----|-----|-----|-----|-----|
| $a_3$ | $b_3$ | $c_3$ | $a_2$ | $b_2$ | $c_2$ |
| $a_3$ | $b_3$ | $c_3$ | $a_3$ | $b_3$ | $c_3$ |
| $a_3$ | $b_3$ | $c_3$ | $a_1$ | $b_2$ | $c_2$ |

### 2. 关系数据语言

随着关系数据库的不断发展,关系数据的表达出现了多种语言。现在,关系数据语言主要可以分为如下 3 类。

**1) 关系代数语言**

关系代数(Relational Algebra)用对关系的运算来表达查询的要求,如上述 5 种基本操作的表达即用关系代数来进行查询。关系代数的运算对象是关系,运算结果同样是关系。运算对象、运算符、运算结果是运算的三大要素。关系代数为关系模型操作提供了一个形式化的基础。

ISBL(Information System Base Language,信息系统基础语言)是由 IBM 公司在一个实验性的系统上实现的一种语言。ISBL 的每条语句都类似于一个关系代数表达式。这是一种典型的关系代数语言。

**2) 关系演算语言**

关系演算(Relational Calculus)是以数理逻辑中的谓词演算为基础的。以谓词演算为基础的查询语言称为关系演算语言。E. F. Codd 正式提出关系演算的概念。关系演算语言包括元组关系演算语言(如 ALPHA)和域关系演算语言(如 QBE)。

(1) 元组关系演算语言。

元组关系演算以元组变量作为谓词变元的基本对象。典型的元组关系演算语言是 E. F. Codd 提出的 ALPHA 语言(没有被实际实现),但 QUEL 是参照 ALPHA 语言研制的。

ALPHA 语言语句的基本格式如下。

操作语句 工作空间名(表达式):操作条件

其中,操作语句主要有 GET、PUT、HOLD、UPDATE、DELETE 和 DROP 6 条语句;表达式用于指定语句的操作对象,它可以是关系名或(和)属性名,一条语句可以同时操作多个关系或多个属性;操作条件是一个逻辑表达式,它用于将操作结果限定在满足条件的元组中,如果不加限定的条件,则操作条件可以为空。

(2) 域关系演算语言。

域关系演算以元组变量的分量(即域变量)作为谓词变元的基本对象。典型的域关系演算语言是 1975 年由 M. M. Zloof 提出的 QBE 语言,其于 1978 年在 IBM 370 上实现。

QBE 语言指的是通过例子进行查询,交互性很强,最大的特点就是操作方式特别。它是一种高度非过程化的基于屏幕表格的查询语言,用户通过终端屏幕编辑程序,以填写表格的方式构造查询要求,而查询结果也是以表格形式显示的,非常直观,用户很容易掌握。

**3) 具有关系代数和关系演算双重特点的语言**

具有关系代数和关系演算双重特点的典型语言为结构化查询语言(SQL)。这种语言具有丰富的查询功能,具有数据定义、数据操纵和数据控制的功能,是关系数据库的标准语言。

1974 年,Boyce 和 Chamberlin 提出了 SQL,并首先在 IBM 公司研制的关系数据库系统 System R 上实现。其主要有如下 4 大特点。

(1) 该语言结合了数据描述功能、数据操纵功能、数据控制功能,达成了多种功能一体化。

(2) 该语言有两种使用方式:一种使用方式是联机交互使用;另一种使用方式是嵌入某种高级程序设计语言中去使用。这两种使用方式基本采用相同的语法结构。

(3) 该语言是一种高度非过程化语言。用户只需要提出"干什么",无须具体指明"怎么干"。

(4) 该语言简洁精炼,用户很容易进行学习与使用。

## 2.3.4　关系完整性

在关系模型中,需要有一定的约束保证。关系完整性是给定的关系模型中数据及其联系的所有制约和依存规则,用以限定数据库状态及状态变化,从而保证数据的正确、相容和有效。

### 1. 实体完整性

实体完整性(Entity Integrity)规则是保证关系完整性的一个重要规则,该规则是针对基本关系而言的,关系中的一个基本表通常对应现实世界的一个实体集。因为现实世界的实体是可区分的,所以该规则的形成主要基于实体可区分的要求,因此在关系数据中,需要一个可区分的唯一性标识,该标识被称为主码。下面给出候选码、主码、主属性、非主属性的概念,并引出实体完整性规则的定义。

候选码(Candidate Key):若关系中的某一属性组的值能唯一地标识一个元组,而其子集不能,则称该属性组为候选码。

主码(Primary Key):候选码的值能够唯一地标识一个元组,若关系中存在多个候选码,则选定其中一个作为主码。

主属性(Prime Attribute):候选码中包含的属性被称为主属性。

非主属性(Non-prime Attribute):不包含在任何一个候选码中的属性被称为非主属性。

为确保关系中的基本表对应现实世界的实体可以进行区分,引出了实体完整性规则——若一个属性或一组属性是基本关系的主属性,则该属性不能取空值。空值指"不知道""不存在""无意义"的值。

### 2. 参照完整性

现实世界的实体之间往往是互相联系的,而在关系模型中,实体及实体间的联系都是用关系来描述的,所以就存在着关系与关系之间的引用。下面给出外码、参照关系和被参照关系的概念,并引出参照完整性(Referential Integrity)规则的定义。

外码(Foreign Key):设 $F$ 是基本关系 $R$ 的一个属性或一组属性,但不是关系 $R$ 的主码。Ks 是基本关系 $S$ 的主码。如果 $F$ 与 Ks 相对应,则称 $F$ 是 $R$ 的外码。

参照关系(Referencing Relation):根据上文给出的外码的概念,其中的基本关系 $R$ 为参照关系。

被参照关系(Referenced Relation)：根据上文给出的外码的概念,其中的基本关系 $S$ 为被参照关系。

为确保关系和关系之间引用的合理性,引出了参照完整性规则——若属性 $F$ 是基本关系 $R$ 的外码,它与基本关系 $S$ 的主码 Ks 相对应,则对于 $R$ 中每个元组在 $F$ 上的值必须为空或者等于 $S$ 中某个元组的主码值。

### 3. 用户定义完整性

任何关系数据库系统都应该支持实体完整性和参照完整性,这是关系模型所要求的,但每个数据库都有不同的应用环境,所代表的现实世界的实体也是不同的,引出了用户定义完整性(User-defined Integrity)规则——针对某一具体关系数据库的约束条件,反映某一个具体应用所涉及的数据必须满足语义要求。

为便于理解实体完整性规则、参照完整性规则、用户定义完整性规则,下面给出一个例子以说明。

在现实世界中存在员工和部门之间的联系,用以下两个关系表示：

员工(员工工号,姓名,性别,民族,职务,部门编号,手机号码)
部门(部门编号,部门名称,部门职能)

对于员工来说,每个员工都有唯一的工号,所以"员工工号"是员工关系的主码,"员工工号"属性被称为主属性。而每个部门也有唯一的一个编号,因此"部门编号"是部门关系的主码,"部门编号"属性被称为主属性。根据实体完整性规则,"员工工号"属性和"部门编号"属性均不能取空值。

员工和部门之间是存在联系的,所以在关系模型中存在属性的引用,员工关系引用了部门关系的主码"部门编号",则"部门编号"属性是员工关系的外码。这里员工关系是参照关系,部门关系是被参照关系。根据参照完整性规则,员工关系中每个元组在"部门编号"属性上的值必须为空或者等于部门关系中某个元组的"部门编号"值。

针对现实世界中员工和部门的关系,每个属性还必须符合语义要求。例如,员工关系中的"手机号码"属性,根据移动号码实际的意义,该属性在中国大陆应为 11 位数字。

## 2.3.5 关系规范化理论

关系规范化理论(Relation Normalization Theory)最早是由关系数据库的创始人 E. F. Codd 提出的,后来经过许多专家、学者深入研究和发展,形成了一整套有关关系数据库设计的理论。

设计一个合适的关系数据库系统的关键是要设计好关系数据库的模式。关系数据库模式应该包含多少关系模式、每一个关系模式应该包含哪些属性、如何将这些相互关联的关系模式组建成一个适合的关系模型,这些决定了整个系统运行的效率,所以设计一个好的关系数据库,要在规范化理论的指导下逐步完成。

在计算机科学中,当程序结构导致数据引用之前处理过的数据时的状态叫作数据依赖,其中最重要的是函数依赖(Functional Dependency,FD)和多值依赖(Multi-Valued Dependency,MVD),下面对这两者进行介绍。

### 1. 函数依赖

函数依赖——设 $X$、$Y$ 是关系 $R$ 的两个属性集合,在任何一个时刻,$R$ 中的任意两个元

组中的 $X$ 属性值相同时,则它们的 $Y$ 属性值也相同,则称 $X$ 函数确定 $Y$,或 $Y$ 函数依赖于 $X$,表示为 $X \rightarrow Y$。

例如,给出学生关系 $S$(Number,Name,Gender,Age),在该关系中,如果知道了学生的学号(Number)就可以确定学生的姓名(Name)、性别(Gender)、年龄(Age),则 $X$[Number]函数确定 $Y$[Name],$X$[Number]函数确定 $Y$[Gender],$X$[Number]函数确定 $Y$[Age],也称 $Y$[Name]函数依赖于 $X$[Number],$Y$[Gender]函数依赖于 $X$[Number],$Y$[Age]函数依赖于 $X$[Number]。

平凡函数依赖——存在函数依赖 $X \rightarrow Y$ 的情况下,若属性集合 $Y$ 是属性集合 $X$ 的子集,即一组属性函数决定它的所有子集,这种函数依赖称为平凡函数依赖。

非平凡函数依赖——存在函数依赖 $X \rightarrow Y$ 的情况下,若属性集合 $Y$ 不是属性集合 $X$ 的子集,这种函数依赖称为非平凡函数依赖。

完全函数依赖——设 $X$、$Y$ 是关系 $R$ 的两个属性集合,存在函数依赖 $X \rightarrow Y$,$X'$是 $X$ 的真子集,对任意一个 $X'$都有 $X'! \rightarrow Y$,则称 $Y$ 对 $X$ 完全函数依赖。

例如:给出成绩关系 $G$(Snumber,Sname,Cnumber,Cname,Grade),在该关系中,如果知道了学生的学号(Snumber)和所选课程的课程号(Cnumber),就可以确定该学生在该门课程的成绩(Grade)。但只知道学生的学号(Snumber)或只知道课程的课程号(Cnumber)是不能够确定成绩(Grade)的,即 $Y$[Grade]对 $X$[Snumber,Cnumber]完全函数依赖。

部分函数依赖——设 $X$、$Y$ 是关系 $R$ 的两个属性集合,存在函数依赖 $X \rightarrow Y$,$X'$是 $X$ 的真子集,存在 $X' \rightarrow Y$,则称 $Y$ 对 $X$ 部分函数依赖。

例如:基于上例给出的成绩关系 $G$,在该关系中,如果知道了学生的学号(Snumber)和所选课程的课程号(Cnumber),就可以确定学生的姓名(Sname),即存在函数依赖 $X$[Snumber,Cnumber] $\rightarrow Y$[Sname],但如果只知道学生的学号,同样可以知道学生的姓名,即存在 $X'$[Snumber] $\rightarrow Y$[Sname],则称 $Y$[Sname]对 $X$[Snumber,Cnumber]部分函数依赖。

传递函数依赖——设 $X$、$Y$、$Z$ 是关系 $R$ 当中互不相同的属性集合,存在 $X \rightarrow Y$ 但 $Y! \rightarrow X$,同时 $Y \rightarrow Z$,则称 $Z$ 对 $X$ 传递函数依赖。

例如:给出学校人员关系 $P$(Snumber,Sdeptnumber,Lname),如果知道了学生的学号(Snumber),就可以确定学生所在的系编号(Sdeptnumber),因为一个学生只会属于一个系,但一个系有多个学生。如果知道了一个系的编号(Sdeptnumber),就可以确定该系的系主任姓名(Lname)。但知道系的编号(Sdeptnumber)不能确定学生的学号(Snumber),即存在 $X$[Snumber] $\rightarrow Y$[Sdeptnumber],但 $Y$[Sdeptnumber]$! \rightarrow X$[Snumber],同时 $Y$[Sdeptnumber] $\rightarrow Z$[Lname],则称 $Z$[Lname]对 $X$[Snumber]传递函数依赖。

### 2. 多值依赖

多值依赖比函数依赖要复杂得多。在关系模式中,函数依赖不能表示属性值之间的一对多联系,这些属性之间有些虽然没有直接关系,但存在间接关系,把没有直接关系但有间接的关系称为多值依赖的数据依赖。

在函数依赖中,$X$ 与 $Y$ 是否存在函数依赖关系,只需考察 $X$、$Y$ 的两组属性,与别的属性无关。而在多值依赖中,$X$ 与 $Y$ 是否存在多值依赖还需看属性 $Z$。

多值依赖——设 $R(U)$ 是属性集 $U$ 上的一个关系模式。$X$、$Y$、$Z$ 是 $U$ 的子集,并且 $Z=U-X-Y$。关系模式 $R(U)$ 中多值依赖 $X \to\to Y$ 成立,当且仅当对 $R(U)$ 的任一关系 $r$,给定的一对 $(x,z)$ 值有一组 $y$ 的值,这组值仅仅决定于 $x$ 值而与 $z$ 值无关。多值依赖用符号"$\to\to$"表示。

例如:给出关系 $Q$(Wkeeper,Wnumber,Pnumber),Wkeeper 指仓库管理员,Wnumber 指仓库号,Pnumber 指库存产品号。假设一个产品只能放到一个仓库中,但是一个仓库可以由若干管理员管理,则一个<Wkeeper,Pnumber>有一个仓库号,但仓库号实际上只与库存产品号有关,不论仓库管理员如何改变,只要库存产品号不改变,仓库号就不会改变。

多值依赖具有以下性质。

(1) 多值依赖具有对称性。

若 $X \to\to Y$,则 $X \to\to Z$,其中 $Z=U-X-Y$。

(2) 多值依赖具有传递性。

若 $X \to\to Y$,$Y \to\to Z$,则 $X \to\to Z-Y$。

(3) 函数依赖可以看作是多值依赖的特殊情况。

若 $X \to Y$,则 $X \to\to Y$。

(4) 若 $X \to\to Y$,$X \to\to Z$,则 $X \to\to YZ$。

(5) 若 $X \to\to Y$,$X \to\to Z$,则 $X \to\to Y \bigcap Z$。

(6) 若 $X \to\to Y$,$X \to\to Z$,则 $X \to\to Y-Z$,$X \to\to Z-Y$。

若 $X \to\to Y$,而 $Z=\varnothing$,即 $Z$ 为空,则称 $X \to\to Y$ 为平凡的多值依赖。

### 3. 范式

数据库范式是为解决关系数据库中数据冗余、更新异常、插入异常、删除异常问题而引入的设计理念。数据库范式可以避免数据冗余,减少数据库的存储空间,并且减少维护数据完整性的成本。1971—1972 年,E. F. Codd 系统地提出了有关 1NF、2NF、3NF 的概念,讨论了规范化的问题。1974 年,E. F. Codd 和 Boyce 共同提出一个新范式,即 BCNF。1976年 Fagin 提出了 4NF。后来又有研究人员提出了 5NF。范式评价数据库模式规范化的程度,从低到高主要有 1NF、2NF、3NF、BCNF、4NF、5NF。

(1) 1NF。

1NF 强调属性的原子性约束,要求属性具有原子性,不可再分解。

例如:若关系中包含可以再分的属性,则不满足 1NF,如"地址"属性,可以细分到国家、省份、城市、县区、村镇。

问题:1NF 存在冗余度大、会引起修改操作的不一致、数据插入异常、数据删除异常的问题。

(2) 2NF。

2NF 即第二范式,强调记录的唯一性约束,数据表必须有一个主键,并且没有包含在主键中的列必须完全依赖于主键,而不能只依赖于主键的一部分。

例如:成绩表(学生学号,课程号码,成绩,学生姓名),其中主键是(学生学号,课程号码),但"学生姓名"属性只依赖于学生学号,所以不符合 2NF。为了满足 2NF,可以将该表拆分成两个表,将学生相关的属性,如"学生姓名"放入学生表中。

（3）3NF。

3NF 即第三范式，强调数据属性冗余性的约束，非主键列必须直接依赖于主键，也就是消除了非主属性对码的传递函数依赖。

例如：订单表（订单编码，顾客编码，顾客名称），其中主键是（订单编码），这个场景中，顾客编码、顾客名称都完全依赖于主键，因此符合 2NF，但顾客名称依赖于顾客编码，从而间接依赖于主键，所以不能满足 3NF。如果要满足 3NF，需要拆分为两个表：订单表（订单编码，顾客编码）和顾客表（顾客编码，顾客名称）。

（4）BCNF（Boyce Codd Normal Form，巴斯范式）。

BCNF 是修正的 3NF，是防止主键的某一列会依赖于主键的其他列。当 3NF 消除了主属性对码的部分函数依赖和传递函数依赖时称为 BCNF。该范式的特点如下。

① 所有非主属性对每个码都是完全函数依赖。

② 所有的主属性对每个不包含它的码，也是完全函数依赖。

③ 没有任何属性完全函数依赖于非码的任何一组属性。

例如：仓库管理关系表（仓库号码，存储产品号码，管理员工号，数量），且一个管理员只在一个仓库工作，一个仓库可以存储多种物品。这个数据库表中存在如下决定关系：

（仓库号码，存储产品号码）→（管理员工号，数量）
（管理员工号，存储产品号码）→（仓库号码，数量）

所以（仓库号码，存储产品号码）和（管理员工号，存储产品号码）都是该关系的候选关键字，表中的唯一非关键字段为数量，它是符合 3NF 的。但是，由于存在如下决定关系：

（仓库号码）→（管理员工号）
（管理员工号）→（仓库号码）

即存在关键字段决定关键字段的情况，所以其不符合 BCNF。

（5）4NF。

4NF 即第四范式，是限制关系模式的属性之间不允许有非平凡且非函数依赖的多值依赖。

例如：用户联系方式表（用户 ID，固定电话，移动电话），其中用户 ID 是主键，满足了 BCNF，但是一个用户可能会有多个固定电话或者多个移动电话，所以该种设计不合理。

（6）5NF。

5NF 即第五范式，是最终范式，消除了 4NF 中的连接依赖。

数据库范式是关系数据库核心的技术之一，也是从事数据库开发人员的必备知识。如果只考虑函数依赖，关系模式规范化程度最高的范式是 BCNF；如果考虑多值依赖则是 4NF。一般在实际应用中不考虑 5NF。

## 2.3.6 关系数据库的优缺点

回顾数据库的发展历程，数据库技术从 20 世纪 60 年代末开始，为了有效地管理和存取大量的数据资源，经历了层次数据库、网状数据库和关系数据库而进入数据库管理系统阶段，数据库技术的研究不断取得进展。关系数据库是支持关系模型的数据库系统，从诞生到现在经过几十年的发展，已经变得比较成熟，目前市场上有许多比较知名的关系数据库系统,关系数据库在计算机数据管理的发展史上是一个重要的里程碑。

### 1. 关系数据库的优点

关系数据库在应用中有以下优点。

(1) 容易理解:关系数据库是依据关系数据模型(二维表)来创建的数据库,关系模型使用二维表来存放所有的数据,该二维表结构非常贴近逻辑世界,相对于网状、层次等其他模型来说更容易理解。

(2) 使用方便:通用的 SQL 使得操作关系数据库非常方便,SQL 集数据查询语言、数据操纵语言、数据定义语言和数据控制语言于一体,风格统一,用户只需要告诉计算机"做什么",而不需要说明"怎么做",其操作过程会由系统自动控制。这种模式减轻了用户的负担,有利于提高数据独立性。

(3) 易于维护:关系数据库当中定义了丰富的完整性,包括实体完整性、参照完整性和用户定义完整性,这种规则大大降低了数据冗余和数据不一致的概率,使得数据库更容易被维护。

### 2. 关系数据库的缺点

关系数据库经过数十年的发展,其理论基础和相关技术、产品都非常丰富完善,是数据库领域中的主流产品,在恢复技术、并发控制、死锁问题中都提供了相应的解决办法。关系数据库便于使用且易于理解与维护,还具有很强的安全性、事务保证性,所以被广泛使用。但随着互联网的快速发展,传统的关系数据库在应付超大规模和高并发的动态网站时暴露了很多难以克服的问题。

(1) 数据库高并发读写:高并发的纯动态网站一般都是根据用户个性化信息来实时生成动态页面和提供动态信息的,所以基本上无法使用动态页面静态化技术,因此数据库并发负载非常高,往往要达到每秒上万次读写请求,关系数据库在应对如此大容量的读写请求时显得力不从心。

(2) 海量数据的高效率存储和访问:在动态网站中,用户每天会产生海量的动态信息,对于关系数据库来说,在一张数以亿计条记录的表里进行 SQL 查询,效率是极其低的。

(3) 数据库的高可扩展性和高可用性:基于 Web 的架构当中,数据库无法通过添加更多的硬件和服务节点来扩展性能和负载能力。

## 2.3.7 关系数据库的种类及应用

关系数据库在市场中应用广泛,常见的关系数据库有 MySQL、SQL Server、Oracle、Access、SQLite 等,在日常应用中,可以根据其特性来选择使用。

### 1. MySQL

MySQL 提供了十分快速的多线程、多用户、牢靠的 SQL 数据库服务器,定位于任务关键型、重负荷生产系统,并能嵌入大量部署的软件中。MySQL 是很受欢迎的开源 SQL 数据库管理系统,它由 MySQL AB 开发、发布和支持。

MySQL 具有体积小、速度快、支持多种操作系统、支持多线程的优点,拥有非常灵活而且安全的权限和口令系统,当客户的服务器与 MySQL 服务器连接时,它们之间所有的口令传送被加密,而且 MySQL 支持主机认证。而其最大的优势为 MySQL 是开源的数据库,提供的接口支持多种语言连接操作,所以一般中小型网站的开发都选择 MySQL 作为网站数据库。

### 2. SQL Server

SQL Server 是一个可扩展的、高性能的、为分布式客户机-服务器(C/S)计算所设计的数据库管理系统,可充分利用 Windows NT 的优势,系统管理先进,事务处理功能强大,极大程度地保持了数据的完整性,支持对称多处理器结构,并具有自主的 SQL。

SQL Server 提供了众多的 Web 和电子商务功能,如对 XML 和 Internet 标准的丰富支持、通过 Web 对数据进行轻松、安全的访问。而且,由于其易操作性及其友好的操作界面,深受广大用户的喜爱。

### 3. Oracle

Oracle 数据库是美国 Oracle(甲骨文)公司推出的一个数据库管理系统,是 C/S 或 B/S 体系结构的数据库之一。Oracle 数据库具有完整数据管理、完备关系产品、分布式处理功能以及用 Oracle 实现数据仓库操作等特点,导出数据功能强大、稳定性高、安全性强。该数据库在世界范围内使用十分广泛,但对硬件要求很高,操作比较复杂,价格比较昂贵。

### 4. Access

Microsoft Office Access(以下简称 Access)是微软把数据库引擎的图形用户界面和软件开发工具结合在一起的一个数据库管理系统。Access 有强大的数据处理、统计分析能力,利用 Access 的查询功能,可以方便地进行各类汇总、平均等统计,在数据分析中体现了实用的价值。Access 也可以用来开发软件,如生产管理、销售管理、库存管理等各类企业管理软件。其最大的优点是简单易学,非编程人员也可以轻松地学习并使用。

### 5. SQLite

SQLite 是一款轻型的数据库,是遵守 ACID 的关系数据库管理系统,它的设计目标是嵌入式的,目前已经在很多嵌入式产品中使用了它,它占用资源非常低,能够支持 Windows、Linux、UNIX 等主流的操作系统,能够与很多程序语言相结合,并且运行处理速度比 MySQL、PostgreSQL 快。

## 2.4 NoSQL

NoSQL(Not only SQL)泛指非关系数据库,最初是为了满足互联网的业务需求而诞生的。在信息化时代,互联网数据增长迅速,呈现大量化、多样化和快速化等特点,数据集合规模已实现从 GB、PB 到 ZB 的飞跃。这些数据不仅仅有传统的结构化数据,还包含了大量的非结构化数据和半结构化数据,而关系数据库无法存储此类数据。因此,很多互联网公司着手研发新型的、非关系的数据库,这类非关系数据库统称为 NoSQL 数据库。

NoSQL 作为新形势下出现的一种非关系数据库的总称,用全新的存储方式,简化了数据交互,减少了编写、调试的代码量,对海量数据实现了高效存储和高效访问。同时,它的免费开源也降低了企业的运营成本,Google、Facebook、Twitter 和 Amazon 等知名公司都开发和使用 NoSQL 系统来解决海量数据存储问题。

## 2.4.1　NoSQL 数据库的由来

　　NoSQL 一词最早出现于 1998 年。当时,Carlo Strozzi 提出"要找到存储和检索数据的新高效途径,而不是在任何情况下都把关系数据库当作万金油",他开发了一个轻量、开源、不提供 SQL 功能的数据库,并将其命名为 NoSQL。2009 年,Last.fm 的 Johan Oskarsson 发起了一次关于分布式开源数据库的讨论,来自 Rackspace 的 Eric Evans 再次提出了 NoSQL 的概念,这时的 NoSQL 主要指非关系、分布式、不提供 ACID 的数据库设计模式。同年,在亚特兰大举行的"no：sql(east)"讨论会是 NoSQL 发展史上的一个里程碑,其口号是"select fun,profit from real_world where relational=false;"(从真实世界的非关系中找到乐趣和利益)。因此,对 NoSQL 最普遍的解释是非关系数据库统称,强调它是传统关系数据库的有益补充,而不是去替代关系数据库。

## 2.4.2　NoSQL 数据库的发展

　　随着互联网和移动互联网的蓬勃发展,接入互联网的用户逐渐增多,传统的单机关系数据库已经无法满足用户的需求,人们开始在数据库领域寻求新的出路。其中有两个重要分支：一个分支是探索多种数据模型和存储介质的数据库,早期比较有影响力的项目是 Memcached,这个项目采用了键值模型来建立数据模型；另一个分支就是分布式数据库,人们希望用多台机器形成集群来存储、处理数据,其中最具影响力和代表性的事件是 Google 于 2003—2006 年发布的 3 篇论文,分别是 *Google File System*、*Google BigTable* 和 *Google MapReduce*,这 3 篇文章奠定了分布式数据系统的基础。

　　传统的、基于集中式的数据库在应对海量数据及复杂分析处理要求时,存在数据库横向扩展能力受限、数据存储和计算能力不足,以及不能满足业务瞬时高峰性能等根本性架构问题,利用分布式计算和内存计算等技术设计的分布式数据库能够解决上述各种问题。分布式数据库的数据分散在网络中多个互联的节点上,数据量、写入读取被负载均衡分散到多个单机中,当集群中某节点故障时整个集群仍然能继续工作,数据通过分片、复制、分区等方式实现分布式存储。

　　为解决海量数据存储的问题,Google 的软件开发工程师研发了 BigTable,并于 2005 年 4 月投入使用。BigTable 是一个分布式的、面向列的、多维的、稀疏的和多版本的表格系统,它将一个大表的数据根据行键的取值范围进行分片,分布到多个服务器中,是一个强一致性的系统。

　　2007 年,HBase 诞生,其理论基础正是 Google 先前提出的 BigTable。它是以分布式存储为基础的数据库,底层存储基于分布式文件系统,具备了分片或者分区存储的能力,突破了普通存储设备的存储上限。同年,Amazon 发表了有关 DynamoDB 的论文,这篇论文第一次在非关系数据库领域引入了数据库的底层特性,奠定了后续 NoSQL 数据库领域的部分特性基础。DynamoDB 是一个基于 P2P 架构的分布式存储系统,以一致性哈希算法来分布数据,具有更好的可用性和故障恢复能力。

　　2008 年 9 月,*Nature* 杂志专刊——*The next google* 第一次正式提出"大数据"的概念。这个概念的真正意义在于,数据被认为是人类认知世界的一种新型方法,人们可以通过数据来了解、探索、观察和研究世界。

关系数据库不能较好地处理大数据时代高并发读写、多结构化数据存储等情景。为应对这一问题,数据库供应商和开源社区提出了各种解决方案,如通过分库、分表、加缓存等方式来提升性能,但底层的关系设计仍然是限制性能天花板的根本原因。NoSQL 数据库应运而生,它扩展了诸多数据模型,在不同场景下使用不同的数据模型来进行处理。其代表成果就包括前面提到的列族数据库 HBase,以及 2009 年推出的文档数据库 MongoDB、2010 年推出的键值数据库 Redis 和图数据库 Neo4j。这类 NoSQL 数据库极大地扩展了人们存储、使用数据的方式。

## 2.4.3 NoSQL 数据库的特点

### 1. 易扩展

NoSQL 数据库种类繁多,但有一个共同的特点,那就是去掉了关系数据库的关系型特性。数据之间无关系,使得数据库非常容易扩展,无形之间在架构的层面上带来了可扩展的能力。

### 2. 大数据量、高性能

NoSQL 数据库都具有非常高的读写性能,在大数据量情况下尤其明显。这得益于 NoSQL 数据库的无关系性,数据库结构简单。此外,一般 MySQL 使用查询缓存(Query Cache),而 NoSQL 的缓存是一种更细粒度的、记录级的,所以在这个层面上来说 NoSQL 的性能就要高很多。

### 3. 灵活的数据模型

NoSQL 无须事先为要存储的数据建立字段,随时可以存储自定义的数据格式。而在关系数据库中,增删字段是一件非常麻烦的事情。如果是非常大数据量的表,增加字段简直就是一个噩梦。这点在大数据量的 Web 2.0 时代尤其明显。

### 4. 高可用

NoSQL 在不太影响性能的情况下,就可以方便地实现高可用的架构。例如,Cassandra、HBase 模型,通过复制模型也能实现高可用。

## 2.4.4 NoSQL 数据库的分类

NoSQL 数据库主要包括 4 大类,分别是键值数据库、列族数据库、文档数据库和图数据库。

### 1. 键值数据库

键值数据库是一种非关系数据库,采用简单的键值方法来存储数据。它使用一个哈希表,将数据存储为键值对集合,其中键作为唯一标识符。表中的键(Key)用来定位值(Value),即不能对值进行索引和查询,只能通过键存储和检索具体的值。键和值都可以是从简单对象到复杂复合对象的任何内容,可以存储任意类型的数据,包括整型、字符型、数组、对象等。键值存储的方式可以非常有效地减少读写磁盘的次数,带来了比 SQL 数据库存储更好的读写性能。同时,键值数据库是高度可分区的,并且允许以其他类型的数据库无法实现的规模进行水平扩展。

亚马逊云计算是键值数据库最早的发明者,键值数据库就起源于 Amazon 开发的 DynamoDB 系统。虽然是一种新的数据库类型,但是键值数据库阵营却非常庞大。从 DB-Engines 2022 年 11 月出炉的键值数据库排行榜 20 强可以看出,开源数据库 Redis 位居键值存储应用第一位,其应用指数远超第二名 Amazon DynamoDB 和第三名 Microsoft Azure Cosmos DB,如图 2-2 所示。作为键值数据库的领头羊,Redis 逐渐变成了内存数据库的事实标准。在 StackOverflow 的年度全球开发人员调查中,Redis 连续 5 年被评为"最受欢迎的数据库"。

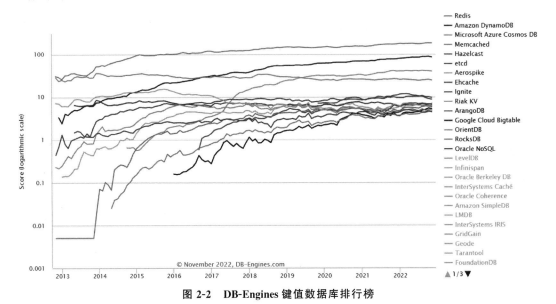

**图 2-2　DB-Engines 键值数据库排行榜**

键值数据库的应用场景主要有两个。一个应用场景是"会话存储":一个面向会话的应用程序,如 Web 应用程序,在用户登录时启动会话,并保持活动状态直到用户注销或会话超时。在此期间,应用程序将所有与会话相关的数据存储在主内存或数据库中。会话数据可能包括用户资料信息、消息、个性化数据以及主题、建议、有针对性的促销和折扣,每个用户会话具有唯一的标识符。除了主键之外,任何其他键都无法查询会话数据,因此快速键值存储更适合于会话数据。一般来说,键值数据库所提供的每页开销可能比关系数据库要小。另一个应用场景是"购物车":在假日购物季,电子商务网站可能会在几秒内收到数十亿的订单。键值数据库可以处理大量数据扩展和极高的状态变化,同时通过分布式处理和存储为数百万并发用户提供服务。此外,键值数据库还具有内置冗余,可以处理丢失的存储节点。

### 2. 列族数据库

列族数据库通常用来应对分布式存储的海量数据。在列族数据库中,数据存储在列族中,而列族里的行则把许多列数据与本行的"行键"关联起来。列族用来把通常需要一并访问的相关数据分成组。这样的组织形式使列族数据库的查找速度更快,可扩展性更强,也更容易进行分布式扩展。如图 2-3 所示,最受欢迎的列族数据库为 Cassandra 和 HBase。

列族数据库主要适用于需要部署大规模数据库的场合,在这些场合中,所使用的数据库需要具备较高的写入性能,并且要能够在大量的服务器及多个数据中心上面运作。

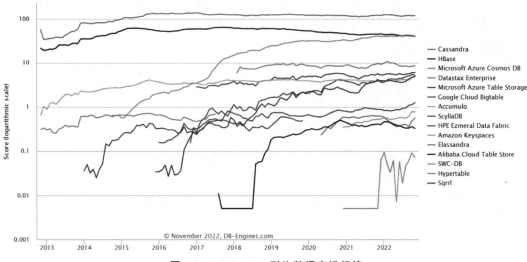

图 2-3　DB-Engines 列族数据库排行榜

### 3. 文档数据库

文档数据库旨在将数据作为类 JSON 文档进行存储和查询。它允许开发人员使用与应用程序代码中相同的文档模型格式,从而更轻松地在数据库中存储和查询数据。文档和文档数据库的灵活、半结构化和层级性质允许它们随应用程序的需求变化而变化。文档模型可以很好地与目录、用户配置文件和内容管理系统等案例配合使用,其中每个文档都是唯一的,并会随时间而变化。此外,文档数据库还支持灵活的索引、强大的临时查询和文档集合分析。目前,最受欢迎的文档数据库为 MongoDB,如图 2-4 所示。

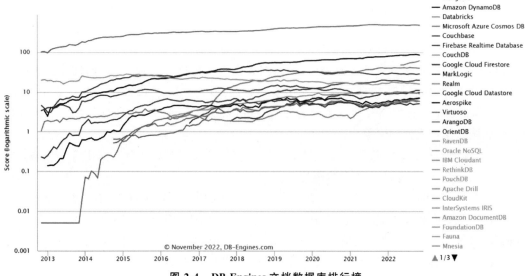

图 2-4　DB-Engines 文档数据库排行榜

文档数据库的应用场景主要有两个。一个应用场景是"内容管理":文档数据库是内容管理应用程序(如博客和视频平台)的一个绝佳选择。通过文档数据库,应用程序跟踪的每个实体都可以存储为单个文档。随着需求的发展,对于开发人员来说,可以使用文档数据库更直观地更新应用程序。此外,如果数据模型需要更改,只需要更新受影响的文档,不需要更新架构,也不需要对数据库停机时间进行更改。另一个应用场景是"目录":文档数据库在存储目录信息方面有效且高效。例如,在电子商务应用程序中,不同的产品通常具有不同数量的属性。在关系数据库中管理数千个属性效率较低,并且阅读性较差。使用文档数据库,可以在单个文档中描述每个产品的属性,以方便管理和加快阅读速度,并且更改一个产品的属性也不会影响其他产品。

### 4. 图数据库

图数据库专门用于存储和管理关系。关系是图数据库中的重要部分,图数据库的大部分价值都源自这些关系。图数据库使用节点来存储数据实体,使用边来存储实体之间的关系。边始终有一个开始节点、结束节点、类型和方向,并且边可以描述父子关系、操作、所有权等。节点可以拥有的关系的数量和类型没有限制。图数据库中的图可依据具体的边类型进行遍历,也可对整个图进行遍历。在图数据库中,遍历连接或关系非常快,因为节点之间的关系不是在查询时计算的,而是留存在数据库中的。在社交网络、推荐引擎和欺诈检测等使用案例中,需要在数据之间创建关系并快速查询这些关系,此时,图数据库更具优势。

图数据管理在数据库领域是一个经典的研究问题,其研究历史呈现一个波浪式前进的过程。早在 20 世纪 60～70 年代,由于图数据模型表达能力强,数据管理领域的研究人员就提出使用图模型对客观世界的数据进行建模,并设计了相关的图数据管理原型系统。在 20 世纪 60 年代,IBM 的 IMS 导航型数据库已经可以支持层次模型和树状结构,这些都是特殊形式的图。在 20 世纪 60 年代后期,网络模型数据库(Network Model Database)已经可以支持图结构。1959 年,CODASYL 定义了 COBOL(Common Business-Oriented Language,面向商务的通用语言),并于第二年定义了网络数据库语言。Charles W. Bachman 还由于其在图数据模型方面的贡献于 1973 年获得图灵奖。之后,由于图数据查询在表达和执行方面的复杂度都很高,当时硬件的性能无法支持复杂的查询需求,图数据管理系统在应用方面遇到障碍,研究趋缓。在这一阶段,关系数据库由于其操作接口简单,查询优化技术实现突破,逐渐成为数据管理中的主流。2000 年之后,随着互联网时代大量关联数据的产生、RDF 资源描述框架在网络交换资源中的普遍应用,以及具备 ACID 事务保证的图数据库的出现,让图数据再次回到了舞台的中央。

以属性图为核心数据模型的现代图数据库从诞生到大规模应用分为如下 3 个阶段。

(1) Graph 1.0:单机原生图数据库。

2002—2010 年,图数据库的使用开始兴起。这个阶段的图数据库采用小规模原生图存储,与传统数据库相比,原生图数据库遍历查询时无须索引,能够极大减少系统开销、提升查询效率。但基于单机的小规模原生图数据库扩展性较差,受制于单机性能的瓶颈,无法支持大规模数据的分布式存储查询以及并行计算。此阶段的典型代表为 Neo4j。

(2) Graph 2.0:分布式非原生图数据库。

2010—2016 年,随着大数据时代的到来和物联网行业的蓬勃发展,数据本身的丰富程度增加,数据之间的关联性增多,扩展性成为数据库行业共同的痛点。由于底层基于分布式的非关系型存储,Graph 2.0 时代的图数据库产品的扩展性有长足提升,但也因为同样的原因,查询性较 Graph 1.0 低,并且无法有效支持多跳的深链查询,无法满足数据实时更新、查询的需求。此阶段的典型代表为 JanusGraph。

(3) Graph 3.0:原生分布式图数据库。

从 2017 年开始,为了满足大数据量查询返回效率,在快速变化的商业环境下提供实时的商业智能,同前两代产品相比,Graph 3.0 为图数据实时更新、查询而设计,不但在存储上提升了扩展性,同时增加了并行计算的能力,能够实现实时的图分析。大规模原生图存储、分布式并行计算能力正逐渐成为图数据库行业的主流。

从 2020 年开始,图数据库开始出现和知识图谱平台、人工智能平台融合的趋势,出现了与人工智能、机器学习、深度学习融合的图平台。这是下一代图数据库的发展趋势。此阶段的典型代表为 Galaxybase、TuGraph。

目前最为流行的图数据库仍是 Neo4j,如图 2-5 所示。

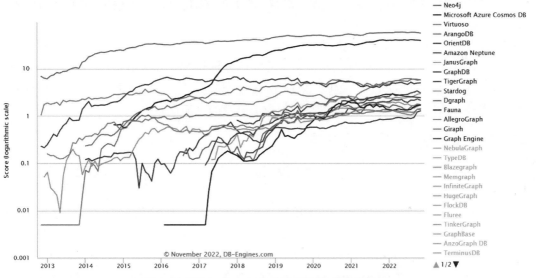

图 2-5　DB-Engines 2022 年 9 月图数据库排行榜

图数据库的应用场景主要有两个。一个应用场景是“欺诈检测”:图数据库能够预防复杂的欺诈行为。借助图数据库,可以使用关系以近乎实时的方式处理财务和购买交易。例如,通过快速图查询,能够检测到潜在购买者是否在使用包含在已知欺诈案例中的相同电子邮件地址和信用卡。此外,图数据库还可以帮助轻松检测关系模式,例如,多个人与一个个人电子邮件地址相关联,或者多个人共享同一个 IP 地址但居住在不同的物理地址。另一个应用场景是“推荐引擎”:图数据库是推荐应用程序的绝佳选择。借助图数据库,可以在诸如客户兴趣、朋友和购买历史记录等信息类别之间存储图关系。

## 2.5　NewSQL

NewSQL 是一类新型的关系数据库,是对各种新的可扩展和高性能的数据库的简称。这类数据库对于一般的 OLTP 读写请求提供可横向扩展的性能,同时支持事务的 ACID 保证。换句话说,NewSQL 不仅具有 NoSQL 对海量数据的存储管理能力,还保持了传统数据库支持 ACID 和 SQL 等特性。其典型代表有 Google Spanner、VoltDB、Clustrix、NuoDB 等。NewSQL 大致分为 3 类：新架构、SQL 引擎以及透明分片。NewSQL 重新将"应用程序逻辑与数据操作逻辑应该分离"的理念带回到现代数据库的世界，这也验证了历史的发展总是呈现出螺旋上升的形式。

## 2.5.1 NoSQL 谢幕，NewSQL 登场

NoSQL 数据库能够很好地应对海量数据的挑战，为用户提供良好的可扩展性和灵活性，但是它也有缺点。

（1）NoSQL 数据库不支持 ACID 特性，在很多场合下，ACID 特性使系统在中断的情况下也能够保证在线事务的准确执行。

（2）大多数 NoSQL 数据库提供的功能比较简单，这就需要用户在应用层进行扩展。

（3）NoSQL 数据库没有统一的查询语言，部分 NoSQL 数据库提供类 SQL 接口，但没有达到 SQL 标准的能力。

为了解决上述难题，NewSQL 应运而生。

NewSQL 一词最早是在 2011 年由 451 研究所分析师 Matthew Aslett 于研究论文中提出。而 2012—2013 年 Google 相继发表了 *Spanner* 和 *F1* 两篇论文，让业界第一次看到关系模型和 NoSQL 的扩展性在超庞大集群规模上融合的可能性。

## 2.5.2 NewSQL 数据库的发展

2014 年以后是 NewSQL 数据库的大发展时代，各大公司纷纷构建了自己的 NewSQL 数据库。

Amazon Aurora 于 2014 年 10 月开发并提供的托管关系数据库服务，作为 Amazon Relational Database Service(RDS) 的一部分提供。2017 年，Amazon 发表论文 *Amazon Aurora : Design Considerations for High Throughput Cloud Native Relational Databases* 描述 Amazon 的云数据库 Aurora 的架构。2018 年发表的 *Amazon Aurora : On Avoiding Distributed Consensus for I/Os ,Commits ,and Membership Changes* 描述如何通过不变量和利用局部瞬态来避免大多数情况下的分布式共识问题。自 2017 年 10 月发布以来一直提供 MySQL 兼容服务，并且自 2017 年 10 月起兼容 PostgreSQL。

微软 2014 年发布 Azure DocumentDB，支持对任意文档的 SQL 查询，无显式 schema 或辅助索引或视图，将 JavaScript 执行直接集成到数据库引擎中，提供 4 种不同的一致性级别：Strong、Bounded Staleness、Session 和 Eventual。2015 年，发布 Azure SQL Database，其是智能、完全托管的云关系数据库服务，提供最广泛的 SQL Server 引擎兼容性，在不更改应用的情况下迁移 SQL Server 数据库，内置的智能能够学习应用模式并进行适应性调整，提供最优的性能、可靠性和数据保护。2017 年 5 月，发布的 Azure Cosmos DB 是以全球分布和横向缩放为核心全新构建的，通过透明地缩放和复制数据，在任意数量的 Azure 区域提供统包分布。

CockroachDB 是由 Spencer Kimball 于 2014 年 1 月编写并发布的第一个 CockroachDB 迭代版本。CockroachDB 按 Spanner Google 白皮书上技术构建的数据库，于 2014 年 2 月在 GitHub 开源，具有高度自动化、支持分布式事务、始终在线、支持工具处理关系数据、支持构建全球可扩展灵活的云服务等特点。

2017年，Oracle Open World 大会上，Oracle 公司总裁拉里·埃里森公布 Oracle 自治数据库云，集成人工智能和自适应的机器学习技术，实现全面自动化。自治数据库云的实现，是基于 Oracle Database 18c 的，在性能、内存优化、可用性、安全性、数据仓库等方面都做出优化提升，并向 HTAP(Hybrid Transcation/Analytical Processing，混合事务分析处理)数据库的目标更进一步。

2017年，CMU Peloton 发表论文 *Self-Driving Database Management Systems* 提出自治数据库，它是一种专为自主设计的新架构。该系统由集成的计划组件控制，可以优化当前工作负载，预测未来的工作负载趋势，可以通过深度学习算法提升硬件能力。

2018年4月20日，苹果宣布开源 FoundationDB，它是一款支持多种数据模型、高性能、高可用、可扩展，且具备 ACID 事务的分布式键值 NoSQL 系统。FoundationDB 主要用于 iCloud 上的云存储服务。

### 2.5.3 NewSQL 分类与特征

NewSQL 大致分为3类：新型架构 NewSQL、透明数据分片中间件 NewSQL 以及数据库即服务(Database as a Service，DBaaS)NewSQL。其特征如下。

(1) 主内存存储。使用内存作为主存储的好处是执行时间短，系统不必假设事务需要访问的数据不在内存中，系统的性能更好。

(2) 分区/分片无共享分布式架构。分布式 NewSQL 水平扩展方案都是将数据库分割成不相交的数据集，这称为分区或者分片。

(3) 多版本并发控制(Multi-Version Concurrency Control，MVCC)或组合方案。在 NewSQL 系统中使用最广泛的协议是分散式的 MVCC 协议，或者两阶段锁(Two-Phase Locking，2PL)协议与 MVCC 的组合方案。多版本控制使事务在其他事务同时更新同一数据时也能成功完成，也避免了只读长事务阻塞写操作。

(4) 次级索引支持快速查询。次级索引是针对表中非主键的属性集建立的索引，支持主键以外的快速查询。

### 2.5.4 传统关系数据库、NoSQL 以及 NewSQL 的对比

传统关系数据库、NoSQL 以及 NewSQL 的对比如表 2-12 所示。

表 2-12 传统关系数据库、NoSQL 以及 NewSQL 的对比

| 类 别 | 传统关系数据库 | NoSQL | NewSQL |
|---|---|---|---|
| SQL | 支持 | 不支持 | 支持 |
| 依赖机器台数 | 单机 | 多机/分布式 | 多机/分布式 |
| 支持的属性 | ACID | 符合 BASE 原则的 CAP | ACID |
| 横向扩展 | 不支持 | 支持 | 支持 |
| 查询复杂性 | 低 | 高 | 非常高 |
| 安全性 | 非常高 | 低 | 低 |
| 海量数据 | 较小性能 | 完全支持 | 完全支持 |
| OLTP | 不完全支持 | 支持 | 完全支持 |
| 云服务 | 不完全支持 | 支持 | 完全支持 |

## 2.6 中国数据库的发展历史

中国数据库的发展大概追溯到 20 世纪 80 年代,萨师煊教授推开了中国数据库领域的大门,与其弟子王珊教授培养了中国数据库的第一代人才。萨师煊教授与王珊教授合著的《数据库系统概论》直到现在依然是我国数据库领域的经典教材。

20 世纪 90 年代以后,Oracle 数据库席卷中国,占据了中国很大的市场,但是中国也有了第一代原型数据库,如 Openbase、Cobase 和 DM Database。进入 21 世纪后,国家的"863计划"设立了"数据库重大专项",有了国家政策的扶持,达梦数据库、人大金仓、南大通用和航天神舟这些公司开始发展,不过在原有的传统关系数据库领域里,Oracle 和 IBM 数据库的优势太大,国产数据库进入了死循环,没有市场就无法验证数据库是否可靠,无法验证数据库是否可靠就没有公司敢用,也就没有市场。直到 2010 年后的云计算时代和开源社区的兴起,国产数据库开始了弯道超车,阿里喊出了"去 IOE(IBM 的小型机、Oracle 的数据库和EMC 的存储)"的口号,选择使用开源的 MySQL。棱镜门事件的曝光,也让 DM Database梦、KingbaseES 等一批国产数据库得到了广泛的关注。中国数据库领域真正进入了蓬勃发展的时代,一时间数据库行业百花齐放,如 OceanBase、TiDB 等,逐步形成了 5+4+$N$ 的格局。

中国数据库的发展如图 2-6 所示。

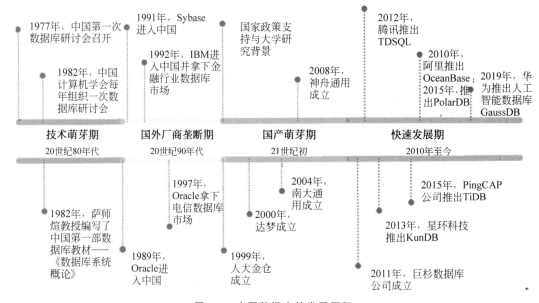

图 2-6　中国数据库的发展历程

### 2.6.1 "5+4+$N$"格局

格局中"5"指的是 5 家国内数据库老牌厂商:达梦数据库公司、人大金仓信息技术股份有限公司(简称人大金仓)、神舟通用数据技术有限公司(简称神州通用)、南大通用数据技术股份有限公司(简称南大通用)以及瀚高基础软件股份有限公司(简称瀚高软件)。

达梦数据库公司。1992 年原华中理工大学达梦数据库与多媒体研究所成立。1993 年该研究所研制的多用户数据库管理系统通过了鉴定,标志着达梦数据库1.0版本的诞生。2000年,我国第一个数据库公司——达梦数据库公司成立。到目前为止,达梦数据库公司已经发布了DM8。达梦数据库走的是自主原创的技术路线,在安全性方面也达到了目前国产数据库的最高安全级别。达梦数据库产品已成功用于我国国防、公安、电力、电信、审计、交通、电子政务、税务、国土资源、制造业、消防、电子商务等20多个行业及领域。

人大金仓。人大金仓由中国人民大学及一批最早在国内开展数据库教学、研究与开发的专家于1999年发起创立,先后承担了"863计划""核高基"等重大专项,研发出了大型通用关系数据库KingbaseES。金仓数据库KingbaseES是唯一入选国家自主创新产品目录的数据库产品。经过多年的发展,目前KingbaseES V8已发布。

神舟通用。2008年,依托中国航天科技集团的神舟通用成立。神舟通用拥有深厚航天软件研制经验。神舟通用数据库在国家"核高基"专项综合排名及"863计划"产品评测中,斩获第一的成绩。

南大通用。2004年,南开大学背景的南大通用成立。在分析数据库领域中,南大通用推出的数据库产品GBase占据重要地位。南大通用旗下的GBase 8a MPP,是目前国内唯一成熟的国产MPP数据库产品。

瀚高软件。瀚高软件于2005年成立,是国内数据库行业龙头企业、国内数据库行业标准主导企业。瀚高数据库是安全、稳定、高效的企业级OLTP数据库。目前产品已在电子政务、公共服务、地理信息等多个业务领域的核心系统得到广泛应用。

格局中"4"指的是4家公司:华为、阿里、腾讯、中兴。

华为。华为目前是全球第一大电信设备商,据华为GIV报告显示,全球数据量到2025年将增长至180ZB,AI应用率也将达到80%。基于此背景,华为于2019年面向全球发布了人工智能原生(AI-Native)数据库GaussDB。华为GaussDB数据库广泛应用于金融、运营商、政府、能源、医疗、制造、交通等多个行业,并为全球60个国家及地区、1500多万个客户提供优质服务。

阿里。OceanBase是由阿里完全自主研发的国产原生分布式数据库,始创于2010年。2019年10月,在国际事务处理性能委员会(TPC)的TPC-C基准测试中,以每秒4200万次的数据处理峰值成功登上榜首。这一重大突破一举打破了美国Oracle公司保持了长达9年的世界纪录,《科技日报》更是评价阿里此次登顶国际权威排行是云时代中国数据库崛起的标志。2010年,阿里喊出"去IOE"口号,5年后PolarDB诞生。PolarDB是阿里自主研发的新一代云原生关系数据库,阿里云凭借PolarDB的强大性能首次挺进全球云数据库供应商的第一阵营,进入Gartner领导者(LEADERS)象限。

腾讯。作为云厂商大军中的一员,腾讯凭借市场份额位列国内数据库厂商之首。2012年,腾讯推出了自主研发的数据库TDSQL,100%兼容MySQL和PostgreSQL,与Oracle的兼容性达95%以上。

中兴。中兴早在2002年就已经开始涉足数据库相关技术的研发。2014年,中兴推出了具有银行基因的金融级交易型分布式数据库产品——GoldenDB。在2019 BDIC(Big Data Industry Conference,大数据产业峰会暨大数据产业博览会)上,中兴的GoldenDB数据库获得了全部50项测试满分的成绩,一时之间也引起了人们对中国数据库技术的热议。在2021年,中兴的GoldenDB更是以位居中国金融级分布式数据库领导者象限第一的位置,一跃成为国产分布式数据库金融行业第一品牌。

格局中"*N*"代表 *N* 家初创厂商、云厂商、ICT(信息通信技术)厂商,如 PingCAP、巨杉、偶数科技等。这些厂商的数据库在数据领域取得了大大小小的成就,并逐渐被更多的人认可。

## 2.6.2 国产数据库案例

### 1. OceanBase

随着移动互联网大潮来临,我国 IT 应用方面的创新逐步呈现,如共享单车、移动支付等,但是各大科技企业的核心数据库却一直被 Oracle 与 MySQL 等国外产品占据。

不过国外厂商的最强神话终于在 2019 年被成功打破。国内的 OceanBase 数据库成功登顶世界上最权威的数据库评测机构 TPC 排行榜榜首,打破了 Oracle 保持了 9 年的纪录。

OceanBase 始创于 2010 年,提供社区版和企业版。OceanBase 最适合于金融、证券等涉及交易、支付和账务等对高可用、强一致要求特别高,同时对性能、成本和扩展性有需求的金融属性场景,以及各种关系型结构化存储的 OLTP 应用。同时 OceanBase 天然的 Share-Nothing 分布式架构对于各种 OLAP 型应用也有很好的支持。

OceanBase 采用 Share-Nothing 架构,各节点之间完全对等,每节点都有自己的 SQL 引擎和存储引擎。OceanBase 的整个设计里没有任何的单点,这就从架构上解决了高可靠和高可用的问题。

OceanBase 的特征如下。

(1)高可用。OceanBase 数据库将数据以多副本的方式存储在集群的各节点,可以轻松实现高可用。

(2)可扩展。OceanBase 数据库具有极强的可扩展性,可以在线进行平滑扩容或缩容,在扩容后自动实现系统负载均衡,并且扩容或缩容过程对应用透明。

(3)低成本。OceanBase 数据库可以在通用服务器上运行,不依赖于特定的高端硬件,能够有效降低用户的硬件成本。使用基于 LSM-Tree 的存储引擎,能够有效地对数据进行压缩,并且不影响性能,可以降低用户的存储成本。

(4)HTAP。OceanBase 数据库的分布式并行计算引擎对 OLTP(Online Transactional Processing,联机事务处理)应用和 OLAP(Online Analytical Processing,联机分析处理)应用都进行了很好的优化,真正实现了一套计算引擎,同时支持混合负载。

(5)兼容性。OceanBase 数据库高度兼容 MySQL 数据库生态。

(6)多租户。OceanBase 数据库通过租户实现资源隔离,每个数据库服务的实例不感知其他实例的存在,并通过权限控制确保不同租户数据的安全性。

### 2. TiDB

TiDB 是 PingCAP 公司自主设计、研发的开源分布式关系数据库,是一款同时支持联机事务处理与联机分析处理的开源分布式数据库,具备水平扩容或者缩容、金融级高可用、实时 HTAP、云原生的分布式数据库、兼容 MySQL 5.7 协议和 MySQL 生态等重要特性。

TiDB 的目标是提供一个一站式数据库解决方案,包括 OLTP、OLAP 和 HTAP services。TiDB 适合高可用、强一致要求较高、数据规模较大的应用场景。

TiDB 架构主要分为 3 部分：TiDB Server、位置驱动（Placement Driver，PD）以及存储层（TiKV 与 TiFlash）。

TiDB 的特征如下。

（1）高度兼容 MySQL。大多数情况下，无须修改代码即可从 MySQL 轻松迁移至 TiDB，分库分表后的 MySQL 集群也可通过 TiDB 工具进行实时迁移。此外因为其兼容 MySQL，所以 MySQL 的周边工具也同样支持，同时 TiDB 也提供了很多周边工具，开发接入成本低。

（2）水平弹性扩展。通过简单地增加新节点即可实现 TiDB 的水平扩展，按需扩展吞吐或存储，轻松应对高并发、海量数据场景，支持无限水平扩展（不必考虑分库分表）。

（3）分布式事务。TiDB100% 支持标准的 ACID 事务。

（4）金融级高可用。相比于传统主从（M-S）复制方案，基于 Raft 的多数派选举协议可以提供金融级的 100% 数据强一致性保证，且在不丢失大多数副本的前提下，可以实现故障的自动恢复（Auto-Failover），无须人工介入。

（5）实时 HTAP。TiDB 作为典型的 OLTP 数据库，同时兼具强大的 OLAP 性能，配合 TiSpark，可提供一站式 HTAP 解决方案，一份存储同时处理 OLTP 与 OLAP，无须传统烦琐的 ETL（Extract-Transform-Load，抽取-转换-加载）过程。

（6）云原生 SQL 数据库。TiDB 是为云而设计的数据库，支持公有云、私有云和混合云，使部署、配置和维护变得十分简单。

### 3. PolarDB

2010 年前后，中国的互联网企业普遍迎来了一波流量爆发。其中，继 2003 年推出支付宝以后，淘宝在 2005—2012 年的交易迅速增长，交易额从 80 亿元、200 亿元到 1000 亿元，直到破万亿元。不过这种爆炸式增长也成为了阿里的负担。原有一直沿用的 IOE 中心化系统与这种高并发的场景格格不入。因此，王坚院士率先提出去 IOE 的目标，通过打造阿里自己的技术解决问题。

PolarDB 是阿里自主研发的新一代云原生关系数据库，在存储计算分离架构下，利用了软硬件结合的优势，为用户提供具备极致弹性、高性能、海量存储、安全可靠的数据库服务。PolarDB 100% 兼容 MySQL 5.6/5.7/8.0、PostgreSQL 11，高度兼容 Oracle。

阿里云凭借 PolarDB 的强大性能首次挺进全球云数据库供应商的第一阵营，进入领导者（LEADERS）象限。

PolarDB 采用存储和计算分离的架构，所有计算节点共享一份数据，提供分钟级的配置升降级、秒级的故障恢复、全局数据一致性和免费的数据备份容灾服务。PolarDB 既融合了商业数据库稳定可靠、高性能、可扩展的特征，又具有开源云数据库简单开放、自我迭代的优势，例如，PolarDB MySQL 引擎作为超级 MySQL，性能最高可达开源 MySQL 的 6 倍。

计算与存储分离，共享分布式存储。采用计算与存储分离的设计理念，满足业务弹性扩展的需求。各计算节点通过分布式文件系统共享底层的存储，极大降低用户的存储成本。

一写多读，读写分离。PolarDB 集群版采用多节点集群的架构，集群中有一个主节点（可读可写）和至少一个只读节点。PolarDB 通过内部的代理层（PolarProxy）对外提供服务，应用程序的请求都先经过代理，然后才访问到数据库节点。代理层不仅可以做安全认证和保护,还可以解析 SQL,把写操作发送到主节点,把读操作均衡地分发到多个只读节点,实现自动的读写分离。对于应用程序来说,就像使用一个单点的数据库一样简单。

PolarDB 的特征如下。

(1) 大容量。单库容量扩展至上百 TB 级别,用户不再需要因为单机容量而去购买多个实例做分片,降低运维负担。

(2) 秒级快速备份。不论多大的数据量,全库备份只需 30 秒,而且备份过程不会对数据库加锁,对应用程序几乎无影响,全天 24 小时均可进行备份。

(3) 毫秒级延迟。

(4) 高性能。大幅提升 OLTP 性能,支持超过 50 万次/秒的读请求以及超过 15 万次/秒的写请求,性能最高能达到 MySQL 的 6 倍。

(5) 分钟级扩缩容。存储与计算分离的架构,配合容器虚拟化技术和共享存储,增减节点只需 5 分钟。存储容量自动在线扩容,无须中断业务。

(6) 简单易用。全面兼容开源数据库 MySQL 5.6。

### 4. GoldenDB

云计算及互联网技术的兴起和发展,给各行各业带来大数据量的冲击,传统数据库难以应对应用层的高并发数据访问;监管机构从国家信息安全的角度对 IT 基础设施提出了开源化、国产化、自主掌控的要求;日趋严重的 IT 成本控制压力对 IT 行业提出更高要求。在上述背景下,GoldenDB 应运而生。

GoldenDB 是中兴的分布式关系数据库产品,产品深耕金融、政企等行业,采用无共享架构,为用户提供了高可用、高可靠、可扩展的"大数据+分布式数据库"解决方案;满足 OLTP 类应用兼顾 OLAP 数据处理要求,提供统一的基础数据服务平台。

GoldenDB 的特征如下。

(1) 自主、安全、可控。完全自主研发,源代码全掌握,安全可控,已在金融行业成功商用,运行稳定、安全、可靠。

(2) 低成本。支持 x86/ARM/OpenPower 等各类服务器的去中心化集群架构,成本低。

(3) 可扩展性。GoldenDB 软件架构分层设计,计算节点、数据节点均可横向线性扩展,满足性能及容量的无限扩展需求。

(4) 高可靠性。整个集群无单点故障,数据多副本,具备完善的数据备份恢复机制,支持双活数据中心,支持异地灾备。

(5) 强一致性分布式事务。GoldenDB 具备完善的分布式事务处理机制,可保证读写及数据恢复的强一致。

(6) 支持读写分离,提高读写效率。

(7) 灵活的数据切片技术。支持哈希(或称散列)、范围、列表、复制、多级分片等多种数据分片规则,可以根据业务数据特征,选择最适合的分片技术把数据分别存储在多个数据安全组中;通过合理的数据分片规则,发挥分布式数据库的最佳性能。

在持续发展的几十年间,国产数据库从"可用""试着用"到"好用""喜欢用"的方向不断演进。

## 2.7　下一代数据库

数据库应用程序的下一个趋势是混合事务分析处理，即 HTAP。HTAP 是新一代基于内存的数据处理模式，可以在不需要数据复制的情况下同时执行 OLTP 和 OLAP。内存技术的进步使得标准业务应用采用 HTAP 成为可能。HTAP 通过分析新数据和历史数据的组合来完成知识推断，获得决策信息。相较传统商业智能只能基于历史数据进行操作，HTAP 要更为先进。

在数据库应用里有 3 个方法支持 HTAP。最为常见的一个方法是部署另一个 DBMS，让其中一个专门处理事务，另一个处理分析查询。在这个架构下，前端的 OLTP DBMS 存储所有由事务创建的新数据，而在后端，系统使用 ETL 工具将数据从 OLTP DBMS 导入另一个后台的数据仓库 DBMS。应用在后端执行所有的复杂的 OLAP 查询，避免拖慢 OLTP 系统。所有在 OLAP 系统中产生的新数据也将会被推送到前端的 DBMS 中。

另外一种方法为 λ 架构系统。使用单独的批处理系统，如 Hadoop、Spark 等来计算历史数据视图，同时使用流处理系统，如 Storm、Spark Streaming 等来提供输入数据视图。在这个分离式的架构中，批处理系统周期性地对数据集进行重新扫描，并将结果批量上传到流处理系统，然后流处理系统将基于新的更新进行修改。

这两种方法都有一些固有的问题。最重要的一个问题是，在两个分离系统中进行数据传输的时间通常以分钟甚至小时来计算，而且在数据传输时应用程序不能进行数据处理。另一个问题是，部署和维护两种不同 DBMS 的管理开销巨大，因为人工成本占整个大规模数据库系统成本的 50% 左右。

最后一种方法为 HTAP NewSQL。HTAP NewSQL 是一个单一的分布式数据库系统，既支持高吞吐、低延迟的 OLTP 工作负载，又允许在事务和历史数据上运行复杂的 OLAP 查询。HTAP NewSQL 结合了近年来 OLTP 和 OLAP 领域的技术。

## 思考题

1. 未来 NewSQL 数据库是否会替代 SQL 以及 NoSQL？为什么？
2. 结合教材以及相关材料，分析未来数据库的发展趋势。
3. 从 SQL 到 NoSQL 再到 NewSQL，如何看待数据库向 SQL 回归？

# 第 3 章

# 数据库基本原理

## 3.1 数据库的基本原理

### 3.1.1 关系数据库的基本原理

#### 1. 存储介质

在关系数据库中,表示信息的数据存储在物理磁盘上,由操作系统统一管理。为了克服基于磁盘存储的高延迟,同时仍然提供持久性的存储保证,关系数据库使用了回滚日志(Undo Log)和重做日志(Redo Log)两种数据结构,如图 3-1 所示。其中,回滚日志主要用于保证原子性(允许事务回滚),而重做日志则是保证磁盘页的不可变性。

1) 数据页

磁盘访问速度较慢,而内存中数据的访问速度远快于固态硬盘中的数据访问速度,甚至要快几个数量级。基于这个考量,基本上所有的数据库引擎都尽可能地避免访问磁盘数据,并且无论是数据库表还是数据库索引都被划分成固定大小的数据页(Data Page)。

当需要读取表或者索引中的数据时,关系数据库会将磁盘中的数据页映射入存储缓冲区。当需要修改数据时,关系数据库首先会修改内存页中的数据,然后利用 fsync()这样的同步工具将改变同步回磁盘中。

存储基于磁盘的数据页的缓冲池大小有限,因此通常需要存储数据工作集。只有当整个数据都可以放入内存时,缓冲池才能存储整个数据集。如果需要缓存新数据页,且磁盘上的总体数据大于缓冲池大小,则缓冲池将不得不逐出旧的数据页,为新的数据页腾出空间。

2) 回滚日志

由于可能同时有多个事务并发地对内存中的数据进行修改,关系数据库往往需要依赖

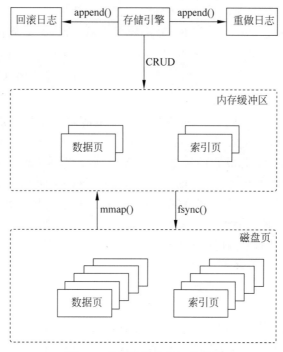

**图 3-1 关系数据库的工作原理**

于某个并发控制机制(例如,两段锁协议),来保证数据一致性。因此,当某个事务需要更改数据表中某一行时,未提交的更改会被写入内存数据中,而之前的数据会被追加写入回滚日志文件中临时保存。

Oracle 或者 MySQL 中使用回滚日志数据结构,而 SQL Server 中则是使用事务日志(Transaction Log)完成此项工作。PostgreSQL 并没有回滚日志,不过其内建支持多版本的表数据,即同一行的数据可能同时存在多个版本。总而言之,关系数据库都采用类似的数据结构以支持事务回滚,这是原子性的强制性要求。

如果当前运行的事务发生了回滚,回滚日志会被用于重建事务起始阶段时的内存页。

3)重做日志

一旦某个事务提交,内存中的改变就需要同步到磁盘中。不过,并不是所有的事务提交都会立刻触发同步。事实上,过高频次的同步反而会对应用性能造成损伤。根据 ACID 原则,提交之后的事务必须要保证持久性,这意味着即使此时数据库引擎宕机了,提交之后的更改也应该被持久化存储下来。

这里,关系数据库依靠重做日志来达成这一目的,提供持久性的同时却不在每次事务提交时都触发同步。重做日志是一个仅允许追加写入的基于磁盘的数据结构,它会记录所有尚未执行同步的事务操作。相较于一次性写入固定数目的数据页到磁盘中,顺序地写入重做日志会比随机访问快很多。因此,关于事务 ACID 特性的保证与应用性能之间也就达成了较好的平衡。

该数据结构在 Oracle 与 MySQL 中被称为重做日志,而在 SQL Server 中仍是由事务日志(Transaction Log)执行,在 PostgreSQL 中则将其称为预写日志(Write-Ahead Log,WAL)。

回到上面的问题,应该在何时将内存中的数据写入磁盘中。关系数据库系统往往使用检查点来同步内存的"脏"数据页与磁盘中的对应部分。为了避免I/O阻塞,同步过程往往需要在较长的时间段内分块完成。因此,关系数据库需要保证,即使在所有内存脏数据页同步到磁盘之前引擎就崩溃,也不会发生数据丢失。同样地,在每次数据库重启时,数据库引擎会基于重做日志重构自上次成功的检查点以来所有的内存数据页。

**2. 数据库三级封锁协议**

封锁是实现并发控制的一个非常重要的技术。所谓封锁就是事务T在对某个数据对象,如表、记录等操作之前,先向系统发出请求,对其加锁。加锁后事务T就对该数据对象有了一定的控制,在事务T释放它的锁之前,其他事务不能更新此数据对象。基本的封锁类型有两种,分为排他锁(Exclusive Lock,X锁)和共享锁(Share Lock,S锁)。

排他锁又称为写锁。若事务T对数据对象A加上排他锁,则只允许T读取和修改A,其他任何事务都不能再对A加任何类型的锁,直到T释放A上的锁。这就保证了其他事务在T释放A上的锁之前不能再读取和修改A。

共享锁又称为读锁。若事务T对数据对象A加上共享锁,则其他事务只能再对A加共享锁,而不能加排他锁,直到T释放A上的共享锁。这就保证了其他事务可以读A,但在T释放A上的锁之前不能对A做任何修改。

在运用排他锁和共享锁这两种基本封锁对数据对象加锁时,还需要约定一些规则,例如,应何时申请排他锁或共享锁、持续时间、何时释放等,这些规则被称为封锁协议(Locking Protocol)。对封锁方式规定不同的规则,就形成了各种不同的封锁协议。下面介绍三级封锁协议。三级封锁协议分别在不同程度上解决了更改丢失、不可重复读和读"脏"数据3种不一致问题,为并发操作的正确调度提供一定的保证。

更改丢失指的是当有多个事务对数据进行操作时,有些事务的操作被其他事务所替代。

不可重复读指的是在某一个事务执行期间其他的事务修改、插入或删除了数据,则该事务在验证数据时会出现与开始结果不一致的情况。

读"脏"数据指的是某一个事务读取了另一个事务执行期间的数据内容,当另一个事务回滚时,该事务读取到的内容就是无效数据。

一级封锁协议:事务T在修改数据R之前必须先对其加排他锁,直到事务结束才释放。事务结束包括正常结束(COMMIT)和非正常结束(ROLLBACK)。一级封锁协议可防止更改丢失,并保证事务T是可恢复的。在一级封锁协议中,如果仅仅是读数据而不对其进行修改,是不需要加锁的,所以它不能保证可重复读和不读"脏"数据。

二级封锁协议:在一级封锁协议的基础之上,进一步要求事务T在读取数据R之前必须先对其加共享锁,读完后即可释放。二级封锁协议除了防止更改丢失,还可进一步防止读"脏"数据。

三级封锁协议:在一级封锁协议的基础之上,进一步要求事务T在读取数据R之前必须先对其加共享锁,直到事务结束才释放。三级封锁协议除了防止更改丢失和不读"脏"数据外,还进一步防止了不可重复读。

执行了封锁协议后,就可以克服数据库操作中的数据不一致引起的问题。

**3. 数据库架构**

随着业务规模增大,数据库存储的数据量和承载的业务压力也不断增加,数据库的架构需要随之变化,为上层服务。

如图 3-2 所示,数据库架构按照主机数量分为单机架构和多机架构,这里的主机指的是数据库服务器。单机架构就是指单个数据库主机。在单机架构中,又分为单主机和独立主机。所谓单主机指的是应用和数据库都放在一个主机上,这对主机的性能负担过重。因此有了独立主机,将应用和数据库分开,数据库放在专门的数据库服务器上,应用则放在专门的应用服务器上。

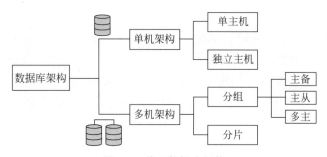

**图 3-2　关系数据库架构**

多机架构通过增加服务器数量来提升整个数据库服务的可用性和服务能力,包括分组和分片。其中,分组指的是对每个服务器区分角色,这里分为主备、主从和多主结构。不管是哪种结构,本质上都是在多个数据库结构相同、存储数据相同的服务器之间进行数据同步。而分片结构则是将数据库按照算法分摊在各节点上,每节点维护自己的数据库数据。

1) 单机架构

关系数据库单机架构如图 3-3 所示。为了避免应用服务和数据库服务对资源的竞争,单机架构也从早期的单主机模式发展到数据库独立主机模式,将应用和数据服务分开。应用服务可以增加服务器数量,进行负载均衡,增大系统并发能力。早期互联网 LAMP (Linux、Apache、MySQL、PHP)架构的服务器就是最典型的单机架构的使用。

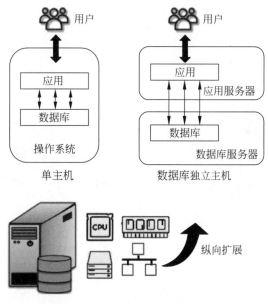

**图 3-3　关系数据库单机架构**

（1）优点。

部署集中，运维方便。一个数据库即一个主机，对单机架构服务器进行维护很方便。

（2）缺点。

① 可扩展性差。数据库单机架构只有纵向扩展（Scale-up），通过增加硬件配置来提升性能。但单台主机的硬件可配置的资源会遇到上限。

② 存在单点故障。扩容时往往需要停机扩容，服务停止。硬件故障导致整个服务不可用，甚至数据丢失。

③ 性能瓶颈。性能压力集中在单机上。

2）分组架构——主备

关系数据库"主备"分组架构如图 3-4 所示。数据库部署在两台服务器上，其中承担数据读写服务的服务器称为"主机"，另外一台服务器利用数据同步机制把主机的数据复制过来，称为"备机"。备机在正常情况下不会被使用，只会进行主备之间数据的同步。当主机出现故障后，备机将代替主机的作用进行数据读写。同一时刻，只有一台服务器对外提供数据服务。

（1）优点。

① 应用不需要针对数据库故障来增加开发量。

② 相对单机架构解决了单点故障的情况，提升了数据容错性。

（2）缺点。

① 资源浪费。备机和主机同等配置，但长期范围内基本上资源闲置，无法利用。

② 性能瓶颈。性能压力依旧集中在单机上，无法解决性能瓶颈问题。

③ 当出现故障时，主、备机切换需要一定的人工干预或者监控。

3）分组架构——主从

关系数据库"主从"分组架构如图 3-5 所示。主从结构的部署模式和主备机模式相似，"备机"上升为"从机"，对外提供一定的数据服务。在主从结构中，主机依旧只能有一台，但是从机可以有多台，根据业务需求进行横向扩展。主从结构通过读写分离的方式分散压力，应用在主机（写库）上进行写入、修改和删除操作，并把查询请求分配到从机（读库）上。

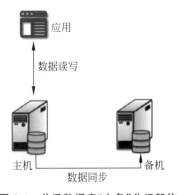 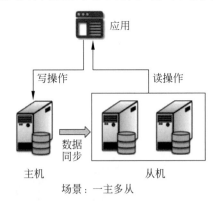

图 3-4 关系数据库"主备"分组架构　　　图 3-5 关系数据库"主从"分组架构

（1）优点。

① 提升资源利用率，适合读多写少的应用场景。

② 在高并发读的使用场景，可以使用负载均衡在多个从机间进行平衡。

③ 从机的扩展性比较灵活,扩容操作不会影响到业务进行。

(2) 缺点。

① 延迟问题。数据同步到从机数据库时会有延迟,所以应用必须能够容忍短暂的不一致性,对于一致性要求非常高的场景是不适合的。

② 写操作的性能压力还是集中在主机上。

③ 主机出现故障时,需要实现主从切换,人工干预需要响应时间,自动切换复杂度较高。

4) 分组架构——多主

关系数据库“多主”分组架构如图 3-6 所示。多主架构也称为双活、多活架构。在这种架构下,数据库服务器不再区分主从设备,都互为主从,同时对外提供完整的数据服务。

(1) 优点。

资源利用率较高的同时降低了单点故障的风险。

(2) 缺点。

① 双主机都接受写数据,要实现数据双向同步。双向复制同样会带来延迟问题,极端情况下有可能导致数据丢失。所以对于一致性要求非常高的场景,不适合使用这种架构。

② 数据库数量增加会导致数据同步问题变得极为复杂,实际应用中多见双机模式。

在多主架构中还有一种特殊的结构,称为共享存储多活架构(Shared-Disk),如图 3-7 所示。它解决了主从设备之间数据同步带来的数据一致性问题,数据库服务器共享数据存储,而多个服务器实现均衡负载。但其实现技术难度大,当存储器接口带宽达到饱和时,增加节点并不能获得更高的性能,存储 I/O 容易成为整个系统的性能瓶颈。共享存储多活架构较为成功的案例有 Oracle 的 RAC(Real Application Cluster)和微软的 SQL Server Failover Cluster。

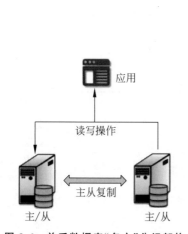

图 3-6 关系数据库“多主”分组架构

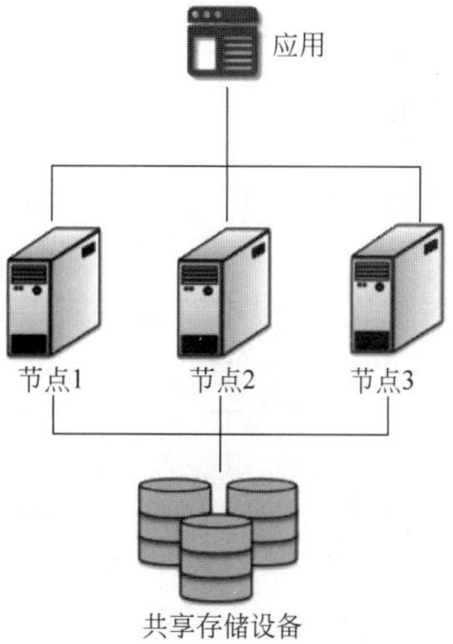

图 3-7 关系数据库共享存储多活架构

5) 分片架构

关系数据库分片(Sharding)架构如图 3-8 所示。分片架构主要表现形式就是水平数据分片架构,把数据分散在多节点上,每个分片包括数据库的一部分,称为一个 shard。多节点都拥有相同的数据库结构,但不同分片的数据之间没有交集,所有分区数据的并集构成数据总体。常见的分片方法有根据列表值、范围取值或哈希值进行数据分片。

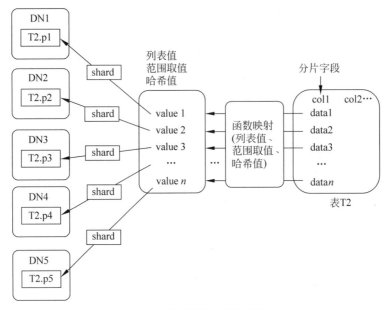

图 3-8　关系数据库分片架构

分片架构的优点是数据分散在集群内的各节点上,所有节点可以独立工作。

在分片架构的基础上,还有两种具有代表性的数据库架构,分别是无共享(Shared-Nothing)架构和 MPP(Massively Parallel Processing,大规模并行处理)架构。无共享架构集群中每个节点(处理单元)都完全拥有自己独立的 CPU/内存/存储,不存在共享资源。各节点(处理单元)处理自己本地的数据,处理结果可以向上层汇总或者通过通信协议在节点间流转。节点是相互独立的,扩展能力强。整个集群拥有强大的并行处理能力。MPP 架构是将任务并行地分散到多个服务器和节点上,在每节点上计算完成后,将各自部分的结果汇总在一起得到最终的结果。其特点是任务并行执行,分布式计算。

各种数据库架构的特点对比如表 3-1 所示。

表 3-1　数据库架构特点对比

| 特　　点 | 单　　机 | 主　　备 | 主　　从 | 多　　主 | 分　　片 |
|---|---|---|---|---|---|
| 高可用性 | 差 | 一般 | 较好 | 好 | 好 |
| 读写性能 | 依赖于单主机的硬件性能瓶颈 | 依赖于单主机的硬件性能瓶颈 | 利用读写分离,写性能受主机限制,读性能可以通过增加从机数量来提升并发能力 | 多个主机能够同时提供读写服务,具备较好的读写能力 | Shared-Nothing 架构提供了出色的分布式计算能力,具备强大的并行处理能力 |
| 数据一致性 | 不存在数据不一致问题 | 利用数据同步机制在主备机之间进行同步,存在数据延迟问题和数据丢失风险 | 同主备模式,而且随着从机数量的增加,数据延迟问题和数据丢失风险更为突出 | 多主机之间需要进行数据双向同步,所以容易产生数据不一致问题。但对于 Shared-Disk 架构不存在数据不一致问题 | 基于分片技术,数据分散在各节点上,节点之间不需要数据同步,所以不存在数据一致性问题 |

续表

| 特 点 | 单 机 | 主 备 | 主 从 | 多 主 | 分 片 |
|---|---|---|---|---|---|
| 可扩展性 | 只能纵向扩展,会遇到单机硬件性能瓶颈 | 只能纵向扩展,同样会遇到单机硬件性能瓶颈 | 从机可以通过横向扩展来提升并发读能力 | 扩展性好,但是主机数量增加,会导致数据同步的复杂性急剧升高 | 理论上可以实现线性扩展,扩展性最好 |

## 3.1.2 NoSQL 与 NewSQL 的基本原理

### 1. 存储引擎

在数据库中,存储引擎属于底层数据结构,直接决定了数据库所能够提供的性能和功能。常见的存储引擎有哈希存储引擎、B−树存储引擎、B+树存储引擎、LSMT 存储引擎等。

1)哈希存储引擎

代表数据库有 Redis、Memcached 等。

哈希存储引擎是哈希表的持久化实现,一般用于键值类型的存储系统。哈希存储的基本思想是以 Key(键)为自变量,通过一定的函数关系(哈希函数),计算出对应函数值(哈希地址),以这个值作为数据元素的地址,并将数据元素存入相应地址的存储单元中。查找时再根据要查找的关键字采用同样的函数计算出哈希地址,然后直接到相应的存储单元中去取要找的数据元素。

采用哈希结构的存储数据,其检索效率非常高,索引的检索可以一次定位,I/O 次数可以达到很小,不像 B−树索引需要从根节点到枝节点,最后才能访问到页节点这样多次的 I/O 访问,所以哈希索引的查询效率要远高于 B−树索引。

虽然哈希索引效率高,但是哈希索引本身由于其特殊性也带来了很多限制和弊端,如哈希索引不能使用范围查询;存在相同哈希值(哈希碰撞现象)。

2)B−树存储引擎

代表数据库为 MongoDB。

B−树存储引擎是 B−树的持久化实现,相比较哈希存储引擎,B−树存储引擎不仅支持随机读取,还支持范围扫描。

B−树为一种多路平衡搜索树,与红黑树最大的不同在于,B−树的节点可以有多个子节点,从几个到几千个。B−树与红黑树相似,一棵含 $n$ 个节点的 B−树的高度也为 $O(\log n)$,但可能比一棵红黑树的高度小许多,因为它的分支因子比较大。所以 B−树可在 $O(\log n)$ 时间内,实现各种如插入、删除等动态集合操作。

B−树的搜索从根节点开始,对节点内的关键字(有序)序列进行二分查找,如果命中则结束,否则进入查询关键字所属范围的儿子节点;重复操作,直到所对应的儿子指针为空,或已经是叶节点。

3)B+树存储引擎

B+树是关系数据库常用的索引存储模型,能够支持高效的范围扫描叶节点相关连接并且按主键有序,扫描时避免了耗时的遍历树操作。B+树的局限在于不适合大量随机写场景,会出现"写放大"和"存储碎片"。

写放大:为了维护 B+树结构产生的额外 I/O 操作,如逻辑上仅需要一条写入记录,实际需要多个页表中的多条索引记录。

存储不连续：新增叶节点会加入原有叶节点构成的有序链表中,整体在逻辑上是连续的。但磁盘存储上,新增页表申请的存储空间与原有页表很可能是不相邻的。这样,在后续包含新增叶节点的查询中,将会出现多段连续读取,磁盘寻址的时间将会增加。进一步而言,在 B+树上进行大量随机写会造成存储的碎片化。

在实际应用 B+树的数据库产品,如 MySQL,通常提供了填充因子(Factor Fill)进行针对性的优化。填充因子设置过小会造成页表数量膨胀,增大对磁盘的扫描范围,降低查询性能;设置过大则会在数据插入时出现写扩大,产生大量的分页,降低插入性能,同时由于数据存储不连续,降低了查询性能。

4) LSMT 存储引擎

代表数据库有 HBase、Cassandra 等。

主流的 NoSQL 数据库则使用 LSMT(Log-Structured Merge Tree,日志结构合并树)来组织数据。LSMT 存储引擎和 B-树一样,支持增、删、改、随机读取以及顺序扫描。通过批量转储技术规避磁盘随机写入问题,极大地改善了磁盘的 I/O 性能,被广泛应用于后台存储系统。

LSMT 的思想非常朴素,就是将对数据的修改增量保持在内存中,达到指定大小限制后将这些修改操作批量写入磁盘,读取时需要合并磁盘中的历史数据和内存中最近的修改操作。

LSMT 是一种基于硬盘的数据结构,与 B-树相比,能显著地减少硬盘磁盘臂的开销,并能在较长的时间内提供对文件的高速插入(删除)。然而 LSMT 在某些情况下,特别是在查询需要快速响应时性能不佳。通常 LSMT 适用于索引插入比检索更频繁的应用系统。

在实际应用中,为防止内存因断电等原因丢失数据,写入内存的数据同时会顺序地在磁盘上写日志,类似于 WAL,这也是 LSMT 这个词中 Log 一词的来历。

### 2. 一致性协议

1) 2PC(Tow-Phase Commit,两阶段提交)协议

在两阶段提交中,主要涉及两个角色,分别是协调者和参与者。

第一阶段：当要执行一个分布式事务时,事务发起者首先向协调者发起事务请求,然后协调者会给所有参与者发准备请求(其中包括事务内容),参与者会开启事务,进行预提交,并返回是否可以提交。

第二阶段：如果这个时候所有参与者都返回可以提交的消息,协调者便向参与者发送提交请求,当参与者收到请求并提交完毕后会给协调者发送提交成功的响应。

两阶段提交可以保证数据的强一致性,但也存在诸多问题,如单点故障,协调者宕机则整个服务变成不可用;同步阻塞协议,参与者对事务处理后不提交,如果协调者不可用,那么资源就无法被释放。

2) 3PC(Three-Phase Commit,三阶段提交)协议

3PC 可以看作是 2PC 的改进,主要是弥补 2PC 存在的缺点。3PC 比 2PC 多了一个询问阶段,也就是询问准备、预提交、提交 3 个阶段。在询问准备阶段,所有参与者接收 canCommit 命令,并根据自身情况向协调者返回 yes 或 no,这里所有参与者没有事务锁定,如果参与者返回了 no 或者超时没响应,则协调者发送事务中断请求。

相比较 2PC,3PC 最大的优点是降低参与者的阻塞范围(2PC 第一阶段是阻塞的),其次能够在单点故障后继续达成一致。但是参与者收到了 preCommit 请求后出现网络分区故障,等待超时后,协调者给网络正常的参与者进行事务回滚,而网络故障的参与者会继续提交事务,导致数据不一致。

3) Paxos 算法

Paxos 算法是一种基于消息传递且具有高度容错特性的一致性算法,是目前公认的解决分布式一致性问题最有效的算法之一。

在该算法中有 3 种角色,用提议者(Proposer)、决策者(Acceptor)、决策学习者(Learner)来表示。

- 提议者:提案的提出者,可以提出多个提案。而所说的提案,可以指任何想在该分布式系统中想要执行的操作,在整个 Paxos 执行周期中,只会有一个提案被批准。在一个提案中,不仅包含提案的值,还有全局唯一编号,且必须全局递增,如可以考虑使用时间戳+serverID 来实现。
- 决策者:提案的决策者,会回应提议者的提案,来接收和处理 Paxos 的两个阶段的请求。
- 决策学习者:不会参与提案的决策,会从提议者/决策者学习最新的提案来达成一致。它的存在可用于扩展读性能,或者跨区域之间读操作。

Paxos 算法流程大致分为两个阶段。

阶段一:提议者选择一个提案编号(假设为 $n$),向半数以上决策者广播 prepare($n$)请求。对于集合中的决策者需做出如下回应。

- 若 $n$ 大于该决策者已经响应过提案的最大编号,那么它作为响应返回给提议者,并且将不再被允许接受任何小于 $n$ 的提案。
- 如果该决策者已经批准过提案,那么就向提议者反馈当前已经批准过提案编号中最大但小于 $n$ 的那个值。

阶段二:如果提议者收到来自半数以上的决策者对于其发出的编号为 $n$ 的准备请求响应,那么它就会发送一个针对[$n$,$Vn$]提案的接收请求给决策者。

**注意**:$Vn$ 就是收到的响应中编号最大的提案的值,如果响应中不包含任何提案,那么 $Vn$ 就由提议者决定。

如果决策者收到一个针对编号为 $n$ 的提案的接收请求,只要该决策者没有对编号大于 $n$ 的准备请求做出过响应,它就接受该提案。

决策学习者如何获取提案?

- 当决策者批准了一个提案时,将该提案发送给其所有的决策学习者,该方案非常简单直接。
- 选定一个主决策学习者,在决策者批准了一个提案时,就将该提案发送给主决策学习者,主决策学习者再转发给其他决策学习者。虽然该方案较方案一通信次数大大减少,但很可能会出现单点故障问题。
- 将主决策学习者的范围扩大,即决策者可以将批准的提案发送给一个特定的决策学习者集合,然后集合中的决策学习者再转发通知给其他决策学习者。该方案可以提高可靠性,但也会增加其网络通信的复杂度。

4)Raft 算法

Raft 算法是一种为了管理复制日志的一致性算法。分布式系统中节点分为领导者(Leader)、候选者(Candidate)、跟随者(Follower)。Raft 算法提供了和 Paxos 算法相同的功能和性能,但是 Raft 算法更加容易理解且更容易构建实际的系统。

Raft 算法主要分两部分:领导者选举和日志复制。

(1)领导者选举。

Raft 算法将时间划分成为任意不同长度的任期(Term)。任期用连续的数字进行表示。每一个任期的开始都是一次选举(Election),一个或多个候选者会试图成为领导者。如果一个候选者赢得了选举,它就会在该任期的剩余时间担任领导者。在某些情况下有可能没有选出领导者,那么,将会开始另一个任期,并且立刻开始下一次选举。Raft 算法保证在给定的一个任期最多只有一个领导者。

Raft 算法使用心跳机制来触发选举。当服务器启动时,初始化为跟随者。领导者向所有跟随者周期性发送心跳信息。如果跟随者在选举超时时间(Election Timeout)内没有收到心跳信息或投票请求,就会发起领导者选举。值得注意的是,每个服务器的选举超时时间彼此不一样,以避免同时发起领导者选举。

跟随者将当前任期加一然后转换为候选者。它首先给自己投票并且给集群中的其他服务器发送投票请求。候选者如果收到多数的投票,则赢得选举,成为领导者;如果被通知已经选出领导者,则自动切换为跟随者。有可能一轮选举中,没有候选者收到超过半数节点投票,那么将进行下一轮选举。

(2)日志复制。

领导者接收到客户端发来的请求,创建一个新的日志项,并将其追加到本地日志中,接着领导者通过发送追加条目 RPC(Remote Procedure Call,远程过程调用)请求,将新的日志项复制到跟随者的本地日志中,当领导者收到大多数跟随者的成功响应之后,则将这条日志项应用到状态机中,可以理解成该条日志写成功了,最后领导者返回日志写成功的消息响应客户端,流程如图 3-9 所示。

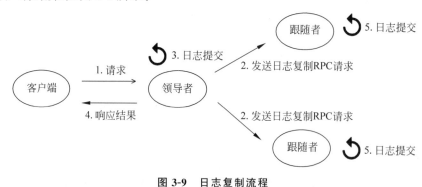

图 3-9  日志复制流程

### 3. 分布式数据库理论

分布式数据库一般遵守 CAP 理论和 BASE 理论。

1)CAP 理论

CAP 理论指的是在一个分布式系统中,一致性(Consistency)、可用性(Availability)和分区容错性(Partition Tolerance)这三个要素最多只能同时实现两点,不可能三者兼顾。

一致性(C):在分布式系统中,所有节点在同一时刻的数据都是一致的。

可用性(A):在集群中一部分节点故障后,集群整体还能响应客户端的读写请求,即每个请求不管成功与否都能得到响应。

分区容错性(P):由于分布式系统通过网络进行通信,网络是不可靠的。当任意数量的消息丢失或延迟到达时,系统仍会继续提供服务。

(1)AP。也就是强调可用性和分区容忍性,放弃一致性。允许系统返回不一致的数据。当然,在采用AP设计时,也可以不完全放弃一致性,转而采用最终一致性。

(2)CP。也就是强调一致性和分区容忍性,放弃可用性。当出现网络分区的情况时,受影响的服务需要等待数据一致,在等待期间无法对外提供服务。

(3)CA。也就是强调一致性和可用性,放弃分区容忍性,也就意味着系统不再是分布式系统了。传统的关系数据库都采用这种设计原则,因此扩展性比较差。

2) BASE 理论

BASE 理论是由 eBay 架构师提出的,是 Basically Available(基本可用)、Soft State(软状态)和 Eventually Consistent(最终一致性)三个要素的缩写。

Basically Available(基本可用):分布式系统在出现不可预知故障时,允许损失部分可用性,相比较正常的系统而言会有响应时间上的损失和系统功能上的损失。

响应时间上的损失:如正常情况下,一个在线搜索引擎需要在 0.5 秒之内返回给用户相应的查询结果,但由于出现故障,查询结果的响应时间增加了 1~2 秒。

系统功能上的损失:如正常情况下,在一个电子商务网站上进行购物时,消费者几乎能够顺利完成每一笔订单,但是在一些节日大促购物高峰时,由于消费者的购物行为激增,为了保护购物系统的稳定性,部分消费者可能会被引导到一个降级页面。

Soft State(软状态):允许系统中的数据存在中间状态,并认为该中间状态的存在不会影响系统的整体可用性,即允许系统在不同节点的数据副本之间进行数据同步的过程存在延时。

Eventually Consistent(最终一致性):所有的数据副本,在经过一段时间的同步之后,最终都能够达到一个一致的状态。因此,最终一致性的本质是需要系统保证最终数据能够达到一致,而不需要实时保证系统数据的强一致性。

## 3.2　数据库的设计原则

### 3.2.1　关系数据库的设计原则

#### 1. 数据安全可靠

关系数据库的特点之一就是数据库管理系统能提供统一的数据保护功能来保证数据的安全可靠和正确有效。数据库的数据保护主要包括数据的完整性和安全性:数据库的完整性是指数据的正确性和相容性,防止数据库中存在不符合语义的数据,也就是防止数据库中存在不正确的数据;数据库的安全性是指保护数据库以防止不合法的使用造成的数据泄露、更改或破坏。数据库中的数据是从外界输入的,而数据的输入由于种种原因,会发生输入无效或产生错误信息,保证输入的数据符合规定,成为数据库系统尤其是多用户的关系数据库系统首要关注的问题,数据完整性因此而提出。另外,数据库中大量数据的集中存放和管理,日渐成为非法入侵者攻击的焦点,数据库的安全越来越多地受到网络安全、操作系统安全、用户等多方面因素的影响,已经成为了信息安全的重要研究课题之一。

1) 关系数据库的完整性

为了保证数据库的完整性,数据库管理系统一般都提供了对数据库完整性进行定义、检查及违规处理的机制,并把用户定义的数据库完整性约束条件作为模式的一部分存入字典中。数据库管理系统检查数据是否满足完整性约束条件的机制称为完整性检查,一般在对数据库中的数据进行增、删、改操作后开始检查,也可以在事务提交时检查,检查这些操作执行后数据库中的数据是否违背完整性约束条件。当数据库管理系统发现用户的操作违背了完整性约束条件时,就会采取一定的动作,如拒绝执行该操作或级联执行其他操作,进行违约处理以保证数据的完整性。

关系数据库的完整性控制主要包括 3 类:实体完整性、参照完整性与用户自定义完整性。实体完整性规定关系中的主码取值唯一且非空;参照完整性规定关系的外码取值为被参照关系主码的值或取空值;除此两类必须满足的完整性约束条件以外,关系在不同的应用环境当中,往往还需要一些特殊的约束条件,用户自定义完整性就是针对某一具体关系数据库的约束条件,它反映某一具体应用所涉及的数据必须满足的语义要求。

2) 关系数据库的安全性

数据库必须具有坚固的安全系统,才能控制可以执行的活动以及可以查看和修改的信息。无论用户如何获得对数据库的访问权限,坚固的安全系统都可以确保对数据进行保护。

在 SQL Server 中,用户要经过两个安全性阶段:身份验证和授权。身份验证决定用户能否连接到服务器。它有 Windows 认证和 Windows 与 SQL Server 混合认证两种模式,其中 Windows 认证更为安全,因为 Windows 操作系统具有较高的安全性,而 SQL Server 认证管理较为简单。授权阶段验证已登录服务器的用户能否连接 SQL Server 实例的权力,只有授权的用户和系统才能访问被保护的数据。在身份验证阶段利用账号连接到服务器后,只表明该账户通过了 Windows 认证或 SQL Server 认证,并不代表用户就能访问数据库,登录者必须要有用户账号才能进一步操作数据库中的数据。

### 2. 高效查询机制

构建索引机制是实现关系数据库高效查询的一种常用的方式。索引是数据库管理系统中一个排序的数据结构,以协助快速查询数据库表中的数据。索引类型有 3 种:普通(Normal)索引、唯一(Unique)索引和全文(Fulltext)索引。

普通索引:也叫非唯一索引,是最普通的索引,没有任何的限制。

唯一索引:要求键值不能重复。另外需要注意的是,主键索引是一种特殊的唯一索引,它还多了一个限制条件,要求键值不能为空。主键索引使用主键创建。

全文索引:针对比较大的数据,如果要解决模糊查询效率低的问题,可以创建全文索引。只有文本类型的字段才可以创建全文索引,如 char、varchar、text。

目前比较常用的两种索引实现方式是B+树和哈希索引。B+树采用平衡树结构,由非叶节点和叶节点两种节点组成,数据存储在叶节点中,非叶节点只包含指针。B+树查找速度快且稳定,相较于B−树,相同数据量访问磁盘次数更少。同时,每个叶节点包含到相邻节点的链接,方便进行范围查询。哈希索引就是采用一定的哈希算法,把键值换算成新的哈希值。哈希索引在检索时不需要像B+树那样从根节点到叶节点逐级查找,只需一次哈希算法即可定位到相应的位置,速度非常快。但是哈希索引也存在一定的弊端,如无法进行范围查找与前缀查找等。

除了索引机制外,关系数据库还可以将用户访问频繁的数据构建缓存,在用户访问时先查询缓存中数据。同时缓存是内存级,访问速度快。

### 3. 良好的扩展性

关系数据库在面对数据访问的压力时,通常采用扩展数据库的技术来应对,如备份(Replication)、联合(Federation)、分片(Sharding)、去规格化(Denormalization)和SQL调优(SQL Tuning)。

备份通常指的是一种允许用户在不同的机器上存储相同数据的多个副本的技术。联合(也称为功能分区)是指按功能对数据库进行分割,而不是使用一个单一的、整体的数据库,从而减少备份延迟,提高吞吐量。分片(也称为数据分区)是一种与分区相关的数据库架构模式,将数据的不同部分放到不同的服务器上,不同的用户将访问数据的不同部分,从而有助于提高系统的可管理性、性能、可用性和负载均衡。去规格化试图以牺牲部分写性能为代价来提高读性能,通过在多个表中写入数据来避免昂贵的数据连接操作。在大多数系统中,读操作的数量可能远远超过写操作,达到100∶1,甚至1000∶1,导致依赖于复杂数据库连接操作的读操作代价极大,需要在磁盘操作上花费大量时间。一旦数据通过联合和分片等技术分布,管理跨数据中心的连接操作将进一步增加复杂性。去规格化可以避免对这种复杂连接操作的需要。

## 3.2.2 NoSQL的设计原则

### 1. CAP理论与BASE理论

CAP理论说的就是一个分布式系统最多只能同时满足一致性、可用性和分区容错性这三项中的两项,不可能三者兼顾。在分布式系统中,由于分区容忍性是必须实现的,因此只能在一致性和可用性之间进行权衡。

BASE理论是对CAP中一致性和可用性权衡的结果,是基于CAP理论逐步演化而来的,其核心思想是即使无法做到强一致性,但每个应用都可以根据自身的业务特点,采用适当的方式来使系统达到最终一致性。

### 2. 灵活的数据模型选择

随着信息化技术的高速发展,数据量呈现爆发性增长,其中以非结构化数据为主。大数据中约80%是图片、音频等半结构化、非结构化数据。传统的关系数据库不能有效地存储这种数据。而NoSQL提供灵活的数据模型,可以很好地处理非结构化/半结构化数据。根据数据模型,NoSQL可分为4类,可以结合需求选择所需要的模型。

1）键值数据库

键值数据库适用于涉及频繁读写、数据模型简单的应用、内容缓存相关应用，如购物车、存储配置和用户数据信息的移动应用。但是有一点需要注意，键值数据库没有通过值查询的途径。

2）列族数据库

列族数据库适用于分布式数据存储与管理、数据在地理上分布于多个数据中心的应用、可以容忍副本中存在短期不一致情况的应用、拥有动态字段的应用以及拥有潜在大量数据的应用。

3）文档数据库

文档数据库适用于存储、索引和管理面向文档的数据或者类似的半结构化数据，如使用 JSON 数据结构的应用、使用嵌套结构等非规范化数据的应用。但是文档数据库不支持文档间的事务，若对这方面有需求则不能选择该方案。

4）图数据库

图数据库专门用于处理具有高度相互关联关系的数据，如适合于社交网络、依赖分析、推荐系统以及路径寻找等。

### 3.2.3 NewSQL 的设计原则

#### 1. 设计出发点

由于 NoSQL 数据库系统不具备高度结构化查询的特性，也不能提供 ACID 的操作，NewSQL 逐渐登场。NewSQL 数据库的设计与开发通常要关注以下内容。

（1）事务属性（Transactional Property）：原子性（Atomicity）、一致性（Consistency）、隔离性（Isolation）和持久性（Durability）。

（2）容错性（Fault Tolerance）：故障处理（Failure Handling）、恢复（Recovery）、高可用（High Availability）、支持复制（Support For Replication）、复制方法（Replication Method）、复制类型（Replication Type）和副本同步（Replica Synchronization）。

（3）数据存储（Data Storage）：数据模型（Data Model）、数据存储（Data Storage）、内存支持（In-memory Support）、分区（Partitioning）和对二级索引的支持（Support For Secondary Index）。

（4）数据处理（Data Handling）：数据过期控制（Data Expiration Control）、数据压缩（Data Compression）、触发器（Trigger）、对 MapReduce 的支持（Support For MapReduce）、并发控制（Concurrency Control）、分析支持（Analytics Support）、数据库即服务（Database as a Service）和机架位置感知（Rack Locality Awareness）。

#### 2. 决策重点

一致性（Consistency）、性能（Performance）、持久性（Durability）、故障处理（Failure Handling）、复制（Replication）、存储（Storage）、处理（Processing）、审计（Auditing）和并发性（Concurrency）被认为是决策的核心应用问题。可以通过权衡每个关注点的重要性来选择最终系统。

## 3.3 数据库的评价标准

### 3.3.1 吞吐量

吞吐量指的是系统在单位时间内处理请求的数量,其中 TPS(Transactions Per Second)、QPS(Queries Per Second)是吞吐量常用的量化指标。

**1. TPS**

TPS 即每秒执行的事务总数,也即事务数/秒。一个事务是指客户端向服务器发生请求然后服务器做出反应的过程。若在一秒内,系统完成 $N$ 个事务,则系统的 TPS 为 $N$。

**2. QPS**

QPS 即每秒执行的查询总数,也即查询数/秒,是对一个特定的查询服务器在规定时间内所处理查询量多少的衡量标准。

**3. 响应时间**

响应时间指的是执行一个请求从开始到最后收到响应数据所花费的总体时间,即从客户端发起请求到收到服务器响应结果的时间。直观上看,这个指标与人对性能的主观感受是非常一致的,因为它完整地记录了系统处理请求的时间。

**4. IOPS**

IOPS (Input/Output Per Second)即每秒的输入输出量(或读写次数),是衡量磁盘性能的主要指标之一。IOPS 是指单位时间内系统能处理的 I/O 请求数量,一般以每秒处理的 I/O 请求数量为单位,I/O 请求通常为读或写数据操作请求。随机读写频繁的应用,如 OLTP,IOPS 是关键衡量指标。

### 3.3.2 数据的一致性

在分布式环境中,一些应用为了提高可靠性和容错性,通常会将数据备份,同一份数据保存几个副本分别存储在不同的机器。由于分布式环境的复杂性,通常会出现网络、机器故障等情况,导致同一份数据的各个副本在同一时间可能有多种值,即数据不一致。

**1. 强一致性(线性一致性)**

系统中的某个数据被成功更新后,后续任何对该数据的读取操作都将得到更新后的值。

**2. 弱一致性**

数据更新后,如果能容忍后续的访问只能访问到部分或者全部访问不到,则是弱一致性。

**3. 最终一致性**

最终一致性是弱一致性的特殊形式,不保证在任意时刻任意节点上的同一份数据都是相同的,但是随着时间的迁移,不同节点上的同一份数据总是在向趋同的方向变化。简单说,就是在一段时间后,节点间的数据会最终达到一致状态。

最终一致性根据更新数据后各进程访问到数据的时间和方式的不同,又可以区分为如下几类。

(1) 因果一致性。如果进程 A 通知进程 B 它已更新了一个数据项,那么进程 B 的后续访问将返回更新后的值,且一次写入将保证取代前一次写入。与进程 A 无因果关系的进程 C 的访问,遵守一般的最终一致性规则。

(2)"读己之所写"一致性。当进程 A 自己更新一个数据项之后,它总是访问到更新过的值,绝不会看到旧值。这是因果一致性模型的一个特例。

(3) 会话一致性。这是上一个模型的实用版本,它把访问存储系统的进程放到会话的上下文中。只要会话还存在,系统就保证"读己之所写"一致性。如果由于某些失败情形令会话终止,就要建立新的会话,而且系统的保证不会延续到新的会话。

(4) 单调读一致性。如果进程已经看到过数据对象的某个值,那么任何后续访问都不会返回在那个值之前的值。

(5) 单调写一致性。系统保证来自同一个进程的写操作顺序执行。要是系统不能保证这种程度的一致性,就非常难以编程了。

上述最终一致性的不同方式可以进行组合,如单调读一致性和"读己之所写"一致性就可以组合实现。并且从实践的角度来看,这两者的组合,可以实现读取自己更新的数据。

### 3.3.3　可用性

可用性是指任何客户端的请求都能得到响应数据,不会出现响应错误。换句话说,可用性是站在分布式系统的角度,对访问本系统的客户的另一种承诺:一定会返回数据,不会返回错误,但不保证数据最新,强调的是不出错。如果系统每运行 100 个时间单位,就会出现 1 个时间单位无法提供服务,那么该系统的可用性是 99%。

**1. 数据的持久度**

持久度是指发生故障时,数据丢失的概率。数据库系统可以通过副本备份等方式有效提高数据持久度,抵御磁盘损坏等故障造成数据丢失的风险。

**2. RTO 与 RPO**

RTO(Recovery Time Object)和 RPO(Recovery Point Object)是传统数据库领域常见的两个衡量高可用的指标。

RTO 是指系统从灾难状态恢复到可运行状态所需的时间。RTO 数值越小,代表系统的数据恢复能力越强。

RPO 是指系统所允许的在灾难过程中的最大数据丢失量,是指当业务恢复后,恢复得来的数据所对应时间点。RPO 取决于数据恢复到怎样的更新程度,这种更新程度可以是上一周的备份数据,也可以是昨天的数据,这和数据备份的频率有关。为了改进 RPO,必然要增加数据备份的频率。

**3. MTTR、MTTF、MTBF**

MTTR (Mean Time To Repair,平均修复时间)指系统从发生故障到维修结束之间的时间段的平均值。

MTTF（Mean Time To Failure，平均无故障时间）指系统无故障运行的平均时间，取所有从系统开始正常运行到发生故障之间的时间段的平均值。

MTBF（Mean Time Between Failure，平均失效间隔）指系统两次故障发生时间之间的时间段的平均值。

系统可用时间用 MTBF 和 MTTR 来计算，即 MTBF/（MTBF ＋ MTTR）。

### 3.3.4　并发性

并发性通常是指系统能够同时并行处理很多请求。高并发相关常用的一些指标有响应时间（Response Time）、吞吐量（Throughput）、QPS、并发数等。

并发数是指系统同时能处理的请求数量，这个也反映了系统的负载能力。

### 3.3.5　可扩展性

可扩展（Scalable）指数据库系统在通过相应升级（包括增加单机处理能力或者增加服务器数量）之后，能够达到提供更强的服务能力，提供更强处理能力。扩展性（Scalability）指一个数据库系统通过相应的升级之后所带来处理能力提升的难易程度。

## 思考题

1. 简述分布式数据库与集中式数据库的区别。
2. 数据库存储引擎不仅限于教材中罗列的，查阅相关资料，介绍其他存储引擎。
3. 对于 CAP 理论，为什么不能同时兼顾三者？举例说明情况。
4. 谈一谈如何优化 Raft 算法。
5. 查询其他关于数据库的评价标准。

# 第二部分 NoSQL基础与应用

# 第 4 章

# NoSQL

## 4.1 NoSQL 基本原理

### 4.1.1 关系数据库的重要机制回顾

#### 1. 关系模型

在关系数据库中,关系模型中具有明确的表结构。列具有原子性,不可再分割,且列的值域和类型固定。如果某字段出现空值,一般会保留存储空间(NULL),以便之后插入数值。

NoSQL 可能打破这些特征。在 NoSQL 中,可能没有明确的结构。列可能是复合型的,列中的内容和类型可能是随意的、无定义的,且不会为空值留出存储空间,可能很难直接插入数值。

#### 2. 完整性约束

关系模型中的完整性约束包含 3 部分:一是实体完整性,它指实体集中的每个实体都具有唯一性标识,或者说数据表中的每个元组都是可区分的,这意味着数据表中存在不能为空的主属性(即主码);二是参照完整性,它表明一个表中的某一列依赖于另一个表中被参照列的情况;三是用户定义的完整性,它指用户根据业务逻辑定义的完整性约束。

而在 NoSQL 中,可能存在主键相同的行,或内容相同但时间戳不同的行等情况,一般不会出现空的主属性。此外,NoSQL 一般不提供参照完整性,或者外键,因此一般也不支持跨表的关联查询。最后,NoSQL 的用户定义完整性靠应用程序支持。

#### 3. 关系数据库的事务机制

事务是关系数据库最重要的机制之一。关系数据库会对并发操作进行控制,防止用户在存取数据时破坏数据的完整性,造成数据错误。事务机制可以保障用户定义的一组操作序列作为一个不可分割的整体提交执行,这一组操作要么都执行,要么都不执行。当事务执行成功时,认为事务被整体"提交",则所有数据改变均被持久化保存;而当事务在执行中发生错误时,事务会进行"回滚",返回到事务尚未开始执行的状态。数据库事务正确执行的 4 个基本要素(ACID)分别为原子性(Atomicity)、一致性(Consistency)、隔离性(Isolation)和持久性(Durability),ACID 是典型的强一致性要求。而大多数 NoSQL 抛弃 ACID 机制,因为它无法在分布式环境中保证效率。

关系数据库的并发调度指将多个事务串行化,并发控制则强调解决共享资源并发存取过程中产生的各类问题,包括丢失更新、幻读、脏读等。其中,封锁是数据库中所采用的常见并发控制。它是一种软件机制,使得当某个事务访问某数据对象时,其他事务不能对该数据进行特定的访问,包括两种基本的类型:共享锁和排他锁。共享锁只允许多个事务读取数据,不允许修改数据,而排他锁只允许一个事务读取和修改被锁定的数据。给数据加锁可能会引起死锁的问题,即出现了两个事务互相等待的局面,这两个事务永远也不能结束,从而形成死锁。数据库一般允许发生死锁,并采用一定手段定期诊断系统中有无死锁,若有则解除之。一般采用超时法或事务等待图法来诊断死锁。

### 4. 关系数据库的分布式部署

关系数据库一般部署在单机上,并通过垂直扩展的方式提升性能。一些关系数据库也可以实现水平扩展,一般需要通过外部软件或用户编程等方式实现。关于关系数据库的分布式部署,第一种方式是将不同的表存储在不同节点。但如果某个表体积过大或频繁被访问,则其他节点无法提供帮助。第二种方式是水平分割数据,将表中不同的行存储在不同节点上。但由于在关系数据库中需要保持数据的完整性,插入数据时需要检查所有节点上的数据。同时,索引、锁等机制的维护也较为烦琐。第三种方式是垂直分割数据,将表中不同的列存储在不同节点上。在大数据场景下,表中的行数可能仍然过多,热点数据可能无法做到负载均衡,同时可能遇到和水平分割数据类似的问题。

在分布式环境下,数据存储在不同节点,此时必须通过网络传递相关消息。如果出现网络故障或部分节点失效,则有可能导致整个系统变得低效或死锁,因此在分布式环境下实现高效率的事务机制以及强一致性等特性较为困难。

为了满足在实际生产过程中数据量庞大、数据安全性高的要求,关系数据库需要搭建一套主从复制的架构,如图 4-1 所示。然后,在此基础上,就可以基于一些中间件实现读写分离,缓解数据存储以及访问的压力。主从集群(读写分离)在读数据时,可以实现一定的负载均衡,提高并发性能,并且可以提供一定的容错机制。但它保持了对单机事务的支持,无法解决写数据的瓶颈。一般来说,从服务之间是不共享数据的,每台从服务器都保存全部数据,一般不会进行数据分割。在这种情况下,主从服务器之间仍可能存在数据不一致的隐患。

用于读写分离的分布式中间件,如 MySQL Fabric、MySQL Cluster,一般可以实现数据水平拆分、容错、数据路由等功能,如图 4-2 所示。但由于中间件实际上承担了分布式数据库的大部分功能,关系数据库只用来实现数据分片的存储,实现难度较大。同时,用户配置、使用均较为复杂。与单机部署的关系数据库相比,系统功能受到一定限制。

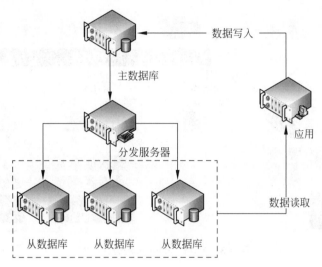

图 4-1 利用分发服务器实现主从数据同步

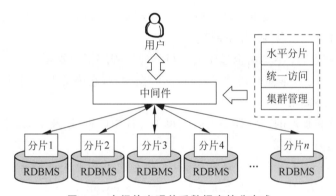

图 4-2 中间件实现关系数据库的分布式

1) MySQL Fabric

为了方便管理 MySQL 分片以及实现高可用部署,Oracle 公司在 2014 年 5 月推出了一套 MySQL 产品——MySQL Fabric,它是一套数据库服务器场(Database Server Farm)的架构管理系统,用来管理 MySQL 服务,如图 4-3 所示。MySQL Fabric 当前实现了两个特性:高可用和使用数据分片实现可扩展性和负载均衡,这两个特性能单独使用或结合使用。

Fabric 是"织物"的意思,这意味着它是用来"织"起一片 MySQL 数据库的。MySQL Fabric 使用 HA(Highly Available,高可用)组实现高可用性,通过多个 HA 组实现分片,每个组之间分担不同的分片数据。HA 组是由两个或两个以上的 MySQL 服务器组成的服务器池,其作用是确保该组中的数据总是可访问的。在任一时间点,HA 组中有一个主服务器,其他的都是从服务器,从服务器通过同步复制实现数据冗余。应用程序使用特定的驱动,连接到 Fabric 的 Connector 组件,当主服务器发生故障后,Connector 自动升级其中一个备份服务器为主服务器,应用程序无须修改。之后,其他的从数据库转向新的主数据库复制新的数据。注意,这里说的"自动"是指由 MySQL Fabric 在后台完成,而不需要用户手动更改配置。最重要的是,MySQL Fabric 是遵循 GPL(GNU General Public License,GNU 通用公共许可协议)的开源软件,也就是在符合 GPL 的规范下,可以自由地使用和修改这个

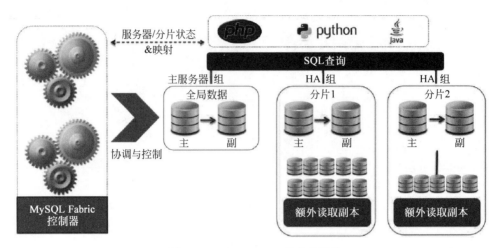

图 4-3　MySQL Fabric 的分片架构

软件。

　　MySQL Fabric 的初始版本设计简单、健壮,能够扩展到数千台 MySQL 服务器。这种方法意味着该版本有许多限制,如下所述。

　　(1) 分片对应用程序不是完全透明的。虽然应用程序不需要知道哪一个服务器存储了一组行,也不需要关心数据何时移动,但在访问数据库时,它确实需要提供分片的键。

　　(2) 自增长键不能用作分片的键。

　　(3) 所有事务和查询的范围都必须限于单个分片中的行,以及全局(非分片)表。例如,不支持涉及多个分片的连接。

　　(4) 由于 Connector 组件执行路由功能,因此避免了基于代理的解决方案中涉及的额外延迟,但这意味着需要结构感知连接器(Fabric-aware Connector)。

　　(5) MySQL 结构进程本身是不容错的,在发生故障时必须重新启动。注意,这并不代表服务器的单点故障,因为当 MySQL 结构进程不可用时,连接器可以使用其本地缓存继续进行路由操作。

　　2) MySQL Cluster

　　MySQL Cluster 是 MySQL 集群的一种常用技术,是 MySQL 适合于分布式计算环境下的高可用、高冗余版本。它采用 NDB Cluster(简称 NDB)存储引擎,允许在一个集群中运行多个 MySQL 服务器。

　　MySQL Cluster 作为一种技术,允许在无共享的系统中部署“内存中”数据库的集群,各个服务器之间并不共享任何数据。通过无共享体系结构,系统能够使用廉价的硬件,而且对软硬件无特殊要求。此外,由于每个组件有自己的内存和磁盘,不存在单点故障。

　　MySQL Cluster 由一组计算机构成,每台计算机上均运行着多种进程,包括 MySQL 服务器、NDB Cluster 的数据节点、管理服务器,以及(可能)专门的数据访问程序,如图 4-4 所示。

　　(1) SQL 层的 SQL 服务器节点(简称 SQL 节点)负责与 Web 应用程序交互,承接来自上层的 SQL 命令,实现一个数据库在存储层上的所有事情,如连接管理、查询优化和响应、缓存管理等。所有的 SQL 节点可以起到相同的作用,在任何一个 SQL 节点上的命令都会在系

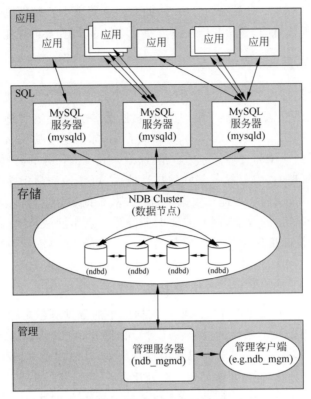

**图 4-4　MySQL Cluster 架构**

统中生效。这样,SQL 节点可以起到互相备份和负载分担的作用,可以有效防止单点故障。

（2）存储层的 NDB 数据节点（即 NDB Cluster）负责实现底层数据存储功能,以保存集群中的数据。每个数据节点都会存储所有的数据,这样当一个数据节点宕机后,还会有其他的数据节点可以存储数据,系统仍然可以使用。

（3）管理节点负责整个集群中各节点的管理工作,包括集群的配置、启动/关闭各节点、对节点进行常规维护,以及实施数据的备份和恢复等。管理节点会获取整个集群环境中节点的状态和错误信息,并将各个集群中各节点的信息反馈给其他的所有节点。由于管理节点上保存了整个集群的环境配置,同时担任了集群中各节点的沟通工作,因此它必须是最先被启动的节点。

MySQL Cluster 自动将表分片（或分区）到不同节点上,使数据库可以在低成本的商用硬件上横向扩展,同时保持对应用程序完全应用透明。凭借其分布式、无共享架构,MySQL Cluster 提供了 99.999％的高可用性,确保了其较强的故障恢复能力和在不停机的情况下执行预定维护的能力。同时,MySQL Cluster 提供实时的响应时间和吞吐量,能满足最苛刻的 Web、电信及企业应用程序的需求。此外,MySQL Cluster 具有跨地域复制功能的多站点集群,可以使多个集群分布在不同的地点,从而提高了灾难恢复能力和全球 Web 服务的扩展能力。为支持持续运营,MySQL Cluster 允许向正在运行的数据库模式中联机添加节点和更新内容,因而能支持快速变化和高度动态的负载。

MySQL Cluster 同样存在很多限制。例如,MySQL Cluster 不支持外键,数据行不能超过 8KB（不包括 BLOB 和 text 中的数据）;MySQL Cluster 的部署、管理、配置很复杂;由于数据节点中的数据会被尽量放在内存中,因此对内存要求大,而且重启时,数据节点将数据加载到内存需要很长时间,备份和恢复不方便;复杂的 SQL 查询性能一般等。

## 4.1.2　分布式数据管理的特点

NoSQL 中的数据结构复杂、数据量大,一般采用分布式部署。为保证效率和可靠性,NoSQL 一方面需要弱化关系数据库中的部分特性,另一方面还需要解决分布式部署中遇到的各种难题,包括如何实现数据的均匀、分布式存储,如何统一使用、管理数据,以及如何保证系统的可伸缩性、存储和查询任务的容错性、录入和查询任务的高效性等。

在分布式数据管理中,需要保持集群的高性能、高可靠性和易用性。进行分布式数据管理的主要目的是通过横向扩展提升数据存储、管理、查询和处理性能,并且由于分布式环境中存在部分节点不可达的可能,因此需要保证部分节点出现故障时,系统的其他部分仍可以正常工作,同时故障最终可以被发现和消除。最后,不能要求用户精通分布式系统原理,或者事先了解集群中的大量细节信息才能使用,系统必须易用。

### 1. 数据分片

数据分片指按照某个维度将存放在单一数据库中的数据分散地存放至多个数据库或表中以达到提升性能以及可用性的效果。通过数据分片,可以使数据均匀分布到多节点上,当执行查询或处理任务时,各节点只查询自身数据,从而实现并行处理。同时,当运行分布式查询或处理任务时,可以每次处理一个分片,将一个分片一次性读入内存。

如果原始数据是一个大型文件,如 TXT 格式的 100GB 的网站日志文件,则需要将数据切分。当数据为日志类数据时,可以根据自然的行进行切分,也可以在数据导入 NoSQL 之后,根据记录的行进行切分。当节点数量变化时,分片的存储位置等应该可以调整(到其他节点)。节点对自身存储的分片负责,循环检查数据分片是否健康,节点一般不关心其他节点上的分片存储。除此之外,切分过程、分片的调整过程等应当是自动的,用户不需要手动处理分片。用户访问一个接口,即可访问所有数据,用户不需要知道数据属于哪个分片、存储在哪个节点上。

通过数据分片,数据被统一维护、分布存储。数据分片的架构一般包括两种:一种是主从架构,主节点负责存储元数据和客户端访问接口,从节点负责存储数据分片。具体来说,用户首先访问一个统一的元数据服务器或服务器集群,查找自己所需的数据在哪些节点上,然后用户或服务器再通知相应节点进行本地扫描,如 HBase 数据库。另一种是对等结构,这种结构无主节点,各节点都可以接受客户端的访问请求,如果自身没有存储相关分片,则该节点向其他节点查询数据。具体来说,用户访问集群中的特定或任意点,节点再向自身或其他节点询问数据的存储情况,如果节点不知道相应情况,则再利用迭代或递归等形式向别的节点询问,如 Cassandra 数据库。

### 2. 数据多副本

在分布式系统中,部分节点可能会出现某些故障,这些故障可能是临时的,也可能是永久的,例如,节点死机、节点硬盘故障、网络拥塞、交换机故障等。在大规模分布式系统中,要将部分节点失效视为"常态",而非异常。此时必须考虑集群系统在局部故障的情况下也能够正常运行。于是,数据多副本机制应运而生。

数据多副本,顾名思义,就是将数据存储为多个副本,不同的副本存储在不同节点上。通常是以数据分片为单位实现多副本。相对于原始文件或整个表格,分片的体积较小,容易被检测、复制。理论上,多副本中的每个副本都可以被读取,但每个副本是否可以被更新,则要视系统实现和用户策略而定。在 HDFS 中,有基于"机架感知"的三副本机制:HDFS 中的文件以块的方式存放在 HDFS 文件系统当中,客户端如果与数据节点在同一台主机,则第一个副本块会放到这个主机上;第二个副本块存放在跟本机同机架内的其他服务器节点;第三个副本块存放在不同机架的一个服务器节点上。

假设分片被复制了 $n$ 份,存储在不同节点上。当一个副本被更新时,如果 $n$ 个副本只有一个能被更新,则该机制就是"读写分离"。此时,如果"读"副本出现临时故障,则在故障恢复后可以再向主节点查询并同步数据;如果"读"副本出现永久故障,则系统一般会在其他节点上建立新的副本;如果"写"副本出现故障,则系统无法继续更新数据,此时需要通过"选举"等机制,建立一个新的"写"副本。如果 $n$ 个副本都可以被更新,则多个副本之间可能存在数据版本"分叉"(冲突),此时需要额外机制检测分叉并消除,如 Dynamo 机制。而对于用户是否需要了解副本同步情况,不同的 NoSQL 有不同的策略。

### 3. 一次写入多次读取

典型的大数据场景,如网站或物联网应用抓取到日志或监控数据,一般只会进行查询、统计、挖掘,不需要修改原始数据。从系统层面,如果数据不需要修改,则数据的存储、分片和多副本机制可以大为简化,此外可以实现将分片内数据排序等机制,以加快扫描速度。

一次写入多次读取机制,在写入时,NoSQL 会在数据块内对数据先排序再持久化存储,块内查询效率更高。但由于不支持数据改写,因此一旦存储完成,则不需要维护数据块内的顺序性。在读取时,系统遍历所有分块,将相同键的数据都查询出来,但只将版本号最大的数据呈现给用户;在删除时,为记录打一个删除标记。当数据块存在了过多的历史记录或删除记录时,可以将数据块整体读取,过滤掉不需要的记录,再整体写入。

应用一次写入多次读取机制,意味着在系统底层只支持新建和追加,需采用时间戳机制实现在存储系统上的数据更新、插入和删除。此时系统具有更好的顺序存储特性,对于机械硬盘,顺序读写比随机读写的开销更小,硬件损耗更小,出现碎片的可能性较小。

### 4. 分布式系统的可伸缩性

分布式系统中可能存在节点故障,以及持续采集数据导致系统容量或处理能力出现瓶颈。因此,分布式系统需要提供一种易于操作的增加、移去或替换节点的方法。当节点变动时,数据分片和副本可以自动平衡,空白的新节点会被存入适当的分片副本,移走的节点所负责的数据会被指派给别的节点。当个别节点变动和数据平衡时,对系统服务的影响较小,即节点变化可以动态进行,数据平衡在后台进行,例如,限制数据平衡时使用的带宽,以防止对系统正常服务产生过大影响等。节点变化后,用户可以方便地查看当前节点的列表和运行情况。

综上所述,在分布式数据管理中,通过负载均衡、集群可伸缩和"一次写入多次读取"机制横向扩展提升数据存储、管理、查询和处理性能,通过数据多副本提高系统的容错性,通过自动分片、自动检测副本状态和节点变化、统一访问接口等增加系统的易用性,从而实现集群的高性能、高可靠性和易用性。

### 4.1.3 分布式系统的一致性问题

在关系数据库中,事务特性 ACID 中的 C 代表"一致性",它强调(一个或多个)事务前后,数据的状态(约束、完整性等)都是有效的。在分布式系统(特别是 NoSQL 数据库)中,数据多副本机制也会产生一致性问题。

#### 1. CAP 理论

C、A、P 3 个字母分别代表分布式系统中的 Consistency(一致性)、Availability(可用性)和 Partition Tolerance(分区容错性),具体含义见 3.1.2 节。

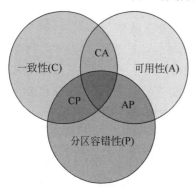

图 4-5 CAP 理论

CAP 理论是指在分布式系统中,一致性、可用性和分区容错性 3 个特性不可兼得,只能同时满足两个,如图 4-5 所示。

CAP 强调集群环境下,数据多副本带来的问题。对于大多数分布式系统,分区容错性是必需的。因此,在实际的 NoSQL 系统中,一般通过设计上的取舍和使用过程中的配置,在可用性和一致性之间进行权衡。在系统设计层面,或系统的模块设计层面,以及在不同的业务场景下,都可能采用不同取舍策略或配置策略。

假设系统中数据只有一个副本,则一致性可以得到绝对的保障。由于在读写时不需要通过网络查询其他副本的情况,因此读写性能较高,但如果存储数据的节点故障则无法容错,即该设计兼顾 CA。

假设系统中数据存在 n 个副本,但采用"读写分离"机制,只有一个副本可以接受写请求。此时,对于写操作,一致性和可用性较好,因为只要写完一个副本,操作即为成功,但此时该写入节点无法实现分区容错性,即兼顾 CA;对于读操作,假设数据存在多个"只读"副本,客户端每次只读取其中一个,则该设计实现了读操作的分区容错性(多副本),可用性较好,但客户端无法判断该副本是否为最新的(考虑网络通信的不确定性),即只兼顾了 AP;对于读操作,假设客户端需要同时读取多个副本,并对比这些副本,以检查是否存在版本差异或版本冲突,则此时兼顾了 CP。由于需要读取多个副本,因此客户端响应时间变长,可用性变弱。

#### 2. BASE 和最终一致性

BASE 是一个和 ACID 相对的概念,强调弱一致性。

ACID 指事务的强一致性。在分布式环境下,涉及网络通信的不可靠性,性能较差,且技术实现复杂。它认为事务执行时不应存在中间状态,只有"成功""回滚"等最终状态。

BASE 强调在互联网等场景中,用户响应(即可用性)很重要,必须首先满足。最终一致性(Eventual Consistency)是一种弱一致性,它只要求一个对象的全部副本的最后结果是相同的和正确的,而不要求其中间状态是一致的,即事务存在中间状态,但经历一段时间之后,最终会一致。在一些应用场景下,最终一致性也可以看作 NoSQL 允许多个副本可以存在暂时的不同步(即异步更新),结合 CAP 理论,这种设计强调 AP,可以提高响应速度。BASE 所强调的软状态、弱一致性等,在一些互联网业务中,并不会带来大的问题。

弱一致性场景中,经常会使用"异步消息机制"在网络节点之间进行通信。异步消息意味着消息的发送和接收之间存在时间差。消息的发送者在消息发出后立刻退出发送流程,不会阻塞等待接收者的反馈,因此不会受到网络延迟等影响,系统的响应时间较少。这也可以看作一种软状态机制。NoSQL 中也会使用异步消息机制进行事件通知等,但最终用户一般不需要关心其具体过程。

### 3. Paxos 算法

Paxos 算法是莱斯利·兰伯特(Leslie Lamport)提出的一种基于消息传递的一致性算法(共识算法)。该算法于 1998 年由 Lamport 在 *The Part-Time Parliament* 论文中首次公开,最初的描述使用希腊的一个小岛 Paxos 作为比喻,描述了 Paxos 小岛中通过决议的流程,并以此命名这个算法,但是这个描述理解起来有一定难度。2001 年,Lamport 重新发表了朴实的算法描述版本 *Paxos Made Simple*。Paxos 算法被认为是同类算法中最有效的算法。

Paxos 算法解决的是一个分布式系统如何就某个值(决议)达成一致的问题。一个典型的场景是,在一个分布式数据库系统中,如果各节点的初始状态一致,每个节点执行相同的操作序列,那么它们最后能得到一个一致的状态。为保证每个节点执行相同的命令序列,需要在每一条指令上执行一个"一致性算法"以保证每个节点看到的指令一致。

一个通用的一致性算法可以应用在许多场景中,这是分布式计算中的重要问题,因此从 20 世纪 80 年代起对于一致性算法的研究就没有停止过。节点通信存在两种模型:共享内存(Shared Memory)和消息传递(Message Passing)。Paxos 算法就是一种基于消息传递模型的一致性算法。现有的分布式一致性软件,如 ZooKeeper、Chubby 软件,以及诸如 MongoDB 等 NoSQL 数据库中的主节点选举模块,大多使用或借鉴了 Paxos。

Paxos 将系统中的角色分为提议者、决策者和决策学习者,如图 4-6 所示。一个或多个提议者可以发起提案,Paxos 算法通过多数派机制使所有提案中的某一个提案在所有进程中达成一致,即如果系统中的多数派同时认可该提案,则系统对该提案达成了一致。系统最多只针对一个确定的提案达成一致。

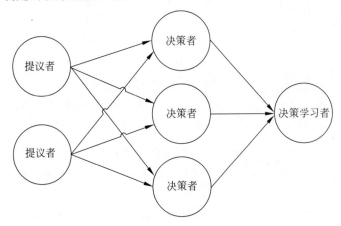

**图 4-6 Paxos 算法中的角色**

Paxos 算法通过一个决议分为两个阶段,流程如图 4-7 所示,各角色以及算法流程详见 3.1.2 节。

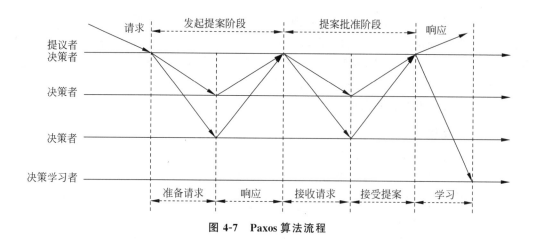

图 4-7　Paxos 算法流程

## 4.1.4　NoSQL 的常见模式

NoSQL 并没有一个统一的存储模式,底层存储引擎的实现差异很大,具体策略和配置方式也因软件而异。其常见的存储模式有键值对存储模式、列存储模式、文档存储模式和图存储模式等,这些存储模式在底层大多是一次写入多次读取的。除了图存储模式之外,大多对分布式环境支持较好。在这些存储模型上,一般只支持简单的查询,对关联查询等支持较差,对索引支持也较差。

### 1. 键值对存储模式

在键值对存储模式中,数据表中的每个实际行都具有行键和数值两个基本内容。

所谓键值对,即(物理上)每行数据的结构为:< Key,Value >,或者< Key,Value,Timestamp >等形式。其中,Key 相当于主键,如果有多个 Key 相同的键值对,则被看作在逻辑上是一行数据,或者被认为是该 Value 的更新历史(以时间戳决定版本新旧)。Value 一般较为自由,不限定数据类型、值域等,很难对 Value 建立索引。在键值对存储模式中,没有列或列名的概念,列名可能显式的体现在 Value 中,例如,< 001,"姓名:张三">,即 Key 为编号 001,Value 包含了列名(姓名)和取值(张三)。在实际系统中,一般会根据 Key 进行数据分片内的局部排序,以加快检索效率。

键值数据库简洁、高速、易于缩放,Redis、HBase、Cassandra 等都使用该存储模式。

| 姓名 | 性别 | 年龄 |
|------|------|------|
| Alcie | 女 | 18 |
| Bob | 男 | Null |
| Chris | Null | 20 |
| Dylan | 男 | 21 |

面向行存储

### 2. 列存储模式

列存储模式可以看作一种纵向切分数据的方式,不同列会放到不同的位置(节点)存储,实际软件一般也会按照行键再进行横向切片和分布式存储。此外,在切片内一般会按行键进行排序,以加快分布式检索速度。对于稀疏表(空值较多的表),列存储模式的存储效率较高。面向行和面向列存储的对比如图 4-8 所示。

| 列1 | |
|------|------|
| 姓名 | 年龄 |
| Alcie | 18 |
| Chris | 20 |
| Dylan | 21 |

| 列2 | |
|------|------|
| 姓名 | 性别 |
| Alcie | 女 |
| Bob | 男 |
| Dylan | 男 |

面向列存储

图 4-8　面向行和面向列存储的对比

列存储模式的查询速度快,装载速度高,适合大量的数据而不是小数据。同时,它具有高效的压缩率,不仅节省存储空间也节省计算内存和CPU,非常适合做聚合操作。但是,在列存储模式下,在进行数据插入的操作时,不可使用更新和插入操作,只可选择追加的方式,不适合做含有删除和更新的实时操作。

比较有名的列族数据库包括谷歌(Google)的 BigTable 和 Dremal 以及 HBase 等。

### 3. 文档存储模式

文档存储模式可以看作键值对存储模式的升级,底层存储的每行数据中仍然存在 Key(或者 ID)和 Value,但 Value 是采用 JSON 或 XML 等格式描述的复杂数据类型。在文档存储模式中,每条数据的文档格式可以不同,且文档格式中支持嵌套等复杂形式。图4-9 是 MongoDB 中的一行数据,描述一条通讯录数据,数据包含 _id、username、contact 和 access 列,其中 contact 和 access 列是复合列。

和键值对存储模式相比,文档存储模式强调可以通过关键词查询文档内部的结构,而非只通过键来进行检索。此外,由于文档允许嵌套,因此可以将传统关系数据库中需要连接查询的字段整合为一个文档,这种做法理论上会增加存储开销,但是会提高查询效率。在分布式系统中,连接查询的开销较大,以文档存储的嵌套结构的优势更加明显。

比较有名的文档数据库有 MongoDB 和 CouchDB 等。

### 4. 图存储模式

图存储模式将数据存储为点和边的关系,如图4-10所示。点通过边相连接,具有名称、类型和属性、相连接的边等关联信息;边一般是单向的,具有名称、类型、起止节点和属性等信息。

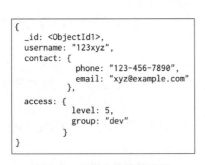

```
{
  _id: <ObjectId1>,
  username: "123xyz",
  contact: {
          phone: "123-456-7890",
          email: "xyz@example.com"
        },
  access: {
          level: 5,
          group: "dev"
        }
}
```

图 4-9 文档存储模式举例

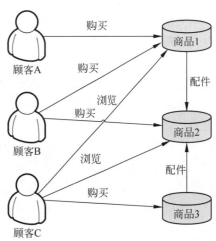

图 4-10 图存储模式举例

图数据库使用图作为数据模型来存储数据,完全不同于键值、列族和文档数据模型,可以高效地存储不同顶点间的关系。图数据库专门用于处理具有高度关联关系的数据,可以高效地处理实体之间的关系,比较适用于社交网络、模式识别、依赖分析、推荐系统以及路径寻找等问题。

常见的图数据库有 Neo4j 和 ArangoDB 等。

## 4.1.5　NoSQL 相关技术

### 1. 分布式数据处理

大数据的处理可能是分布式的、多轮次的、耗时很长的,需要解决一系列问题。这些问题包括:在集群中分配出合理资源,如在节点分配出适合的内存大小、CPU 能力等;任务调度,一方面解决多任务排队等问题,另一方面解决在一个任务中如何将任务分解分派给各节点(或任务容器等)、如何将处理逻辑交给各节点(实现所谓计算本地化)等问题;此外,如果处理任务需要多个轮次(步骤),如何解决中间数据分发、汇总等问题,如何监控任务的进行过程,如何发现子任务的故障并提供容错性以及如何实现整个系统的易用性。

通过 Hadoop 和 Spark 等常见的大数据处理软件,可以解决处理大数据的技术难题,轻松实现海量数据的分布式存储和分布式计算。

### 2. 时间同步服务

在分布式应用中,经常需要确保所有节点的时间是一致的,否则各节点可能无法根据时间戳等机制进行通知,确保同步或一致性等。在实际软件系统中,如果节点时间差异较大,可能整个集群会无法启动。NoSQL 等大数据应用可能部署在局域网环境中,此时可以不和真实时间进行同步,但各节点之间的时间应一致。

NTP(Network Time Protocol,网络时间协议)是一种常见的分布式时间同步机制,用来使计算机时间同步化。NTP 可以使计算机对其服务器或时钟源,如石英钟、GPS 等,做同步化,它可以提供高精准度的时间校正(LAN 上与标准间差小于 1 毫秒,WAN 上与标准间差小于几十毫秒),且可借由加密确认的方式来防止恶毒的协议攻击。NTP 的目的是在无序的 Internet 环境中提供精确和健壮的时间服务。目前,NTP 已经发展到版本 4.2.8,并且已经成为国际标准(IETF RFC 5905)。Windows 系统和大多数 Linux 系统均支持 NTP,既可以作为客户端,也可以作为 NTP 服务器端。

NTP 主要应用于网络中所有设备时钟需要保持一致的场合。

(1) 网络管理:对从不同路由器采集来的日志信息、调试信息进行分析时,需要以时间作为参照依据。

(2) 计费系统:要求所有设备的时钟保持一致。

(3) 多个系统协同处理同一个复杂事件:为保证正确的执行顺序,多个系统必须参考同一时钟。

(4) 备份服务器和客户机之间进行增量备份:要求备份服务器和所有客户机之间的时钟同步。

(5) 系统时间:某些应用程序需要知道用户登录系统的时间以及文件修改的时间。

而在一些对时间同步精度要求不高的应用场景中,NTP 时间服务器不再是一种必需品。

### 3. 布隆过滤器

布隆过滤器(Bloom Filter,BF)于 1970 年由布隆(Burton Howard Bloom)提出,是一种空间效率高的概率型数据结构,专门用来检测集合中是否存在特定的元素。

当检测集合中是否存在某元素时,通常会采用比较的方法。这时,如果集合用线性表存储,则查找的时间复杂度为 $O(n)$;如果用平衡 BST(Binary Search Tree,二分查找树)存储,则时间复杂度为 $O(\log n)$;如果用哈希表存储,并用链地址法与平衡 BST 解决哈希冲突,时间复杂度为 $O[\log(n/m)]$,其中 $m$ 为哈希分桶数。总之,当集合中元素的数量极多时,不仅查找会变得很慢,而且占用的空间也会大到无法想象。而布隆过滤器就是解决这个矛盾的利器。

布隆过滤器是由一个长度为 $m$ 比特的位数组(Bit Array)与 $k$ 个哈希函数组成的数据结构,如图 4-11 所示。位数组均初始化为 0,所有哈希函数都可以分别把输入数据尽量均匀地哈希。当要插入一个元素时,将其数据分别输入 $k$ 个哈希函数,产生 $k$ 个哈希值。以哈希值作为位数组中的下标,将所有 $k$ 个对应的比特设置为 1。当要查询(即判断是否存在)一个元素时,同样将其数据输入哈希函数,然后检查对应的 $k$ 比特。如果有任意一个比特为 0,表明该元素一定不在集合中。如果所有比特均为 1,表明该元素有较大的可能性在集合中。元素不是一定存在于集合当中的原因在于,一个比特被置为 1 有可能会受到其他元素的影响,这就是所谓"假阳性"(False Positive,FP)。相对地,"假阴性"(False Negative,FN)在布隆过滤器中是不会出现的。

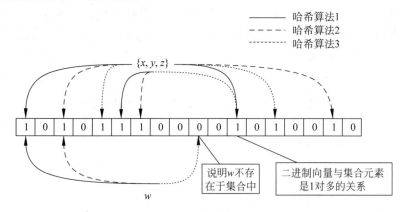

图 4-11　布隆过滤器

布隆过滤器的优点是空间占用低、检索速度快,缺点则是存在一定的误报率:当布隆过滤器认为某元素存在于集合中时,该元素可能并不存在,但如果布隆过滤器认为该元素不存在于集合中,则肯定不存在。布隆过滤器的误报率,和哈希算法的个数、二进制向量的大小以及数据总量有关。一般来说,二进制向量越大,误报率越低,因此需要在存储空间占用和误报率之间做权衡。

假设在一节点上有多个数据文件。当进行数据检索时,节点可能需要依次扫描所有文件。受限于硬件条件,扫描速度可能成为性能瓶颈。即便存在误报率,但布隆过滤器还是可以快速排除一些数据文件,从而大大提高单节点上的扫描速度。

布隆过滤器不支持删除数据,无法同步更新二进制向量。但在一次写入多次读取的应用场景下,该特性并无显著影响。HBase、Cassandra 和 MongoDB 等,都采用了布隆过滤器机制。

# 4.2 NoSQL 设计思想

## 4.2.1 键值数据库设计思想

### 1. 键值数据库

键值数据库又称键值对数据库(Key-Value 数据库,KV 数据库),是最简单的一种 NoSQL 数据库,它使用简单的键值方法来存储数据。

键值型数据结构可以看作一种较为复杂的数组型数据结构。数组作为除整数和字符串之外最简单的变量形式,是一种由整数值、字符或布尔值构成的有序列表。数组中的每个值都与一个整数下标(也称作索引)相关联,这些值的类型相同。因此,使用数组会存在以下两项限制。

(1) 数组下标只能是整数。

(2) 数组中所有的值都必须是同一类型。

关联数组作为一种数据结构,是对数组概念的泛化。关联数组的标识符和元素值不像普通数组那样严格,它的下标不限于整数,同时也不要求所有值都必须是同一类型。关联数组还有一些别名,如字典、映射、哈希映射、符号表等。实际上,关联数组就是键值数据库在底层使用的基本数据结构。

键值对集合类似于映射或者字典,是最为基本的关联数组。键值数据库将数据存储为键值对集合,其中键作为数据的唯一标识符。键和值都可以是从简单对象到复杂复合对象的任何内容。

### 2. 键值数据库的基本要素

键值数据库的基本数据模型是键值(Key-Value)模型。例如,"hello":"world"就是一个基本的键值对,其中,"hello"是键,"world"是值。

1) 键

由于在键值数据库中,可以使用整数、字符串乃至对象列表作为键,因此需要使用一种函数把整数、字符串或对象列表映射成独特的字符串或数字以实现通过键来定位相关的值。像这样能够把某一类值映射为相关数字的函数,就叫作哈希函数。哈希函数可以接受任意字符串,并能够产生一般不会相互重复的定长字符串。如表 4-1 所示,通过哈希函数可以将顾客购物车信息分别映射成表中的各个哈希值。

表 4-1 键与哈希值之间的映射

| 键 | 哈 希 值 |
| --- | --- |
| customer:1982737:firstName | e135e850b892348a4e516cfcb385eba3bfb6d209 |
| customer:1982737:lastName | f584667c5938571996379f256b8c82d2f5e0f62f |
| customer:1982737:shippingAddress | d891f26dcdb3136ea76092b1a70bc324c424aele |
| customer:1982737:shippingCity | 33522192da50ea66bfc05b74d1315778b6369ec5 |
| customer:1982737:shippingState | 239ba0b4c437368ef2b16ecf58c62b5e6409722f |
| customer:1982737:shippingZip | 814f3b2281e49941e1e7a03b223da28a8e0762ff |

此外,也并非所有键值数据库都支持列表或其他复杂的结构。某些键值数据库对键的

类型和长度做了比较严格的限制。

2）值

键值数据库的值没有固定的形态，它通常由一系列的字节所构成。值的类型可以是整数、浮点数、字符串、二进制大型对象（BLOB），也可以是诸如 JSON 对象等半结构化的构件，还可以是图像、声音以及其他能够用一系列字节来表示的任意类型。大多数键值数据库都会对值的大小做出限定，而对其中存储的数据结构基本不会做出限定。

不同的键值数据库也为值提供了不同的操作。所有的键值数据库至少都会支持对值进行读取及写入操作。有的键值数据库还支持其他一些操作，如把字符串追加到已有的某个值尾部，或是访问字符串中的任意一部分内容。

3）命名空间

命名空间是由键值对所构成的集合，可以把它想象成由互不重复的键值对所组成的一个集合或一个列表，或者是一个存放键值对的桶（Bucket）。一个命名空间本身就可以构成一个完整的键值数据库，这些键值对中的键名彼此都不会重复，而键值对的值是可以相互重复的。

如果多个程序都使用同一个键值数据库，那么命名空间就显得比较有用了，因为那些程序的开发者只要不打算在程序间共享数据，就无须担心自己所用的键名构造方式会和其他程序所用的命名方式相冲突，因为命名空间会给值加上一个默认的前缀。例如，顾客管理团队可以创建名为 custMgmt 的命名空间，而订单管理团队则可以创建名为 ordMgnt 的命名空间。这样一来他们就可以把各自用到的键和值，都保存在自己的命名空间里面。

4）分区与分区键

把数据分割成多个命名空间是一种非常有用的规划方式，与之类似，也可以把集群划分成多个小单元（称为分区）。集群中的每个分区都是一组服务器，或是运行在服务器上的一组键值数据库软件实例，而数据库中的数据子集则会分别交由这些分区来进行处理。所选的分区方案应该要能尽量把负载平均分配到集群中的每一台服务器。

在同一台服务器中，也可能会出现多个分区。如果服务器上面运行着虚拟机，而每台虚拟机都各自形成一个分区，就会出现这种情况。此外，键值数据库本身也可以在一台服务器上面运行分区软件的多个实例。

分区键就是决定数据值应该保存到哪个分区所用的键。对于键值数据库来说，每个键都会用来决定与之相关的值应该存放在何处。某些情况下，仅依靠键本身，可能无法实现负载均衡。此时，应使用哈希函数，它能够把一套分布不均匀的键名映射成另外一套分布较为均衡的键名。

### 3. 键值数据库的架构

1）集群

集群（Cluster）是一系列相互连接的计算机，这些计算机彼此之间可以相互配合，以处理相关的操作。集群可以是松散耦合的，也可以是紧密耦合的。在松散耦合的集群中，各台服务器相对独立，它们只需要在集群内进行少量的通信就可以各自完成很多任务。而在紧密耦合的集群中，服务器之间会频繁地进行通信，以便完成一些需要紧密协作才可以实现的操作或计算。键值数据库集群一般是松散耦合的。

在松散耦合的集群中,每台服务器(也称为节点)可以把自己所要处理的数据范围分享给其他服务器,也可以定期给其他服务器发送消息以判断哪些服务器是否还在正常运作。这种互相传送消息的做法可以检测出发生故障的服务器节点。当某节点出现故障时,其他节点可以把故障节点的工作量承揽过来,以便响应用户的请求。

集群可能会设立一个主节点,也可能是无主式的。在集群设立主节点的情况下,主节点会负责执行读取操作及写入操作,也会负责把数据副本复制到各个从节点之中。从节点只受理读取请求。如果主节点发生故障,那么集群中的其他节点会选出新的主节点。若从节点发生故障,则集群中的其他节点仍然照常受理读取请求。而在无主式集群中,所有节点都可以支持读取操作及写入操作。如果其中某节点出现故障,那么其他节点会分担该节点所需处理的读取和写入请求。

2) 环

无主式集群中的每个节点都负责管理某一组分区。有一种安排分区的方式叫作环状结构。

环(Ring)是一种排布分区所用的逻辑结构。在环状结构中,每一台服务器或运行在服务器上的每一个键值数据库软件实例,都会与相邻的两台服务器或实例相连接以构成环形。每台服务器或实例均要负责处理某一部分数据,至于具体该处理哪一部分数据则是根据分区键来划分的。环状结构有助于简化一些原本较为复杂的操作。例如,当系统把某项数据写入一台服务器之后,它可以再将此数据写入与该服务器相连的另外两台服务器,使得键值数据库的可用性得以提升。

3) 复制

复制(Replication)是一个向集群中存储多份副本的过程,数据库系统可以通过复制来提升可用性。在复制过程中,需要考虑的一个因素是副本的数量。副本越多,损失数据的可能性就越小,但副本若是过多,性能则有可能下降。如果很容易就能重新生成数据,并将其重新载入键值数据库,那么可能会考虑使用少量的副本;但当不允许数据丢失时,则应该考虑增加副本的数量。

使用某些 NoSQL 数据库时,开发者可以指定系统必须在写入了多少个副本之后才算完成写入操作,这里的完成是站在发出写入请求的那个应用程序的角度来说的。例如,可以配置数据库,令其存放三份副本,并且规定当其中两份副本写好之后,写入操作就算成功,系统也就可以把返回值传给发出请求的应用程序了。这时,系统依然会把数据写入第三份副本,但此时应用程序则可以去做其他事情了。

读取时,也要考虑副本的数量。由于键值数据库一般都不保证会执行两阶段提交,为了使应用程序尽量不读到旧的、过期的数据,可以规定系统必须从多少节点中获得相同的应答数据之后,才可以把这个数据返回给发出读取请求的应用程序。

**4. 键值数据库的优缺点**

1) 优点

(1) 简洁。键值数据库使用了功能极其简单的数据结构,用到的只是增加和删除操作,不需要设计复杂的数据模型,也不需要为每个属性指定数据类型。在键值数据库中动态添加数据时,不需要修改原有数据库的定义。由于键值数据库使用的数据模型非常简单,因此操作数据所需的代码写起来也非常容易。如果想操作某个键值对,只需向键值数据库提供键名,数据库就会返回与该键相关联的值。

(2)高速。由于使用了简单的关联数组作为数据结构,又为提升操作速度进行了一些优化,因此,键值数据库能够应对高吞吐量的数据密集型操作。

键值数据库既可以利用 RAM 实现快速的写入操作,又可以利用磁盘实现持久化的数据存储。程序如果修改了与某个键相关联的值,那么键值数据库就会更新 RAM 中的相应条目,然后向程序发送消息,告知该值已经更新。程序可以继续进行其他操作。当程序在执行其他操作时,键值数据库可以把最近更新的值写入磁盘之中。从应用程序更新该值起,至键值数据库将其存储到磁盘中为止,这中间只要不发生断电或其他故障,新值就可以顺利地保存到磁盘里面。

由于数据库的大小可能会超过内存容量,因此键值数据库必须设法对内存中的数据进行管理。对数据进行压缩,可以提升内存中所能保留的数据量。当键值数据库得到一块内存之后,数据库系统有时需要先释放这块内存中的某些数据,以便存储新数据的副本。有很多算法可以用来决定数据库所应释放的数据,其中最常用的一种为 LRU(Least Recently Used,最近最少使用)算法。

(3)易于缩放。键值数据库是高度可区分的,并且允许以其他类型的数据库无法实现的规模进行水平扩展。键值数据库能够在尽量不影响操作的情况下进行缩放,以应对 Web 应用程序和其他大规模应用程序的需求。可缩放性就是在服务器集群中根据系统的负载量,随时添加或移除服务器的能力。在对数据库系统进行缩放时,数据库对读取操作和写入操作的协调能力是一项很重要的性质。键值数据库可以采用不同的方式来针对读取操作和写入操作进行缩放。

2)缺点

(1)对值进行多值查找的功能弱。键值数据库在设计之初就以键为主要对象进行各种数据操作,包括查找功能,而对值直接进行操作的功能很弱。

(2)缺少约束,更易出错。键值数据库不用强制命令预先定义键和值所存储的数据类型,那么在具体业务使用过程中,原则上值里什么数据都可以存放,甚至放错了都不会报错。这在某些应用场景上很致命,容易引起代码编写混乱,也给后续的软件系统的代码维护带来了麻烦。

(3)不容易建立复杂关系。键值数据库的数据集,不能像传统关系数据库那样建立复杂的横向关系,键值数据库局限于两个数据集之间的有限计算,如 Redis 数据库里做交、并、补集运算。

## 4.2.2 列族数据库设计思想

### 1. 列族数据库

1)列族数据库的由来

针对大规模的数据量,关系数据库可以通过由几台大型服务器所构成的群组来应对,但这样做的成本太高;键值数据库虽然可以适应这种规模的数据量,并把经常同时用到的数据存放在一起,但它却没有把多个列划分成组的机制;文档数据库或许能够应对如此庞大的数据,但又缺少管理大规模数据所需的一些特性,如与 SQL 相仿的查询语言等。

Google、Facebook 和 Amazon 等公司都面临应对超大型数据库的挑战。2006 年，Google 发表了一篇题为 *BigTable*：*A Distributed Storage System for Structed Data* 的论文，设计了一种新型的数据库，用于 Web 索引、Google 地图及 Google 财经等大型服务，列族数据库就此产生。由此，BigTable 成为了实现超大规模 NoSQL 数据库的样板，之后又产生了诸如 Cassandra、HBase 等其他的列族数据库。

2）BigTable

列族数据库是可缩放性较高的一类数据库，它们允许开发者灵活地变更列族中的各列，也提供了高度的可用性。在某些情况下，甚至还具备跨越多个数据中心的可用性。

Google 设计的 BigTable 的核心特性主要包括以下 5 点。

（1）动态控制列族中的各列。

列族把经常同时用到的数据项归为一组。对于同一行来说，不同的列族在磁盘中的存储位置有可能相邻，也有可能不相邻，然而列族内的各列会保存在一起。

在数据结构定义方面，BigTable 采取了折中做法。数据建模者必须在实现数据库之前定义好列族，但开发者可以在某个列族内部动态地定义列。使用列族数据库时，不需要更新与模式有关的定义信息。从开发者的角度来看，列族数据库类似于关系型表格，而列则相当于键值对。列族和动态列使得数据库的建模者可以先定义好一套宽泛的结构（也就是列族），而不需要提前把属性值的各种详细变化情况都了解清楚，而后可以根据实际需要在列族中添加相应的列。

（2）按照行标识符、列名和时间戳定位数据值。

在 BigTable 中，数据值是根据行标识符、列名和时间戳来定位的。行标识符类似于关系数据库的主码，它只与特定某一行相关联。列族数据库中的行可以有多个列族，这与面向行的关系数据库是不同的。在关系数据库中，同一行内的所有数据值都会存放在一起，而列族数据库只会把行中的某一部分数据存放在一起。

通过行标识符可以确定数据位于列族数据库中的哪一行，通过列名可以唯一地确定与之对应的那一列，通过时间戳来管理列值的各个版本。用户把新值插入 BigTable 数据库之后，旧值并不会被覆盖。数据库会给新值打上时间戳，而应用程序则通过时间戳来判定列值的最新版本。同一列的值可以有多个版本，在查询列值时，数据库默认返回最新版本。

（3）控制数据的存储位置。

获取数据的速度与数据在磁盘中的存储位置有关。有一些数据库查询请求可能会使数据库管理系统从磁盘中的多个不同位置来获取数据块，这将导致数据库管理系统必须先等磁盘旋转到合适位置并且等待读写头就位，然后才能去读取对应的数据块。

为避免从磁盘中的不同位置读取多个数据块，一种办法是把经常用到的数据保存得近一些。列族正是用来满足这一需要的，它能够把其中的各列保存在持久化存储区中的相近位置上，使得程序只读取一个数据块就有可能获取到处理查询请求所需的全部数据。

（4）行内读取和写入操作都是原子操作。

BigTable 的设计者把读取与写入操作都实现成原子操作，而不考虑读取或写入的具体列数。这就意味着，在读取一组列值时，要么全部读到每一列的值，要么任何一列的值都读不到。原子操作不可能返回只完成了一部分的结果。

（5）按顺序维护数据行。

BigTable 会按照某种顺序来维护各行数据，如时间顺序，使得可以非常方便地进行范围查询。比方说，表示销售记录的那些数据行可以按照日期来排序，这样，如果要获取过去一周内的销售记录，数据库就可以直接把相关的记录拿出来，而无须先对表格中的大量数据进行排序或使用依照日期编制的辅助索引来进行查找。

一张表格只能依照一种顺序来排列，所以必须谨慎选择排列方式。BigTable 提供了一种可以在常见的硬件上面应对 PB 级数据的数据管理系统，这种设计在数据建模的特性与应对数据量变化的能力之间进行了权衡。

**2. 列族数据库的基本组件**

1）键空间

键空间（Keyspace）是列族数据库的顶级数据结构，这是因为开发者所创建的其他数据结构都要包含在键空间里面。键空间在逻辑上能够容纳列族、行键以及与之相关的其他数据结构，它类似于关系数据库的模式，如图 4-12 所示。一般来说，应该为每个数据库应用程序都设计键空间。

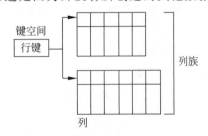

图 4-12 键空间与行键

2）行键

行键（Row Key）用来分辨列族数据库中各个数据行的身份，是确定数值存储顺序的一个组件。它的用途与关系数据库中的主码类似。

除了能够辨明数据行的身份之外，行键还可以用来对数据进行分区和排序。在 HBase 数据库中，各数据行是按照行键的词典顺序来保存的，可以把词典顺序理解成是由字母表顺序及非字母的字符顺序所构成的一套排序标准。在 Cassandra 数据库中，各数据行的存储顺序由一个称为分区器的对象来决定，默认使用的是随机分区器。这种分区器会把数据行随机地分布在各节点之中。Cassandra 也提供了能够保留顺序的分区器（保序分区器），它可以按照词典顺序来安排各数据行的存储次序。

3）列

列（Column）是数据库用来存放单个数值的数据结构，列名、行键及版本组合起来可以唯一地标识某个值。列由列名、时间戳（或其他形式的版本戳）和列值 3 部分组成。列名与键值对中的键一样，也用来引用相关的值。时间戳或其他形式的版本戳是一种对列值进行排序的手段。系统在更新某列的列值时，会把新值插入数据库，同时也会把一个时间戳或其他形式的版本戳与新值一起保存到列名之下。版本控制机制使得数据库既能在同一个列中存放多个列值，又能迅速地找出其中最新的那个列值。不同的列族数据库会使用不同类型的版本控制机制。

不同的列族数据库会采用不同的方式来表示列值，有些列族数据库只是把列值简单地表示成字节串，由于不需要验证数值类型，这样的表示方式可以尽量降低数据库的开销。HBase 采用的就是这种方式。其他一些列族数据库可能会支持整数、字符串、列表以及映射等数据结构。Cassandra 的查询语言（CQL）提供了将近 20 种不同的数值类型，值所占据的长度也可以各不相同。例如，数据库中的某个值可能是像 12 这样的简单整数，而另一个值则可能是高度结构化的 XML 文档等复杂对象。

列是列族数据库的成员。数据库设计者在创建数据库时会定义列族。定义好列族之后,开发者可以随时向其中添加新列。

4) 列族

列族(Column Family)是由相关的列所构成的集合。经常需要同时使用的那些列应该放到同一个列族之中。例如,对于客户的地址信息,诸如街道、城市、邮编等就应该合起来放在同一个列族里面。

列族是保存在键空间之中的。每个列族都对应于一个能够辨明其身份的行键。这使得列族数据库的列族看起来与关系数据库的表格有些相似,其实两者之间有着重要的区别。关系数据库的表格中所存放的那些数据不一定非要按照某种预先规定好的顺序来维护,数据行也不像列族数据库的列值那样一定要进行版本控制。

列族数据库的列族与关系数据库都能够存放多个列及多个行,但两者之间还是有着一些重要的区别。例如,列族数据库的各个数据行之间可以有所变化,而不需要像关系数据库那样必须把每一列都填满。关系数据库表格中的列没有列族数据库中的列那样灵活。向关系数据库中添加新列必须修改模式定义,而向列族数据库中添加新列则只需在客户端程序里给出列名即可。例如,可以直接在程序中指定新列的名字,并向其中插入一个值。

### 3. 列族数据库的架构

1) 多种节点组成的架构

HBase 数据库采用多种节点组成的架构,以 Hadoop 作为其底层架构,如图 4-13 所示。

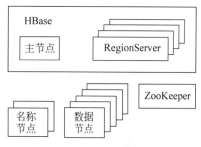

图 4-13　HBase 数据库依赖由多种节点组成的 Hadoop 环境

Hadoop 分布式文件系统(HDFS)使用一套由名称节点和数据节点组成的主从式架构,名称节点用来管理文件系统,并提供中心化的元数据管理功能;而数据节点则用来存储实际数据,并根据管理者所配置的参数来复制相关的数据。

ZooKeeper 是一种节点类型,这种节点维护了一份共享的分层命名空间,能够协调 Hadoop 集群中的各节点。RegionServer 是用来管理 Region 的一种实例,而 Region 则是 HBase 数据库用来存储表格数据的单元。每一台 RegionServer 应该能运行 20～200 个 Region,每个 Region 应该保存 5～20GB 的表格数据。主服务器用来监控 RegionServer 的运作。

当客户端设备需要对 HBase 中的数据执行读取或写入操作时,它可以从 ZooKeeper 服务器中查出另一台服务器的名称,那台服务器上面保存着与相关的 Region 在集群中的存储位置有关的信息。客户端可以把这份信息缓存起来,这样下次就不用再向 ZooKeeper 查询这些细节了。有了此信息后,客户端会与存放相关 Region 信息的那台服务器相通信。如果要执行的是读取操作,则向那台服务器询问与给定的行键有关的数据保存在哪一台服务器中;若执行写入操作,则询问与行键相关联的新数据应该由哪一台服务器负责接收。

这种架构方式的一个优点是,可以针对特定类型的任务来部署每一台服务器并对其进行调节。比方说,可以专门为充当 ZooKeeper 的那台服务器设定一份特殊的配置。同时,这种架构方式也要求系统管理员必须维护多份配置,并且要根据具体的服务器来分别调整每一份配置。

2) 对等节点组成的架构

Cassandra 数据库采用对等节点组成的架构,如图 4-14 所示。与 HBase 类似,Cassandra 也是一种具备高度可用性、可缩放性及一致性的数据库。但是 Cassandra 的架构方式却与 HBase 不同,它并不使用由功能固定的服务器所组成的层级结构,而是采用对等模型架构。所有的 Cassandra 节点都运行同一种软件,不过每一台服务器可以向集群提供不同的功能。

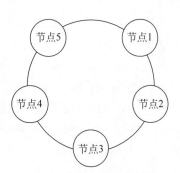

图 4-14　Cassandra 数据库采用
对等节点组成的架构

对等架构方式最大的优点就是简洁。由于每节点都不会成为系统中的故障单点,因此这种集群缩放起来非常方便,只需向其中添加服务器或从中移除服务器即可。集群中的服务器会与其他每一台服务器相通信,所以新加入的节点最终也会分配到一套待管理的数据。而移除某节点之后,由于其他服务器上面还存有数据副本,因此那些服务器依然可以继续响应针对这些数据的读取及写入请求。

由于对等网络中并没有一台主服务器来负责协调,因此集群里的每一台服务器都要能够执行本来应该由主服务器所处理的一些操作(通过相关的协议实现)。例如,共享与集群中各台服务器的状态有关的信息、确保节点拥有最新版本的数据,以及如果接收写入数据的那台服务器出现故障,要确保这些数据依然能够存储到数据库中。

3) 依照 Gossip 协议传播各服务器状态

为分享集群中各台服务器的状态,每台服务器只需向集群中的其他服务器发出 ping 命令,或请求其他服务器给出更新后的状态信息即可。但如果每台服务器都要轮番查询集群里的其他服务器,那么网络中的流量就会急速增大,而每台服务器与其他服务器相互通信所花的时间也会迅速增加。

考虑下面的情况。如果集群中只有两台服务器,那么每台服务器只需向另一台服务器发出一条信息查询请求,并接收后者传回来的信息即可,此时整个集群中只需交换两条消息。添加了第 3 台服务器之后,这些服务器为了获知其他节点的状态,彼此之间一共要交换 6 条消息。如果服务器数量增加到 4 台,那么所要交换的消息数量就会增加到 12 条。集群中的消息数量是服务器数量的函数。如果集群里有 $N$ 台服务器,那么为了使每台服务器都得知其他服务器的最新状态,一共要交换 $N \times (N-1)$ 条消息。如果每两台服务器之间都必须传递一条消息,那么当集群中添加了新服务器之后,所要传递的消息总数就会迅速增加。

一种更为高效地分享状态信息的方法是,让每台服务器在发送信息时,不仅把自身的状态信息发送出去,而且还把它所知道的其他服务器的状态信息也一起发送出去。这样的话,这一组服务器就可以作为一个整体来与另外一组服务器分享信息了。

Cassandra 的 Gossip 协议的运作流程如下。

(1) 集群中的某节点发起会话,与随机选取的另一节点进行交谈。

（2）发起会话的这个节点向目标节点发送一条起始消息。

（3）目标节点回复一条确认消息。

（4）起始节点收到由目标节点回复的确认消息之后，再向目标节点发送一条最终确认消息。

在交换消息的过程中，每台服务器都可以收到其他服务器所收集到的状态信息，此外，其中也会包含版本信息。有了版本信息，交换的双方就可以判断出在这两份与某台服务器状态有关的数据之中哪一份才是最新的数据。

4）分布式数据库的反熵操作

熵用来表达系统或物体的混乱及失序程度（或者称为一个系统不受外部干扰时往内部最稳定状态发展的特性）。数据库，尤其是分布式数据库，也容易产生某种形式的熵（信息熵）。当数据库中的数据不一致时，信息熵就会增加。

Cassandra 使用一种反熵算法来修正副本之间的不一致现象，从而提升数据的有序程度。当某台服务器开始与另一台服务器进行反熵会话时，它会发送一种名为 Merkle 树或哈希树的数据结构，该结构是根据列族内的数据计算出来的。收到该结构的那台服务器也会根据自己所拥有的那份列族数据，计算出这样一个哈希结构，所以能够较为迅速地完成反熵操作。如果这两份哈希结构彼此无法匹配，那么服务器就会从两份数据之中找出较新的那一份，并用它把旧的数据替换掉。

5）使用提示移交机制保留与写入请求信息

Cassandra 集群的一项特色是可以很好地应对写入密集型应用程序，其部分原因在于，即便本应处理写入请求的那台服务器出现故障，整个系统也依然能够持续接收写入请求。Cassandra 集群中的每个节点都可以处理客户发出的请求。由于所有节点都知道集群的状态信息，因此它们均可以充当客户端的代理人，把客户端的请求转发给集群中的适当节点。

启动了提示移交机制之后，数据库会把与写入操作有关的信息存放在代理节点上面，并且定期检查发生故障的那个节点处于何种状态。如果那个节点已经恢复正常，那么代理节点就把与写入操作有关的信息移交给刚刚恢复的那个节点。

列族数据库采用的这种架构具有极大的可伸缩性，然而部署和管理起来却有一定的困难。因此，一方面固然要根据需求来选择合适的数据库，但另一方面也要尽量降低管理和开发的难度，并减少运行数据库所需的计算机资源量。

### 4. 列族数据库的适用场景

列族数据库适合用在那些需要部署大规模数据库的场合，这时所使用的数据库需要具备较高的写入性能，并且要能在大量的服务器及多个数据中心上面运作。Cassandra 采用支持提示移交机制的对等架构，这意味集群中只要有一节点能正常运行并通信，整个数据库就可以接收写入请求。因此，像社交网站等写入操作较多的应用程序，很适合使用列族数据库来管理数据。但如果要开发的写入密集型程序同时还需执行数据处理事务，那么列族数据库恐怕就不是最佳方案了。此时可以考虑采用混合技术来使用一种支持 ACID 事务的数据库，如关系数据库或是 FoundationDB 这样的键值数据库。列族数据库适合用在需要以大量服务器来应对网络负载的环境之中，如果只需要一台或几台服务器就能满足性能方面的需求，那么键值数据库、文档数据库，甚至关系数据库，可能都会比列族数据库更为合适。

## 4.2.3　文档数据库设计思想

### 1. 需求背景

随着互联网的发展,社交网站等越来越普及,而随着用户量不断壮大,每个用户的使用方式或者发布的内容类型都不尽相同,如有人发布风景照片或者剪短的视频,有人发布对时事的评论等,使得半结构化、非结构化数据的数据量剧增。关系数据库从20世纪70年代发展至今,虽然功能日趋完善,但对数据类型的处理只局限于数字、字符等,对多媒体信息的处理只是停留在简单的二进制代码文件的存储。然而随着用户应用需求的提高、硬件技术的发展和互联网提供的多彩的多媒体交流方式,人们发现关系数据库的许多限制和不足,迫切需要数据库来处理海量的声音、图像、时间序列信号和视频等复杂数据。

在这个背景下,文档数据库应运而生。面对复杂多变的数据,使用文档模型就直接保留了原有数据的样貌,不需要另外创建新的表、新的操作模式来处理,这样不仅存储直接快速,以后调用时也可以做到"整存整取"。在传统关系数据库中,需要尽可能地使数据标准化。而在NoSQL中,则是可以尽可能地对数据"去标准化"。

### 2. 文档数据库基础

1) 什么是文档数据库

从1989年起,Lotus通过其群件产品Notes提出了数据库技术的全新概念——文档数据库。在传统的数据库中,信息被分割成离散的数据段,而在文档数据库中,文档是处理信息的基本单位。一个文档可以类似于字处理文档,可以很长、很复杂、无结构。一个文档也相当于关系数据库中的一条记录。简单来说,一个文档数据库实际上是一系列文档的集合,而这些文档之间并不存在层次结构。数据库中的文档彼此相似,但不必完全相同。

文档数据库与20世纪50~60年代管理数据的文件系统不同,文档数据库仍属于数据库范畴。首先,文件系统中的文件基本上对应于某个应用程序。当不同的应用程序所需要的数据有部分相同时,也必须建立各自的文件,而不能共享数据,而文档数据库可以共享相同的数据。因此,文件系统比文档数据库数据冗余度更大,更浪费存储空间,且更难以管理和维护。其次,文件系统中的文件是为某一特定应用服务的,所以,要想对现有的数据再增加一些新的应用是很困难的,系统不容易扩充。数据和程序缺乏独立性,而文档数据库具有数据的物理独立性和逻辑独立性,数据和程序分离。

文档数据库也不同于关系数据库,关系数据库是高度结构化的,而文档数据库允许创建许多不同类型的非结构化的或任意格式的字段。与关系数据库的主要不同在于,文档数据库不提供对参数完整性和分布事务的支持,但它和关系数据库也不是相互排斥的,它们之间可以相互交换数据,从而相互补充、扩展。

2) 文档数据库的数据结构

文档是文档数据库中的主要概念,其格式可以是XML、JSON、BSON、YAML等。文档是一种灵活的数据结构,不需要预先定义好模式,而是可以灵活地适应结构上的变化。文档以键值对的形式存储数据。文档中的键用字符串表示,是用来查询值的唯一标识符;文档中的值可以是基本的数据类型,如数字、字符串、布尔,也可以是结构更为复杂的数据类型,如数组、对象。文档中既包含结构信息,又包含数据。键的名称表示某项属性,而值则表示赋予该属性的数据。定义文档时,JSON是常见的格式。

嵌入式文档是一类特殊的文档。在文档数据库中,可以更加灵活地存储数据,这种灵活程度一般要高于关系数据库。关系数据库的连接操作把两张大表格连接起来比较耗时,并且需要执行大量的磁盘读取操作,而文档数据库可以在一份大的文档中嵌入一些小文档,这使得文档数据库不用再通过一张表格中的外键来查找另外一张表格中的相关数据。

一组相关的文档可以构成一个集合,类似于关系数据库中的表格。集合内的文档通常都与同一个主题实体有关,这个实体可以指员工、产品、记录的事件或客户的概要信息。尽管毫不相关的文档也可以放在同一个集合内,但不建议这样做。

**3. 文档数据库存储架构**

JSON与BSON是目前两种热门的文档存储格式。

1) JSON

JSON(JavaScript Object Notation)是一种基于JavaScript语言的轻量级的数据交换格式。它使人们可以很容易地进行阅读和编写,同时也方便了机器进行解析和生成。采用的是完全独立于编程语言的文本格式来存储和表示数据。

JSON基于如下两种结构。

(1)"名称/值"对的集合。不同的编程语言中,它被理解为对象(Object)、记录(Record)、结构(Struct)、字典(Dictionary)、哈希表(Hash Table)、有键列表(Keyed List),或者关联数组(Associative Array)。

(2)值的有序列表。在大部分语言中,它被实现为数组(Array)、矢量(Vector)、列表(List)、序列(Sequence)。

JSON具有以下形式。

对象是一个无序的"'名称/值'对"集合。一个对象以"{"开始,以"}"结束。每个"名称"后跟一个":","'名称/值'对"之间使用","分隔,如图4-15所示。

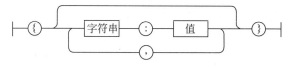

图4-15 对象

数组是值的有序集合。一个数组以"["开始,以"]"结束。值之间使用","分隔,如图4-16所示。

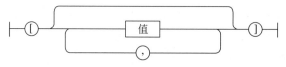

图4-16 数组

值可以是双引号括起来的字符串、数值、对象、数组、true、false、null,如图4-17所示。这些结构可以嵌套。

字符串是由双引号包围的任意数量Unicode字符的集合,使用反斜线转义。一个字符即一个单独的字符串。

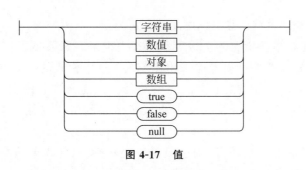

图 4-17 值

2）BSON

BSON 源于 JSON（Binary Serialized Document Format），含义为二进制的 JSON。BSON 主要被用作 MongoDB 数据库中的数据存储和网络传输格式。BSON 在数据访问的性能上有很大的提升。JSON 遍历时需要对文档进行扫描读取数据，进行括号等数据结构的匹配。而 BSON 将每一个元素的长度存在元素的头部信息中，这样基于读取到的元素长度经过计算就能直接定位到指定的内容上进行读取，数据访问效率更高。另外相比 JSON 的数据类型，BSON 更加丰富。例如，Date 和 BinData 能大大减少计算开销和数据大小，其操作步骤也更加简单。当然，有的时候，相对 JSON 来说，BSON 会占用更多的空间，如"｛"field":7｝"，JSON 存储 7 只用 1 字节，而 BSON 如果采用 32 位整型数，则需要 4 字节。

**4. 文档数据库建模**

一对多关系、多对多关系以及层级关系是文档数据库里经常见到的 3 种关系。如何在文档数据库中高效地实现这些关系，以令程序能够更好地处理查询请求并更加方便地维护文档是关键的问题。

1）一对多关系

如果某实体的一个实例与另一个实体的一个或多个实例相关联，那么它们之间就具备一对多的关系，如一个组织内可以有多个部门。在设计文档数据库时，用嵌套的方式来表示一对多关系中的两个实体。

一对多关系中，表示"一"的那种实体相当于文档数据库中的主文档，而表示"多"的那种实体则由嵌入式文档所构成的数组来表示，这就是一对多关系的基本建模形式。主文档中的字段用来描述前一种实体，嵌入式文档中的字段用来描述后一种实体。

2）多对多关系

如果两个实体的实例都可以各自与另一个实体的多个实例相关联，那么它们之间就具备多对多的关系，如一名学生可以学习多门课程，而同一门课程也可以有多名学生来学习。

多对多的关系采用两个集合来建模，每个集合表示一种实体。每个集合内的文档都会维护一份标识符列表，其中的各个标识符分别指向另外一个实体的相关实例。更新多对多的关系时，一定要注意正确更新两个实体的实例。另外，要记住文档数据库与关系数据库不同，它不会捕获与引用完整性有关的错误。

3）层级关系

层级关系用来描述实体实例间的上下级关系或整体与部分的关系。层级关系有几种不同的建模方式，每种方式都适合用来应对特定的查询类型。

一种简单的办法是使用指向父节点或子节点的引用。可以采用指向父节点的引用来为数据进行建模,以描述这些产品类别之间的关系。

另外一种建模方式是把所有的上级节点全都列出来。如果必须获知层级体系中任意一节点到根节点的路径,那么可以考虑采用此模式。这种模式的好处在于,只需一次读取操作就可以获得从当前节点到根节点的完整路径。而前面讲到的那两种模式则需执行许多次读取操作,每次都要沿着指向父节点或子节点的引用在层级体系中上移或下移一层。

当然这种模式的缺点也很明显,当层级发生变化时,可能需要执行许多次写入操作。发生变化的地点距离根节点越近,所要更新的文档数量就越多。

**5. 文档数据库分片**

分布式数据库的核心技术就是数据分片。如果把大批用户或负载量都压在一台服务器上,会给其 CPU、内存和带宽带来沉重的负担。解决此问题的一种办法是给该服务器装配更多的 CPU、更多的内存和更大的带宽。这种办法称为垂直缩放。与分片技术相比,它需要耗费更多的资金和精力,而分片技术则能够将数据切分成多个区域放到不同的服务器上,从而缓解单一服务器的性能问题。

数据库必须选取一个分片键(分片字段)和一种分片算法。分片键指定了将文档划入各个分片时所依据的值。分片算法把分片键作为输入数据,并据此决定与该键相对应的区域。

1) 分片键

分片键(分片字段)是集合中所有文档都具备的一个或多个用来划分文档的键或字段。文档内的任意原子字段都可以充当分片键,例如,日期、地理位置、类别等。

2) 分片算法

分片算法有很多,这里只列举几种较为常用的方法。

(1) 范围分片。

范围分片指基于给定值的范围进行数据分片。这类方法适用于分片键的值可以构成有序集。例如,选取文档中日期字段作为分片键,根据该字段将文档分到 12 个月份对应的区域当中。

(2) 哈希分片。

哈希分片指对分片键使用哈希函数进行分片。各区域的数据分布更加均衡。在哈希之后,拥有比较"接近"的片键的文档将不太可能会分布在相同的数据库或者分片上。比如,对于包含 10 台服务器的集群来说,它所使用的哈希函数应该能均匀地生成 1~10 的值,使得分布在这 10 台服务器中的文档数量大致相同。

## 4.2.4 图数据库设计思想

**1. 图数据库需求背景**

随着社交、电商、金融、零售、物联网等行业的快速发展,现实社会织起了一张庞大而复杂的关系网,例如,社交网络、知识图谱、舆论追踪、用户推荐等。数据之间的关系随数据量呈几何级数增长,而传统的关系数据库很难高效地处理复杂的关系运算。也正是在这种背景下,图数据库被提出。

**2. 图数据库基础**

1) 什么是图数据库

图数据库是 NoSQL 数据库的一种类型,理论基础是欧拉理论和图理论,也可称为面向/基于图的数据库。图数据库是以点、边为基础存储单元,以高效存储、查询图数据为设计原理的数据管理系统,可以对图数据模型进行创建、读取、更新和删除操作。

在图数据库中,数据间的关系和数据本身同样重要,它们被作为数据的一部分存储起来。这样的架构使图数据库能够快速响应复杂关联查询,因为实体间的关系已经提前存储到了数据库中。图数据库可以直观地可视化关系,是存储、查询、分析高度互联数据的最优办法。

图数据库主要应用为 OLTP,针对数据做事务(ACID)处理。

2) 图数据库术语

(1) 顶点。

顶点也称为点、节点,用来表示各种事物,例如,学生、教室等。每个顶点具有自己的属性,如学生的学号、姓名、年龄等。

(2) 边。

在图数据库中,边又称为弧,用来表示实体与实体之间的关系。边也可以具备属性,如在家族图数据库中,边的属性可以用来表示婚姻关系、辈分关系等。同时,边可以分为有向边和无向边。根据边的类型,可以将图分为有向图和无向图。在无向图中,连接两节点的边具有单一含义。在有向图中,连接两个不同节点的边,根据它们的方向具有不同的含义。边是图数据库中的关键概念,是图数据库独有的数据抽象概念。

(3) 路径。

多个相连的边(包括边连接的点)构成的一个序列称为一条路径。如果图是有向的,那么这种路径就称为有向路径;如果图是无向的,则称为无向路径。

(4) 单边图与多边图。

在图中,任意两个顶点间只能存在一条边的情况在图论中的定义为单边图(Simple-Graph),可以存在多条边的情况为多边图(Multi-Graph)。要更自然地表达真实的世界,显然是需要多边图的。否则,就需要制造大量的实体和没有太多意义的关联边来构图。

(5) 原生图与非原生图数据库。

在原生图数据库中,数据对象/实体被保存为节点,它们之间的关系则以连接地址的形式也保存在物理存储中。因此,在遍历关系时,原生图数据库中只要找到起始节点、读取节点的邻接边就可以访问该节点的邻居;而无须像关系数据库那样需要执行昂贵的连接操作,系统开销大大减少、执行效率极大提升。

与原生图数据库相对应的是"非原生"或者"多模式"图数据库。这些数据库支持图的表示和遍历,查询语言常采用 Gremlin 或者类似 SQL 的语言;其底层物理存储则是键值对,或者是基于列的存储。

(6) GQL。

GQL(Graph Query Language)即图数据库查询语言。

**3. 图数据库模型**

图数据库使用图模型来操作数据。目前使用的图模型有 3 种,分别是属性图(Property

Graph)、资源描述框架(RDF)三元组和超图(Hyper Graph)。现在较为知名的图数据库主要是基于属性图,更确切地说是带标签的属性图(Labeled-Property Graph)。

1)属性图

属性图是由顶点(Vertex)、边(Edge)、标签(Label)关系类型以及属性(Property)组成的有向图。顶点也称为节点(Node),边也称为关系(Relationship)。在图形中,节点和关系是最重要的实体。

所有的节点是独立存在的,为节点设置标签,那么拥有相同标签的节点属于同一个集合。节点可有零个、一个或多个标签。

关系通过关系类型来分组,类型相同的关系属于同一个集合。关系是有向的,关系的两端是起始节点和结束节点,通过有向的箭头来标识方向,节点之间的双向关系通过两个方向相反的关系来标识。关系必须设置关系类型,并且只能设置一个关系类型。

2)RDF

大部分知识图谱使用RDF(Resource Description Framework,资源描述框架)描述世界上的各种资源,并以三元组的形式保存到知识库中。RDF 是一种资源描述语言,它受到元数据标准、框架系统、面向对象语言等多方面的影响,被用来描述各种网络资源,其出现为人们在 Web 上发布结构化数据提供一个标准的数据描述框架。

RDF 图数据模型主要是由以下两部分组成的。

(1)节点:对应图中的顶点,可以是具有唯一标识符的资源,也可以是字符串、整数等有值的内容。

(2)边:节点之间的定向连接,也称为谓词或属性。边的入节点称为主语,出节点称为宾语,由一条边连接的两节点形成一个主语-谓词-宾语的陈述,也称为三元组。边是定向的,它们可以在任何方向上导航和查询。

如图 4-18 所示,最顶部的方框表示网络资源 http://www.yahoo.com/,下面的两个方框表示两个属性关系,一个是"资源作者 = Yahoo! 公司",另一个是"资源名称=Yahoo!首页"。

RDF 模型在顶点和边上没有属性,只有一个资源描述符,这是 RDF 与属性图模型间最根本的区别。在 RDF 中每增加一条信息都要用一个单独的节点表示。例如,在图中给表示人的节点添加姓名,

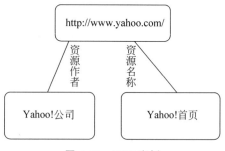

图 4-18 RDF 实例

在属性图中只需要在节点添加属性即可,而在 RDF 中必须添加一个名字的单独节点,并用 hasName 与原始节点相连。

3)超图

对人们所熟悉的图而言,它的一条边只能连接两个顶点;而对超图,人们定义它的一条边可以和任意个数的顶点连接,如图 4-19 所示。

因此,超图算是一种广义的图。

对于超图而言,还有一个 K-均匀超图的概念(K-Uniform Hyper Graph)。它指超图的

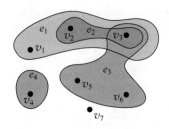

$$X=\{v_1,v_2,v_3,v_4,v_5,v_6,v_7\}$$
$$且 E=\{e_1,e_2,e_3,e_4\}=\{\{v_1,v_2,v_3\},\{v_2,v_3\},\{v_3,v_5,v_6\},\{v_4\}\}$$

**图 4-19 超图示例**

每个边连接的顶点个数都是相同的,即为个数 $K$。所以 2-均匀超图就是传统意义上的图,3-均匀超图就是一个三元组的集合,以此类推。

**4. 图查询语言**

图数据库这个领域的查询语言目前也没有统一标准,虽然经过国际 SQL 标准委员会投票表决,决定将 GQL 纳为一种新的数据库查询语言,但 GQL 的制定仍需要一段时间,目前较为流行的图查询语言是 Gremlin、Cypher 等。

1) Gremlin

Gremlin 是 Apache TinkerPop 框架下的图遍历语言。Gremlin 可以是声明性的也可以是命令性的。Gremlin 是一种函数式数据流语言,可以使用户使用简洁的方式表述复杂的属性图的遍历或查询。每个 Gremlin 遍历由一系列步骤(可能存在嵌套)组成,每一步都在数据流(Data Stream)上执行一个原子操作。Gremlin 具有许多语言变体,允许开发人员以 Java、JavaScript、Python、Scala、Clojure 和 Groovy 等许多现代编程语言原生编写 Gremlin 查询。

Cypher 语言要求使用者指定选取顶点时所用的标准,而 Gremlin 语言则要求使用者指定顶点以及遍历规则。Gremlin 允许开发者更加精细地控制查询的执行方式,比如可以选择采用深度优先算法或广度优先算法来进行遍历。

支持图数据库:Janus Graph、InfiniteGraph、Cosmos DB、DataStax Enterprise(5.0+)、Amazon Neptune。

2) Cypher

Cypher 是一个声明式的图查询语言,允许不必编写图形结构的遍历代码,对图形存储有强大表现力和效率的查询。与 SQL 很相似,Cypher 语言的关键字不区分大小写,但是属性值、标签、关系类型和变量是区分大小写的。

可以通过 3 种方式执行 Cypher 语句。

(1) 使用 shell 命令执行 Cypher 查询。

(2) 通过 Web 页面执行 Cypher 语句。

(3) 通过 Java API 传入 Cypher 语句进行执行。

支持图数据库:Neo4j、RedisGraph。

3) 术语对比

Gremlin 与 Cypher 术语对比如表 4-2 所示。

表 4-2　Gremlin 与 Cypher 术语对比

| 术　语 | Gremlin | Cypher |
|---|---|---|
| 点 | Vertex | Node |
| 边 | Edge | Relationship |
| 点类型 | Label | Label |
| 边类型 | Label | RelationshipType |
| 点 ID | vid | id(n) |
| 边 ID | eid | id(r) |
| 插入 | add | create |
| 删除 | drop | delete |
| 更新 | SetProperty | set |

# 思考题

1. 为什么传统关系数据库的一些关键特性在 Web 2.0 时代成为"鸡肋"？简述 NoSQL 数据库产生的原因。

2. 对 NoSQL 数据库与传统关系数据库做对比。

3. 讨论 NoSQL 数据库与关系数据库之间是否会像关系数据库与早期数据管理系统之间那样呈现相互替代的关系。

4. 简述键值数据库、列族数据库、文档数据库和图数据库的适用场合和优缺点。

# 第 5 章

# 键值数据库实例： Redis 与 DynamoDB

## 5.1 Redis

### 5.1.1 Redis 介绍

#### 1. Redis 简介

Redis(Remote Dictionary Server,远程字典服务)是一个由 Salvatore Sanfilippo 编写的键值存储系统,是跨平台的非关系数据库。

Redis 是一个开源的使用 ANSI C 语言编写、遵守 BSD(Berkeley Software Distribution,伯克利软件套件)协议、支持网络、可基于内存也可持久化的日志型键值数据库,并提供多种语言的 API。

目前,Redis 是最受欢迎的 NoSQL 数据库之一。它通常被称为数据结构服务器,因为值可以是字符串(String)、哈希(Hash)、列表(List)、集合(Set)和有序集合(Sorted Set)等类型。

#### 2. Redis 的特点

(1) 读写性能极高。Redis 数据库读写速度非常快,因为把数据都读取到内存当中操作,而且 Redis 是用 C 语言编写的,是最"接近"操作系统的语言,所以执行速度相对较快。读取速度可高达 110 000 次/s,写速度高达 81 000 次/s。

(2) 支持数据持久化。虽然 Redis 数据的读取都存在内存当中,但是最终它支持数据持久化到磁盘当中。

(3) 数据结构丰富。Redis 支持二进制的字符串、哈希、列表、集合和有序集合数据类型操作。一方面满足存储各种数据结构体的需要;另一方面数据类型少,使得规则就少,需要的判断和逻辑就少,这样读写的速度就更快。

(4) 操作具有原子性,支持事务。Redis 的所有操作都是原子性的,同时 Redis 还支持对几个操作合并后的原子性执行。

(5) 支持数据备份。Redis 支持主从复制,主机会自动将数据同步到从机,读写可分离。

### 3. Redis 为什么这么快

(1) 完全基于内存,绝大部分请求是纯粹的内存操作,非常快速。数据存在内存中,类似于 HashMap,HashMap 的优势就是查找和操作的时间复杂度都是 $O(1)$。

(2) 数据结构简单,对数据操作也简单,Redis 中的数据结构是专门进行设计的。

(3) 采用单线程,避免了不必要的上下文切换和竞争条件,也不存在多进程或者多线程导致的切换而消耗 CPU,不用去考虑各种锁的问题,不存在加锁、释放锁操作,没有因为可能出现死锁而导致的性能消耗。

(4) 使用多路 I/O 复用模型、非阻塞 I/O,这里“多路”指的是多个网络连接,“复用”指的是复用同一个线程。

(5) VM 机制。VM(虚拟内存)机制就是暂时把不经常访问的数据(冷数据)从内存交换到磁盘中,从而腾出宝贵的内存空间用于其他需要访问的数据(热数据)。通过 VM 功能可以实现冷热数据分离,使热数据仍在内存中、冷数据保存到磁盘。这样就可以避免因为内存不足而造成访问速度下降的问题。

### 4. Redis 的数据类型

1) 字符串

字符串是 Redis 的最基本的数据类型。字符串类型是二进制安全的,意思是 Redis 的字符串可以包含任何数据(例如,图片或者序列化的对象)。一个 Redis 中字符串最多 512MB。

Redis 中的普通字符串采用原始编码(Raw Encoding)方式,该编码方式会动态扩容,并通过提前预分配冗余空间,来减少内存频繁分配的开销。

在字符串长度小于 1MB 时,按所需长度的 2 倍来分配;超过 1MB,则按照每次额外增加 1MB 的容量来预分配。

Redis 中的数字也为字符串类型,但编码方式跟普通字符串不同,数字采用整型编码,字符串内容直接设为整数值的二进制字节序列。

在存储普通字符串、序列化对象,以及计数器等场景时,都可以使用 Redis 的字符串类型,字符串数据类型对应使用的指令包括 set、get、mset、incr、decr 等。

2) 哈希

Redis 中哈希是一个字符串类型的字段(Field)和值的映射表。哈希特别适合用于存储对象。

Redis 的哈希类型其实就是一个缩减版的 Redis。它存储的是键值对,将多个键值对存储到一个 Redis 键里面。

Redis 内部在实现哈希数据类型时使用了两种数据结构。一种是压缩列表(ziplist),另一种是哈希表。

压缩列表是一个经过特殊编码的双向链表,它不存储指向上一个链表节点和指向下一个链表节点的指针,而是存储上一个节点长度和当前节点长度,通过牺牲部分读写性能,来换取高效的内存空间利用率,是一种时间换空间的思想。

当存储的数据量较小时,Redis才使用压缩列表来实现字典类型。具体需要满足以下两个条件。

(1) 字典中保存的键和值的大小都要小于64字节。

(2) 字典中键值对的个数要小于512。

当不能同时满足上面两个条件时,Redis就使用哈希表来实现哈希类型。

哈希类型比较适合保存结构体信息的,不同于字符串一次序列化整个对象,哈希可以对用户结构中的每个字段单独存储。这样当需要获取结构体信息时可以进行部分获取,而不用序列化所有字段,将整个字符串保存的结构体信息一次性全部读取。

3) 列表

Redis列表(List)是简单的字符串列表,按照插入顺序排序。可以添加一个元素到列表的头部(左边)或者尾部(右边)。

列表的数据结构为快速双向链表。所以列表类型的前后插入和删除速度是非常快的,但是随机定位速度非常慢,需要对列表进行遍历,时间复杂度是$O(n)$。

列表最多可存储 4 294 967 295($2^{32}-1$)个元素,每个列表可存储40多亿元素。

有两种实现方法：一种是压缩列表(ziplist);另一种是双向循环链表。

当列表中存储的数据量比较小时,列表就可以采用压缩列表的方式实现。需要满足以下条件。

(1) 列表中保存的单个数据(有可能是字符串类型的)小于64字节。

(2) 列表中数据少于512个。

不能同时满足上面两个条件时,Redis就使用双向循环链表来实现列表类型。

列表结构常用作异步队列,将需要延后处理的任务结构体序列化成字符串插入Redis的列表,另一个线程从这个列表中轮询数据进行处理。常用于秒杀抢购场景,在秒杀前将本场秒杀的商品放到列表中,因为列表的pop操作是原子性的,所以即使有多个用户同时请求,也是依次进行pop操作,列表空了pop抛出异常就代表商品卖完了。

4) 集合

Redis的集合(Set)是字符串类型的无序集合。集合成员是唯一的,这就意味着集合中不能出现重复的数据。

Redis的集合类型底层实现主要是通过哈希表。不过Redis为了追求极致的性能,会根据存储的值是否满足一定的条件,选择intset数据结构。所满足的条件为：

(1) 存储的数据都是整数。

(2) 存储的数据元素个数不超过512个。

当不能满足上述条件,即存储的数据量较大时,Redis就采用哈希表来存储集合中的数据。

Redis中集合是通过哈希表实现的,所以添加、删除、查找的复杂度都是$O(1)$。

其使用场景也是比较单一的,常用在一些去重的场景里,例如,每个用户只能参与一次活动、一个用户只能中奖一次等去重场景。

5) 有序集合

Redis中的有序集合(Sorted Set)也称为Zset,有序集合同集合类似,也是字符串类型元素的集合,且所有元素不允许重复。

但有序集合中,每个元素都会关联一个 double 类型的分数值。有序集合通过这个分数值进行由小到大的排序。有序集合中,元素不允许重复,但分数值却允许重复。

Redis 有序集合的内部使用哈希映射(Hash Map)和跳跃表(Skip List)来保证数据的存储和有序,哈希映射里存放的是成员到分数值的映射,而跳跃表里存放的是所有的成员,排序依据是哈希映射里存放的分数值,使用跳跃表的结构可以获得比较高的查找效率。

当数据量比较小时,Redis 会用压缩列表来实现有序集合。使用压缩列表来实现有序集合,需要满足以下条件。

(1) 所有数据的大小都要小于 64 字节。

(2) 元素个数要小于 128。

有序集合常用于各类热门排序场景。例如,热门歌曲榜单列表,值是歌曲 ID,分数值是播放次数,这样就可以对歌曲列表按播放次数进行排序。

## 5.1.2 Redis 集群模式

### 1. 主从模式

主从模式包含一个主节点(Master)与一个或多个从节点(Slave),数据的复制是单向的,只能由主节点到从节点,从节点一般只读,如图 5-1 所示。

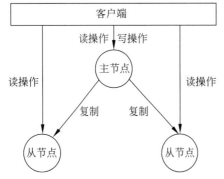

图 5-1 主从模式

1) 主从模式的特点

(1) 数据的复制是单向的,只能由主节点到从节点。

(2) 主节点可以进行读写操作,当数据变化时会自动将数据同步到从节点。

(3) 从节点一般都是只读的,并且接收主节点同步过来的数据。

(4) 一个主节点可以拥有多个从节点,但是一个从节点只能对应一个主节点。

(5) 从节点宕机不影响其他从节点的读和主节点的读和写,重新启动后会将数据从主节点同步过来。

(6) 主节点宕机后,不影响从节点的读,但 Redis 不再提供写服务,主节点重启后 Redis 将重新对外提供写服务。

(7) 主节点宕机后,不会在从节点中重新选一个主节点。

2) 主从模式的工作机制

当从节点启动后,主动向主节点发送 SYNC 命令。主节点接收到 SYNC 命令后在后台保存快照(RDB 持久化)和缓存保存快照这段时间的命令,将保存的快照文件和缓存的命令发送给从节点。从节点接收到快照文件和命令后加载快照文件和缓存的执行命令。

复制初始化后,主节点每次接收到的写命令都会同步发送给从节点,保证主从数据一致性。

3）主从模式的优点

（1）架构简单，部署方便。

（2）高可靠性。一方面，采用双机主备架构，能够在主节点出现故障时自动进行主备切换，从节点提升为主节点提供服务，保证服务平稳运行；另一方面，开启数据持久化功能和配置合理的备份策略，能有效地解决数据误操作和数据异常丢失的问题。

（3）读写分离策略。从节点可以扩展主节点的读能力，有效应对高并发量的读操作。

4）主从模式的缺点

（1）Redis主从模式不具备自动容错和恢复功能，如果主节点宕机，Redis集群将无法工作，此时需要人为干预，将从节点提升为主节点。

（2）如果主机宕机前有一部分数据未能及时同步到从机，即使切换主机后也会造成数据不一致的问题，从而降低了系统的可用性。

（3）因为只有一个主节点，所以其写入能力和存储能力都受到一定程度的限制。

（4）在进行数据全量同步时，若同步的数据量较大可能会造卡顿的现象。

5）主从同步原理

（1）全量复制。

Redis全量复制一般发生在从节点初始化阶段，这时从节点需要将主节点上的所有数据都复制一份。具体过程如图5-2所示。

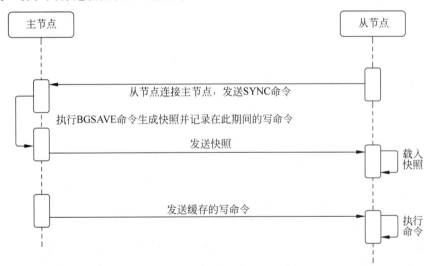

图 5-2　Redis 全量复制过程

① 从节点连接主节点，发送 SYNC 命令。

② 主节点接收到 SYNC 命令后，开始执行 BGSAVE 命令生成快照并使用缓冲区记录此后执行的所有写命令。

③ 主节点执行 BGSAVE 命令后，向所有从节点发送快照文件，并在发送期间继续记录被执行的写命令。

④ 从节点收到快照文件后丢弃所有旧数据，载入收到的快照。

⑤ 主节点快照发送完毕后开始向从节点发送缓冲区中的写命令。

⑥ 从节点完成对快照的载入，开始接收命令请求，并执行来自主节点缓冲区的写命令。

（2）增量复制。

Redis 增量复制是指从节点初始化后开始正常工作时主节点发生的写操作同步到从节点的过程。

增量复制的过程主要是主节点每执行一个写命令就会向从节点发送相同的写命令，从节点接收并执行收到的写命令。

（3）主从同步策略。

主从刚建立连接时，进行全量同步；全量同步结束后，进行增量同步。当然，如果有需要，从节点在任何时候都可以发起全量同步。Redis 策略是，无论如何，首先会尝试进行增量同步，如不成功，要求从节点进行全量同步。

**2. 哨兵模式**

自 Redis 2.8 版本开始，就有了哨兵(Sentinel)概念。哨兵模式(Redis Sentinel)是社区版本推出的原生高可用解决方案，其部署架构主要包括两部分：哨兵集群和数据集群，如图 5-3 所示。

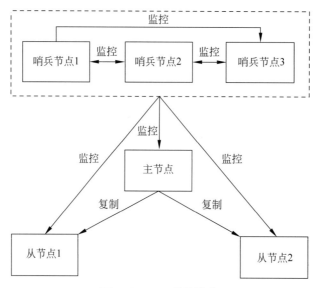

图 5-3　Redis 哨兵模式

哨兵集群是由若干哨兵节点组成的分布式集群，可以实现故障发现、故障自动转移、配置中心和客户端通知。哨兵节点数量必须是奇数个。

1）哨兵模式的特点

（1）当主节点宕机以后，哨兵节点会在从节点中选择一个作为主节点，并修改它们的配置文件，其他从节点的配置文件也会被修改，如 slaveof 属性会指向新的主节点。

（2）当旧的主节点重新启动后，它将不再是主节点而是作为从节点，接收新的主节点的同步数据。

（3）哨兵节点因为也是一个进程有宕机的可能，所以哨兵节点也会启动多个形成一个哨兵集群。

（4）多哨兵节点配置时，哨兵节点之间也会自动监控。

（5）当主从模式配置密码时，哨兵节点也会同步将配置信息修改到配置文件中。

（6）一个哨兵节点或哨兵集群可以管理多个主从 Redis 实例，多个哨兵节点也可以监控同一个 Redis 实例。

（7）哨兵节点尽量和 Redis 部署在不同的机器，否则 Redis 的服务器宕机以后，哨兵节点也宕机。

2）哨兵模式的工作机制

（1）每个哨兵节点以每秒一次的频率向它所知的主节点、从节点以及其他哨兵节点发送一个 ping 命令。

（2）如果一个实例距离最后一次有效回复 ping 命令的时间超过 down-after-milliseconds 选项所指定的值，则这个实例会被哨兵节点标记为主观下线。

（3）如果一个主节点被标记为主观下线，则正在监视这个主节点的所有哨兵节点要以每秒一次的频率确认主节点的确进入了主观下线状态。

（4）当有足够数量的哨兵节点（大于或等于配置文件指定的值）在指定的时间范围内确认主节点的确进入了主观下线状态，则主节点会被标记为客观下线。

（5）在一般情况下，每个哨兵节点会以每 10 秒一次的频率向它已知的所有主节点、从节点发送 info 命令。

（6）当主节点被标记为客观下线时，哨兵节点向下线的主节点的所有从节点发送 info 命令的频率会从 10 秒一次改为 1 秒一次。

（7）若没有足够数量的哨兵节点同意主节点已经下线，主节点的客观下线状态就会被移除。若主节点重新向哨兵节点的 ping 命令返回有效回复，则主节点的主观下线状态就会被移除。

3）哨兵模式的优点

（1）高可用。主从可以自动切换，系统更健壮，可用性更高。

（2）实现多组节点监控。可以实现一套哨兵监控一组 Redis 数据节点或多组数据节点。

4）哨兵模式的缺点

（1）部署复杂。相对 Redis 主从模式部署更复杂，原理也更复杂。

（2）资源利用率低。Redis 数据节点中从节点作为备份节点不提供服务。

（3）默认不支持读写分离。不能解决读写分离问题，实现起来相对复杂。

（4）维护成本大。需要多维护一套监控节点。

（5）Redis 较难支持在线扩容。对于集群，容量达到上限时在线扩容会变得很复杂。

**3. 集群模式**

上述两种模式的数据都是在一个节点上的，单节点存储是存在上限的。集群（Cluster）模式就是把数据进行分片存储，当一个分片数据达到上限时，就分成多个分片。Redis 3.0 加入了 Redis 的集群模式，对数据进行分片，将不同的数据存储在不同的主节点上面，从而实现了海量数据的分布式存储和在线扩容。

- 集群模式通常具有高可用、高可扩展性、分布式、高容错性等特性。
- 集群模式节点最小配置 6 节点（3 主 3 从），其中主节点提供读写操作，从节点作为备用节点，不提供服务，只作为故障转移使用。

- 集群模式采用虚拟槽分区,所有的键根据哈希函数映射到 0～16 383 个整数槽内,每节点负责维护一部分槽以及槽所映射的键值数据。

如图 5-4 所示,Redis 集群模式可以看成多个主从架构组合起来的,每一个主从架构可以看成一个节点(其中,只有主节点具有处理请求的能力,从节点主要是用于保证节点的高可用)。

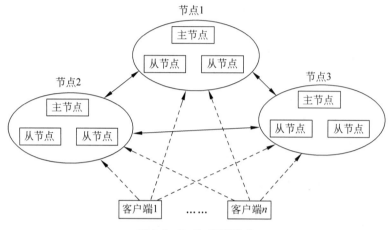

图 5-4　Redis 集群模式

1) 集群模式的特点

(1) 多个 Redis 节点网络互联,数据共享。

(2) 所有的节点都是一主一从(也可以是一主多从),其中从节点不提供服务,仅作为备用。

(3) 不支持同时处理多个键,如 MSET/MGET 操作,因为 Redis 需要把键均匀分布在各节点上,在并发量很高的情况下同时创建键值对会降低性能并导致不可预测的行为。

(4) 支持在线增加、删除节点。Redis 提供了进行重新分片的所有命令。集群的重新分片由内部的管理软件 redis-trib 负责执行,redis-trib 通过向节点发送命令来进行重新分片。

(5) 客户端可以连接任何一个主节点进行读写。

2) 集群模式的工作机制

(1) 选举。

集群启动后,主从已分配完成,经过了多轮的选举。当某一个主节点宕机,那么从节点需要经过选举成为主节点。下面简单介绍选举过程。

所有从节点向其他节点发送请求,请求自身成为主节点,其他节点收到请求后,返回投票信息,只有主节点有权投票,且只能投一次,当获取到的票数大于一半人数时(主节点个数),就当选主节点。

期间,所有从节点发送请求的时间有先后顺序,因此很少会出现票数相同的情况,如果相同,则重新选举,直到选出主节点为止。所以,需要至少 3 主 3 从,否则节点出现问题,将造成选举失败。

(2) 槽位。

在 Redis 集群中,定义了 16 384 个逻辑上的槽位。这些槽位均匀分配给多个节点(一主—从为一节点）。例如，集群中存在 3 个节点，自动按序均匀分配，即 0～5460 个槽位分配给第一个节点。

当用户设置一个值时，除了计算键本身的哈希值之外，还会调用 C 语言的一个 CRC16 算法，将键当哈希值再计算出一个数字，然后与 16 384 取模，得到的数字落在哪个槽位，则会将数据放在对应的节点。

例如，计算出的数字为 16 387，则取模 16 384 后，得到 3，在 0 与 5460 之间，则放入对应的第一节点，依此类推。

（3）跳转。

主从模式中，只有主节点可以写入数据，而从节点只能读取数据。在 Redis 集群中，设置值时，如果计算出的槽位在另一台服务器上，则集群连接会自动跳转至相应服务器。

3）集群模式的优点

（1）无中心架构。

（2）数据共享。数据按照槽位存储分布在多节点，节点间数据共享，可动态调整数据分布。

（3）可扩展性。可线性扩展到 1000 多个节点，节点可动态添加或删除。

（4）高可用性。当部分节点不可用时，集群仍可用。通过增加从节点做备用数据副本，能够实现故障自动转移，节点之间通过 Gossip 协议交换状态信息，用投票机制完成从节点到主节点的角色提升。

（5）任意节点读写。客户端可以连接任何一个主节点进行读写。

4）集群模式的缺点

（1）实现复杂，开发成本高。

（2）需要建立配套的周边设施，如监控、域名服务、存储元数据信息的数据库等。

（3）维护成本高。

## 5.1.3 Redis 的持久化机制

### 1. RDB 快照

RDB 持久化是指在指定的时间间隔内将内存中的数据集快照写入磁盘，实际操作过程是创建一个子进程，先将数据集写入临时文件，写入成功后，再替换之前的文件，用二进制压缩存储，如图 5-5 所示。该持久化机制是 Redis 默认方式。

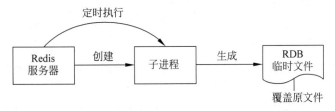

图 5-5　RDB 持久化过程

1）RDB 的优点

（1）利于备份。一旦采用该方式，那么整个 Redis 数据库将只包含一个文件，这对于文件备份而言是非常有利的。

（2）数据恢复便捷。对于灾难恢复而言，RDB是非常不错的选择。因为可以非常轻松地将一个单独的文件压缩后再转移到其他存储介质上。

（3）性能最大化。对于 Redis 的服务进程而言，在开始持久化时，它唯一需要做的只是创建子进程，之后再由子进程完成这些持久化的工作，这样极大地避免服务进程执行 I/O 操作。

（4）启动效率高。相比于 AOF 机制，如果数据集很大，RDB 的启动效率会更高。

2）RDB 的缺点

（1）数据的完整性和一致性不高。系统一旦在定时持久化之前出现宕机现象，此前没有来得及写入磁盘的数据都将丢失。

（2）备份时占用内存。Redis 在备份时会独立创建一个子进程，将数据写入一个临时文件（此时内存中的数据是原来的两倍），最后再将临时文件替换之前的备份文件。

3）RDB 持久化配置

Redis 会将数据集的快照转储(Dump)到 dump.rdb 文件中。可以通过配置文件来修改 Redis 服务器转储快照的频率，在打开 6379.conf 文件之后，搜索 save，可以看到下面的配置信息，如图 5-6 所示：

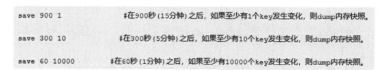

图 5-6　RDB 持久化配置信息

除了上面配置的会触发 RDB 持久化，还有以下几种默认方式。

（1）执行 save（阻塞当前服务器，直到 RDB 完成为止）或者是 bgsave（异步）命令。

（2）执行 flushall 命令，清空数据库所有数据。

（3）执行 shutdown 命令，保证服务器正常关闭且不丢失任何数据。

### 2. AOF 日志

AOF 日志以文件的形式存在，是一种写后日志，其原理是将 Redis 的写操作以追加的方式写入文件。目前 AOF 是 Redis 持久化的主流方式，流程如图 5-7 所示。

图 5-7　AOF 过程

1）AOF 的优点

（1）数据的完整性和一致性更高，AOF 提供了 3 种同步策略，即每秒同步、每修改同步和从不同步。

（2）AOF 只是追加写日志文件，对服务器性能影响较小，速度比 RDB 要快，消耗的内存较少。

2）AOF 的缺点

（1）AOF 方式生成的日志文件太大，需要不断 AOF 重写，进行压缩。

（2）即使经过 AOF 重写压缩，由于文件是文本文件，文件体积较大（相比于 RDB 的二进制文件）。

（3）AOF重演命令式的恢复数据，速度显然比RDB要慢。

3）AOF持久化配置

在Redis的配置文件中存在3种同步方式，如图5-8所示。

```
appendfsync always    #每次有数据修改发生时都会写入AOF文件

appendfsync everysec  #每秒同步一次，该策略为AOF的默认策略

appendfsync no        #从不同步。高效但是数据不会被持久化
```

图 5-8　Redis同步方式

### 3. Redis 4.0 混合持久化

若仅使用RDB快照方式恢复数据，由于快照时间粒度较大，因此会丢失大量数据。

若仅使用AOF重放方式恢复数据，日志性能相对RDB来说要慢。在Redis实例较大的情况下，启动需要花费很长的时间。

Redis 4.0为了解决这个问题，带来了一个新的持久化选项——混合持久化，即将RDB文件的内容和增量的AOF日志文件存在一起。这里的AOF日志不再是全量的日志，而是自持久化开始到持久化结束的这段时间发生的增量AOF日志，通常这部分AOF日志相对较小，相当于：

（1）大量数据使用RDB快照方式。

（2）增量数据使用AOF日志方式。

在Redis重启时，可以先加载RDB的内容，然后再重放增量AOF日志就可以完全替代之前的AOF全量文件重放，重启效率因此大幅得到提升。

## 5.1.4　Redis缓存穿透、击穿、雪崩

### 1. 缓存穿透

1）原因

当键对应的数据在数据源并不存在，每次针对此键的请求从缓存获取不到，请求都会直接访问数据源，从而可能因过大的访问压力而压垮数据源。例如，用一个不存在的用户ID获取用户信息，不论缓存还是数据库都没有，若黑客利用此漏洞进行攻击可能压垮数据库。

2）解决方案

（1）布隆过滤器。有多种方法可以有效地解决缓存穿透问题，最常见的是采用布隆过滤器，将所有可能存在的数据哈希到一个足够大的基于位的映射（Bitmap）中，一个针对一定不存在数据的查询会被这个映射拦截掉，从而避免了对底层存储系统的查询压力。

（2）对空结果进行缓存，并缩短缓存时间设置。这是一个更为简单的方法，如果一个查询返回的数据为空（不管是数据不存在，还是系统故障），仍然把这个空结果进行缓存，但它的过期时间会很短，最长不超过5分钟。

**2. 缓存击穿**

1) 原因

虽然键对应的数据存在，但在 Redis 中过期，此时若有大量并发请求过来，这些请求发现缓存过期会从后端数据库加载数据并回写到缓存，这时大量并发的请求可能会瞬间把后端数据库压垮。针对的是一个热点键，如一个秒杀活动，并发量非常大。

2) 解决方案

使用互斥锁(Mutex Key)：比较常用的做法。即在缓存失效时，不是立即导入数据，而是先使用缓存工具的某些带成功操作返回值的操作，如 Redis 的 SETNX 或者 Memcached 的 ADD，去设置一个互斥锁，当操作返回成功时，再进行导入数据的操作并回设缓存；否则，就重试整个获取缓存的方法。

**3. 缓存雪崩**

1) 原因

当缓存服务器重启或者大量缓存集中在某一个时间段失效，在失效时，也会给数据库带来很大压力。与缓存击穿的区别在于缓存雪崩针对多键缓存，缓存击穿则是针对某一个键。

2) 解决方案

(1) 使用锁或队列，可以在对数据库查询的地方进行加锁或队列控制，禁止所有请求同时访问数据库，以此缓解数据库的压力。

(2) 设置过期标志更新缓存，记录缓存数据是否过期，如果过期会触发通知另外的线程在后台去更新实际键的缓存。

(3) 为键设置不同的缓存失效时间，防止同一时间大量数据过期现象发生。

(4) 二次缓存机制，假设 C1 为原始缓存，C2 为复制的缓存，C1 失效时可以访问 C2，C1 缓存失效时间设置为短期，C2 缓存失效时间设置为长期。

## 5.1.5　Redis 的安装与使用

因为 Redis 官方不建议在 Windows 下使用 Redis，本书只介绍在 Linux 下 Redis 的安装方法。

在 Redis 官方网站选择下载所需要的 Redis 版本。下面以 6.0.8 版本为例，下载并安装 Redis。

```
#   wget http://download.redis.io/releases/redis-6.0.8.tar.gz
#   tar xzf redis-6.0.8.tar.gz
#   cd redis-6.0.8
#   make
```

执行完 make 命令后，redis-6.0.8 的 src 目录下会出现编译后的 Redis 服务程序 redis-server，还有用于测试的客户端程序 redis-cli。

启动 Redis 服务的命令如下：

```
#   cd src
#   ./redis-server
```

注意,这种方式启动 Redis 使用的是默认配置。也可以通过启动参数告诉 Redis 使用指定配置文件启动。使用下面命令启动：

```
#   cd src
#   ./redis - server ../redis.conf
```

redis. conf 是一个默认的配置文件。也可以根据需要使用自己的配置文件。

启动 Redis 服务进程后,就可以使用测试客户端程序 redis-cli 和 Redis 服务交互了。例如：

```
#   cd src
#   ./redis - cli
redis > set myk myval
OK
redis > get myk
"myval"
```

## 5.2 DynamoDB

### 5.2.1 DynamoDB 介绍

#### 1. DynamoDB 简介

Amazon DynamoDB 是一种完全托管式、无服务器的 NoSQL 云数据库,支持键值对和文档数据模型,提供快速且可预测的性能,同时还能够无缝扩展。

它完全托管于 AWS(Amazon Web Services),开发者只需要定义数据访问模式以及一些关键信息,就能通过 HTTP API 来使用。利用 DynamoDB,可以减轻操作和扩展分布式数据库的管理负担,这样就不必过多考虑硬件预置、设置和配置、复制、软件修补或集群扩展。同时,在任何规模的情况下都能针对应用提供毫秒级的响应。DynamoDB 还提供了静态加密,从而降低了在保护敏感数据时涉及的操作负担和复杂性。

#### 2. DynamoDB 的特点

(1)无缝扩展。DynamoDB 可以实现水平扩展,当表大小或访问量超过一定阈值时,DynamoDB 会自动且无缝地把一个表扩展到多个(最多几百个)服务器上以满足应用请求。

(2)快速、可预期的性能。DynamoDB 服务端的平均延迟通常是几毫秒。运行在固态硬盘上面的 DynamoDB 服务,可以在任何扩展级别下维持一致性和低延迟。

(3)易于管理。DynamoDB 是一个完全托管的数据库服务,用户只需要简单地创建一个数据库表,剩下的所有事情都由 AWS 服务来处理。不需要担心硬件和软件的配给、搭建、配置,也不要担心软件的安装和更新,更不必担心如何运行一个可靠的分布式数据库集群,或者把数据分区到多个实例。

(4)内置容错性。DynamoDB 具有内在的容错能力,可以自动、同步地把数据复制到一个 Region 中的多个可用区中,即使遇到单个机器或设施的失效,数据也可以得到很好的保护。

（5）数据高度灵活。DynamoDB 没有固定的模式(Schema)。相反,每个项目(Item)都具有不同数量的属性,可以支持多种数据类型。

（6）强一致性、原子计数器。和许多 NoSQL 数据库不同,DynamoDB 使开发工作变得更加简单,它可以支持读操作的强一致性,从而保证可以总是获得最新的数据。读操作支持多个本地(Native)数据类型。这种服务也可以支持原子计数器(Atomic Counter),允许用户通过一个简单的 API 调用就可以实现数值属性自动增加和减少。

（7）安全。DynamoDB 使用可靠的密钥方法,只允许授权用户访问数据,而不允许非授权用户的非法访问。DynamoDB 集成了 AWS Identity and Access Management(简称 AWS IAM),可以实现更细粒度的访问控制。

（8）集成的监视功能。DynamoDB 可以在 AWS 管理控制台中,可视化关于表的关键性能指标。同时还集成了 Amazon Cloud Watch,可以让用户了解每个表的请求吞吐量和延迟,从而实现对资源的跟踪。

（9）弹性的 MapReduce 集成。DynamoDB 同时集成了 Amazon EMR。Amazon EMR 可以支持对大型的数据集执行复杂的分析操作,并且采用 AWS 中按需付费的 Hadoop 框架。

### 3. DynamoDB 的数据类型

DynamoDB 对表中的属性支持很多不同的数据类型。可按以下方式为属性分类。

（1）标量类型。标量类型可准确地表示一个值。标量类型包括数字、字符串、二进制、布尔值和 null。

（2）文档类型。文档类型可表示具有嵌套属性的复杂结构。文档类型包括列表和映射。

（3）集合类型。集合类型可表示多个标量值。集合类型包括字符串集、数字集和二进制集。

1）标量类型

标量类型包括数字、字符串、二进制、布尔值和 null。

（1）数字。

数字可为正数、负数或零。数字最多可精确到 38 位。超过此位数将导致异常。

在 DynamoDB 中,数字以可变长度形式表示。

所有数字将作为字符串通过网络发送到 DynamoDB,以最大限度地提高不同语言和库之间的兼容性。但是,DynamoDB 会将它们视为数字类型属性以方便数学运算。

可以使用数字数据类型表示日期或时间戳。执行此操作的一种方法是使用纪元时间,即自 1970 年 1 月 1 日 00:00:00 UTC 以来的秒数。

（2）字符串。

字符串是使用 UTF-8 二进制编码的 Unicode。字符串受 DynamoDB 项目最大 400KB 的限制。此外,字符串属性如果未用作索引或表的键,那么其长度可以为 0。

以下附加约束将适用于定义为字符串类型的主键属性。

① 对于简单的主键,第一个属性值(分区键)的最大长度为 2048 字节。

② 对于复合主键,第二个属性值(排序键)的最大长度为 1024 字节。

使用字符串数据类型表示日期或时间戳。执行此操作的一种方法是使用 ISO 8601 字符串。

（3）二进制。

二进制（Binary）类型属性可以存储任意二进制数据，如压缩文本、加密数据或图像。DynamoDB会将二进制数据的每字节视为无符号。

如果二进制属性未用作索引或表的键，且受到最大DynamoDB项目大小限制400 KB的约束，则该属性的长度可以为0。

如果将主键属性定义为二进制类型属性，会有以下附加限制。

① 对于简单的主键，第一个属性值（分区键）的最大长度为2048字节。

② 对于复合主键，第二个属性值（排序键）的最大长度为1024字节。

在将二进制值发送到DynamoDB之前，应用程序必须采用Base64编码格式对其进行编码。收到值后，DynamoDB会将数据解码为无符号字节数组。

（4）布尔值。

布尔类型属性存储true或false。

（5）null。

null即空，代表属性具有未知或未定义状态。

2）文档类型

文档类型包括列表和映射。这些数据类型可以互相嵌套，用来表示深度最多为32层的复杂数据结构。只要包含值的项目在DynamoDB项目大小限制（400KB）内，列表或映射中值的数量就没有限制。

如果属性未用于表或索引键，属性值可以是空字符串或空二进制值。属性值不能为空集（字符串集、数字集或二进制集），但允许使用空的列表和映射。列表和映射中允许使用空的字符串和二进制值。

（1）列表。

列表类型属性可存储值的有序集合。列表用方括号[]括起来。列表类似于JSON数组。列表元素中可以存储的数据类型没有限制，列表元素中的元素也不一定为相同类型。

以下示例显示了包含两个字符串和一个数字的列表。

```
FavoriteThings: ["Cookies","Coffee",3.14159]
```

（2）映射。

映射类型属性可以存储名称/值对的无序集合。映射用大括号{}括起来。

映射类似于JSON对象。映射元素中可以存储的数据类型没有限制，映射中的元素也不一定为相同类型。

映射非常适合用来将JSON文档存储到DynamoDB中。以下示例显示了一个映射，该映射包含一个字符串、一个数字和一个含有另一个映射的嵌套列表。

```
{
    Day: "Monday",
    UnreadEmails: 42,
    ItemsOnMyDesk: [
        "Coffee Cup",
```

```
        "Telephone",
        {
            Pens: { Quantity : 3},
            Pencils: { Quantity : 2},
            Erasers: { Quantity : 1}
        }
    ]
}
```

3) 集合类型

DynamoDB 集合支持表示数字、字符串或二进制值集的类型。集合的所有元素必须为相同类型。例如,数字集类型的属性只能包含数字,字符串集只能包含字符串,以此类推。

只要包含值的项目大小在 DynamoDB 项目大小限制(400KB)内,集合的值的数量就没有限制。

集合的每个值必须是唯一的。集合的值的顺序不会保留。DynamoDB 不支持空集,但集合中允许使用空字符串和二进制值。

以下示例显示了一个字符串集:

```
["Black","Green","Red"]
```

**4. 命名规则**

下面是 DynamoDB 的命名规则。

(1) 所有名称都必须使用 UTF-8 进行编码,并且区分大小写。

(2) 表名称和索引名称的长度必须为 3~255 字符,而且只能包含以下字符。

- a~z/A~Z/0~9。
- _(下画线)。
- -(短线)。
- .(圆点)。

(3) 属性名称的长度必须至少为 1 个字符,但不得超过 64KB。存在以下例外,这些属性名称的长度不得超过 255 个字符。

- 二级索引分区键名称。
- 二级索引排序键名称。
- 任何用户指定的预测属性的名称。

**5. AWS**

AWS 即 Amazon Web Services(亚马逊网络服务),是亚马逊(Amazon)公司旗下的全球最全面、应用最广泛的云平台,从全球数据中心提供超过 200 项功能齐全的服务。

AWS 提供了一整套基础设施和应用程序服务,几乎能够在云中运行一切应用程序:从企业应用程序和大数据项目,到社交游戏和移动应用程序。

AWS 所提供的服务包括亚马逊弹性计算网云(Amazon EC2)、亚马逊简单存储服务(Amazon S3)、亚马逊简单数据库(Amazon SimpleDB)、亚马逊简单队列服务(Amazon Simple Queue Service)以及 Amazon CloudFront 等。

#### 6. DynamoDB 与 Redis 的比较

1）数据结构层面

Redis 是单纯的键值对存储。

DynamoDB 虽然也是以键值对形式存储数据的,但是也引入了传统关系数据库中的表以及主键的概念,DynamoDB 中的分区键和排序键以及二级索引可以应对很多不同场景下的需求。

所以 DynamoDB 更像是处于 NoSQL 和传统关系数据库之间的一种数据库。

2）运行层面

Redis 是一种内存数据库,所有数据在内存中,支持高并发访问,使用单进程单线程＋I/O 多路复用机制保证了线程安全。

DynamoDB 是一项 Web 服务,数据的计算、存储均在 AWS 云中,用户所做的其实只是提交请求和接收响应,而不需要过多地考虑快速的数据量增长而导致的内存不足等问题。

3）应用层面

Redis 由于其性能更多地被用作缓存。

DynamoDB 则更接近于传统关系数据库的应用场景,如数据存储、增、删、查、改等。

4）持久化层面

Redis 的持久化机制是定期把内存中的数据写入磁盘,重新启动 Redis 时可以从磁盘中的转储文件加载至内存。

DynamoDB 的备份同样由 AWS 完成,利用 AWS 云计算框架在备份速度和安全性上都很优秀。并且由于其 Web 服务的性质,还给用户提供了自定义还原设置接口以及 35 天内可还原到任意一个时间上的功能。

### 5.2.2 DynamoDB 核心组件

在 DynamoDB 中,表、项目和属性是核心组件。表是项目的集合,而每个项目都是属性的集合。DynamoDB 使用主键来唯一标识表中的每个项目,并使用二级索引来提供更具灵活性的查询。用户可以使用 DynamoDB Streams 捕获 DynamoDB 表中的数据修改事件。

#### 1. 表、项目和属性

1）表

与其他数据库系统类似,DynamoDB 将数据存储在表中。表是数据的集合。

2）项目

每个表包含 0 个或更多个项目。项目是一组属性,具有不同于所有其他项目的唯一标识。在 DynamoDB 中,对表中可存储的项目数没有限制。

3）属性

每个项目包含一个或多个属性。属性是基础的数据元素,无须进一步分解。DynamoDB 中的属性在很多方面都类似于其他数据库系统中的字段或列。

以图 5-9 中的 People 表为例。

（1）表中的每个项目都有一个唯一的标识符或主键,用于将项目与表中的所有其他内容区分开来。在 People 表中,主键包含一个属性（PersonID）。

（2）与主键不同，People 表是无架构的，这表示属性及其数据类型都不需要预先定义。每个项目都能拥有其自己的独特属性。

（3）大多数属性是标量类型的，这表示它们只能具有一个值。字符串和数字是标量的常见示例。

（4）某些项目具有嵌套属性（Address）。DynamoDB 支持高达 32 级深度的嵌套属性。

**2. 主键**

创建表时，除表名称外，还必须指定表的主键。主键是表中每个项目的唯一标识，因此，任意两个项目的主键都不相同。

DynamoDB 支持两种类型的主键：分区键、分区键和排序键。

（1）分区键是由一个称为分区键的属性构成的简单主键。DynamoDB 使用分区键的值作为内部哈希函数的输入。来自哈希函数的输出决定项目将存储到的分区。在只有分区键的表中，任何两个项目都不能有相同的分区键值。

```
{
    "PersonID": 101,
    "LastName": "Smith",
    "FirstName": "Fred",
    "Phone": "555-4321"
}
```

```
{
    "PersonID": 102,
    "LastName": "Jones",
    "FirstName": "Mary",
    "Address": {
        "Street": "123 Main",
        "City": "Anytown",
        "State": "OH",
        "ZIPCode": 12345
    }
}
```

```
{
    "PersonID": 103,
    "LastName": "Stephens",
    "FirstName": "Howard",
    "Address": {
        "Street": "123 Main",
        "City": "London",
        "PostalCode": "ER3 5K8"
    },
    "FavoriteColor": "Blue"
}
```

图 5-9　DynamoDB 表示例：People 表

图 5-10 显示了名为 Pets 的表，该表跨多个分区。表的主键为 AnimalType（仅显示此键属性）。在这种情况下，DynamoDB 会根据字符串 Dog 的哈希值，使用其哈希函数决定新项目的存储位置。注意，项目并非按排序顺序存储的。每个项目的位置由其分区键的哈希值决定。

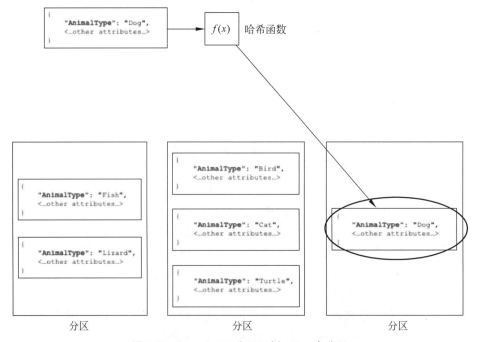

图 5-10　DynamoDB 分区示例：Pets 表分区

（2）分区键和排序键称为复合主键。此类型的键由两个属性组成：分区键和排序键。DynamoDB 使用分区键值作为对内部哈希函数的输入。来自哈希函数的输出决定了项目将存储到的分区。具有相同分区键值的所有项目按排序键值的排序顺序存储在一起。在具有分区键和排序键的表中，多个项目可能具有相同的分区键值。但是，这些项目必须具有不同的排序键值。

假设 Pets 表具有由 AnimalType（分区键）和 Name（排序键）构成的复合主键。

图 5-11 显示了 DynamoDB 写入项目的过程，分区键值为 Dog，排序键值为 Fido。

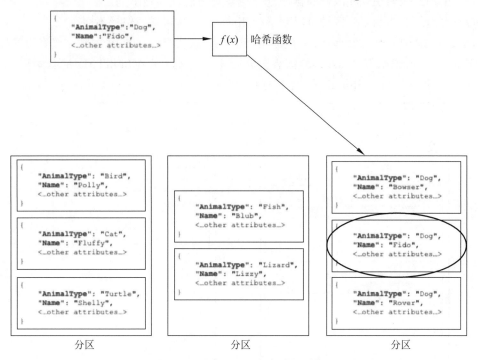

**图 5-11　DynamoDB 写入项目过程**

① 为读取 Pets 表中的同一项目，DynamoDB 会计算 Dog 的哈希值，从而生成这些项目的存储分区。然后，DynamoDB 会扫描这些排序键属性值，直至找到 Fido。

② 要读取 AnimalType 为 Dog 的所有项目，可以执行查询操作，无须指定排序键条件。默认情况下，这些项目会按存储顺序（即按排序键的升序）返回。或者，也可以请求以降序返回。

③ 要仅查询某些 Dog 项目，可以对排序键应用条件，例如，仅限 Name 在 A 至 K 范围内的 Dog 项目。

**注意：**

（1）项目的分区键也称为其哈希属性。哈希属性一词源自 DynamoDB 中使用的内部哈希函数，以基于数据项目的分区键值实现跨多个分区的数据项目平均分布。

（2）项目的排序键也称为其范围属性。范围属性一词源自 DynamoDB 存储项目的方式，它按照排序键值有序地将具有相同分区键的项目存储在互相紧邻的物理位置。

（3）每个主键属性必须为标量（表示它只能具有一个值）。主键属性唯一允许的数据类型是字符串、数字和二进制。对于其他非键属性没有任何此类限制。

### 3. 二级索引

用户可以在一个表上创建一个或多个二级索引。利用二级索引,除了可对主键进行查询外,还可使用替代键查询表中的数据。DynamoDB 不要求用户使用索引,但它们为应用程序提供数据查询方面的更大的灵活性。在表中创建二级索引后,可以从索引中读取数据,方法与从表中读取数据大体相同。

DynamoDB 支持以下两种索引。

(1) 全局二级索引:分区键和排序键可与基表中的这些键不同。

(2) 本地二级索引:分区键可以和基表相同,排序键和基表保持不同。

DynamoDB 中的每个表具有 20 个全局二级索引(默认配额)和 5 个本地二级索引的配额。

图 5-12 显示了示例 Music 表,该表包含一个名为 GenreAlbumTitle 的新索引。在索引中,Genre 是分区键,AlbumTitle 是排序键。

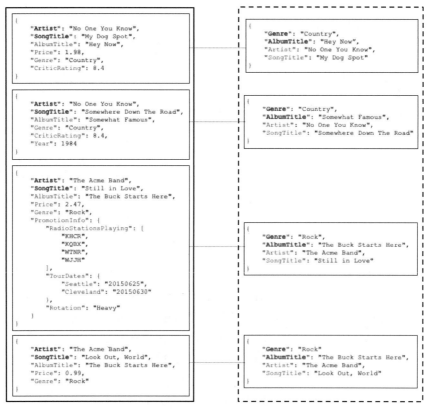

**图 5-12　DynamoDB 索引示例:Music 表及其索引**

(1) 每个索引属于一个表(称为索引的基表)。在上述示例中,Music 是 GenreAlbumTitle 索引的基表。

(2) DynamoDB 将自动维护索引。当添加、更新或删除基表中的某个项目时,DynamoDB 会添加、更新或删除属于该表的任何索引中的对应项目。

(3) 当创建索引时,可指定哪些属性将从基表复制或投影到索引。DynamoDB 至少会将键属性从基表投影到索引中。如上面所示,此时 GenreAlbumTitle 索引中至少有 Music 表中的键属性(Artist 和 SongTitle)。

#### 4. DynamoDB 流

DynamoDB 流（Stream）是一项可选功能，它用于捕获 DynamoDB 表中的数据修改事件。有关这些事件的数据将按事件发生的顺序近乎实时地出现在流中。

每个事件由一条流记录表示，若对表启用了流，每当以下事件发生时，DynamoDB 流都会写入一条流记录。

（1）如果向表中添加了新项目，流将捕获整个项目的映像（包括其所有属性）。

（2）如果更新了项目，流将捕获项目中任何已修改属性的"之前"和"之后"映像。

（3）如果从表中删除了项目，流将在整个项目被删除前捕获其映像。

每条流记录还包含表名称、事件时间戳和其他元数据。流记录的有效时间为 24 小时，过此时间后记录将被自动删除。

此外，将 DynamoDB 流与 Amazon Lambda 结合使用以创建触发器——在流中有感兴趣的事件出现时自动执行的代码。如图 5-13 所示，假设有一个包含某公司客户信息的 Customers 表。假设希望向每位新客户发送一封"欢迎"电子邮件。可对该表启用一个流，然后将该流与 Lambda 函数关联。Lambda 函数将在新的流记录出现时执行，但只会处理添加到 Customers 表的新项目。对于具有 EmailAddress 属性的任何项目，Lambda 函数将调用 Amazon Simple Email Service（Amazon SES）以向该地址发送电子邮件。

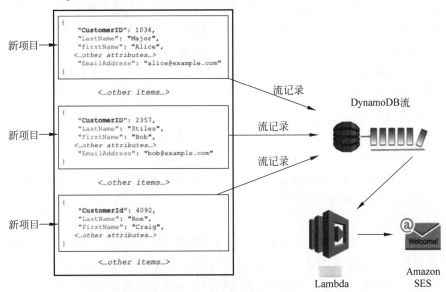

图 5-13　DynamoDB 触发器实例

在此示例中，最后一位客户 Craig Roe 将不会收到电子邮件，因为他没有 EmailAddress（电子邮件地址）。

除了触发器之外，DynamoDB 流还提供了强大的解决方案，例如，Amazon 区域内和区域之间的数据复制、DynamoDB 表中的数据具体化视图、使用 Kinesis 具体化视图的数据分析等。

### 5.2.3 DynamoDB API

#### 1. 控制层面

控制层面操作可以用于创建和管理 DynamoDB 表，还支持用户使用依赖于表的索引、流和其他对象。

- CreateTable——创建新表,或者可以创建一个或多个二级索引并为表启用 DynamoDB 流。
- DescribeTable——返回有关表的信息,例如,表的主键架构、吞吐量设置和索引 信息。
- ListTable——返回列表中所有表的名称。
- UpdateTable——修改表或其索引的设置、创建或删除表上的新索引或修改表的 DynamoDB 流设置。
- DeleteTable——从 DynamoDB 中删除表及其所有依赖对象。

**2. 数据层面**

数据层面操作可对表中的数据执行创建、读取、更新和删除(也称为 CRUD)操作。某 些数据层面操作还可从二级索引读取数据。

可以使用 PartiQL——Amazon DynamoDB 的 SQL 兼容语言来执行这些 CRUD 操 作,也可以使用 DynamoDB 的经典 CRUD API,将每个操作分离为不同的 API 调用。

1) PartiQL

- ExecuteStatement——从表中读取多个项目。还可以写入或更新表的单个项目。 当写入或更新单个项目时,必须指定主键属性。
- BatchExecuteStatement——写入、更新或读取表中的多个项目。这比 ExecuteStatement 更有效,因为应用程序只需一个网络往返行程即可写入或读取项目。

2) 经典 API

(1) 创建数据。

- PutItem——将单个项目写入表中,必须指定主键属性,但不必指定其他属性。
- BatchWriteItem——将最多 25 个项目写入表,这比多次调用 PutItem 更有效,因为 应用程序只需一个网络往返行程即可写入项目。还可以使用 BatchWriteItem 来从 一个或多个表中删除多个项目。

(2) 读取数据。

- GetItem——从表中检索单个项目,必须为所需的项目指定主键。可以检索整个项 目,也可以仅检索其属性的子集。
- BatchGetItem——从一个或多个表中检索最多 100 个项目,这比多次调用 GetItem 更有效,因为应用程序只需一个网络往返行程即可读取项目。
- Query——检索具有特定分区键的所有项目。必须指定分区键值。可以检索整个项 目,也可以仅检索其属性的子集,还可以对排序键值应用条件,以便只检索具有相同 分区键的数据子集。可以对表使用此操作,前提是该表同时具有分区键和排序键; 还可以对索引使用此操作,前提是该索引同时具有分区键和排序键。
- Scan——检索指定表或索引中的所有项目。可以检索整个项目,也可以仅检索其属 性的子集,还可以应用筛选条件以仅返回感兴趣的值并放弃剩余的值。

(3) 更新数据。

- UpdateItem——修改项目中的一个或多个属性,必须为要修改的项目指定主键。可以添加新属性并修改或删除现有属性，也可以执行有条件更新，以便更新仅在满足用户定义的条件时成功，还可以实施一个原子计数器，该计数器可在不干预其他写入请求的情况下递增或递减数字属性。

（4）删除数据。

- DeleteItem——从表中删除单个项目，必须为要删除的项目指定主键。
- BatchWriteItem——从一个或多个表中删除最多 25 个项目，这比多次调用 DeleteItem 更有效，因为应用程序只需一个网络往返行程即可删除项目。也可以使用 BatchWriteItem 来向一个或多个表添加多个项目。

### 3. DynamoDB 流

DynamoDB 流操作可对表启用或禁用流，并能允许对包含在流中的数据修改记录的访问。

- ListStreams——返回所有流的列表，或仅返回特定表的流。
- DescribeStreams——返回有关流的信息。
- GetShardIterator——返回一个分片迭代器，这是应用程序用来从流中检索记录的数据结构。
- GetRecords——使用给定分片迭代器检索一条或多条流记录。

### 4. 事务

事务提供原子性、一致性、隔离性和持久性（ACID），使用户能够更轻松地维护应用程序中的数据正确性。

用户可以使用 PartiQL 来执行事务操作，也可以使用 DynamoDB 的经典 CRUD API，将每个操作分离为不同的 API 调用。

1）PartiQL

ExecuteTransaction——一种批处理操作，用于在表内和跨表对多个项目执行 CRUD 操作，并保证得到全有或全无结果。

2）经典 API

- TransactWriteItems——一种批处理操作，用于在表内和跨表对多个项目执行更新和删除等操作，并保证得到全有或全无结果。
- TransactGetItems——一种批处理操作，用于执行获取操作以从一个或多个表检索多个项目。

## 5.2.4 DynamoDB 工作原理

### 1. 读取一致性

DynamoDB 在全世界多个 Amazon 区域可用。每个区域均与其他 Amazon 区域独立和隔离。例如，如果一个 People 表在 us-east-2 区域，一个 People 表在 us-west-2 区域，则视为两个完全不同的表。

每个 Amazon 区域包含多个不同的称为"可用区"的位置。每个可用区都与其他可用区中的故障隔离，并提供与同一区域其他可用区的低成本、低延迟网络连接。这可以在某个区域的多个可用区之间快速复制数据。

当应用程序向 DynamoDB 表写入数据并收到 HTTP 200 响应（OK）时,该写入已发生并且持久。该数据最终将在所有存储位置中保持一致,通常只需 1 秒或更短时间。

DynamoDB 支持最终一致性和强一致性读取。

1）最终一致性读取

当从 DynamoDB 表中读取数据时,响应反映的可能不是刚刚完成的写入操作的结果。响应可能包含某些陈旧数据。如果在短时间后重复读取请求,响应将返回最新的数据。

2）强一致性读取

当请求强一致性读取时,DynamoDB 会返回具有最新数据的响应,从而反映来自所有已成功的之前写入操作的更新。但是,这种一致性有一些缺点。

（1）如果网络延迟或中断,可能会无法执行强一致性读取。在这种情况下,DynamoDB 可能会返回服务器错误（HTTP 500）。

（2）强一致性读取可能比最终一致性读取具有更高的延迟。

（3）全局二级索引不支持强一致性读取。

（4）强一致性读取可能比最终一致性读取使用更高的吞吐量。

**注意**：除非指定其他读取方式,否则 DynamoDB 将使用最终一致性读取。读取操作,如匹配项目（GetItem）、查询（Query）和扫描（Scan）提供了一个 ConsistentRead 参数。如果将此参数设置为 true,DynamoDB 将在操作过程中使用强一致性读取。

### 2. 读/写容量模式

DynamoDB 具有两个读/写容量模式来处理表的读写,即按需和预置（默认）。

读/写容量模式控制对读写吞吐量收费的方式以及管理容量的方式。可以在创建表时设置读/写容量模式,也可以稍后更改。

本地二级索引继承基表的读/写容量模式。

（1）按需模式指 DynamoDB 会随着工作负载的增加或减少,根据之前达到的任意流量水平即时调节工作负载。如果某个工作负载的流量级别达到一个新的峰值,DynamoDB 将快速调整以适应该工作负载。

如果满足以下任意条件,则按需模式是很好的选项。

- 创建工作负载未知的新表。
- 具有不可预测的应用程序流量。

（2）预置模式指定应用程序需要的每秒读取和写入次数。

如果满足以下任意条件,则预置模式是很好的选项。

- 具有可预测的应用程序流量。
- 运行流量比较稳定或逐渐增加的应用程序。

### 3. 分区与数据分配

DynamoDB 将数据存储在分区。分区是为表格分配的存储,由固态硬盘提供支持,并可在 Amazon 区域内的多个可用区中自动进行复制。分区管理由 DynamoDB 全权负责,用户不需要亲自管理分区。

在创建表时,表的初始状态为 CREATING。在此期间,DynamoDB 会向表分配足够的分区,以便满足预置吞吐量需求。表的状态变为 ACTIVE 后,便可开始读取和写入表数据。

在以下情况下，DynamoDB 会向表分配额外的分区。

- 增加的表的预置吞吐量设置超出了现有分区的支持能力。
- 现有分区填充已达到容量上限，并且需要更多的存储空间。
- 分区管理在后台自动进行，对程序是透明的。表将保留可用吞吐量并完全支持预置吞吐量需求。

DynamoDB 中的全局二级索引还包含分区。全局二级索引中的数据将与其基表中的数据分开存储，但索引分区与表分区的行为方式几乎相同。

如果表具有简单主键（只有分区键），DynamoDB 将根据其分区键值存储和检索各个项目。

如果表具有复合主键（分区键和排序键），DynamoDB 将采用与只有分区键相同的方式来计算分区键的哈希值。但是，它按排序键值有序地将具有相同分区键值的项目存储在互相紧邻的物理位置。

为将某个项目写入表中，DynamoDB 会计算分区键的哈希值以确定该项目的存储分区。在该分区中，可能有几个具有相同分区键值的项目。因此，DynamoDB 会按排序键的升序将该项目存储在具有相同分区键的其他项目中。

### 4. 表类别

DynamoDB 提供两个表类别，旨在帮助用户优化成本。"DynamoDB 标准"表类别是默认设置，建议用于绝大多数工作负载。"DynamoDB 标准-不经常访问（DynamoDB Standard-IA）"表类别针对存储占据主要成本的表进行优化，例如，存储不经常访问数据的表，如应用程序日志、旧的社交媒体帖子、电子商务订单历史记录以及过去的游戏成就适合使用该表类别。

# 思考题

1. 简述 Redis 与 DynamoDB 数据库的对比以及适用场景。
2. 查阅相关资料，说明 Redis 中 Zset 为什么不使用平衡树实现。
3. 查阅相关资料，说明 Redis 的内存淘汰机制。
4. 查阅相关资料，说明 Redis 6 之前使用单线程，为何 Redis 6 引入多线程以及其实现机制。
5. DynamoDB 在设计分区键时，需要考虑哪些因素？

# 第 6 章

列族数据库实例： HBase 与 Cassandra

## 6.1 HBase

### 6.1.1 HBase 介绍

#### 1. HBase 简介

HBase 是一个面向列式存储的分布式数据库，其设计思想来源于 Google 的 *BigTable* 论文，用来存储非结构化和半结构化的松散数据。HBase 底层存储基于 HDFS 实现，集群的管理基于 ZooKeeper 实现。HBase 良好的分布式架构设计为海量数据的快速存储、随机访问提供了可能，基于数据副本机制和分区机制可以轻松实现在线扩容、缩容和数据容灾。HBase 和 BigTable 的底层技术对应关系如表 6-1 所示。

表 6-1  HBase 和 BigTable 的底层技术对应关系

| 分　　类 | BigTable | HBase |
| --- | --- | --- |
| 文件存储系统 | GFS | HDFS |
| 海量数据处理 | MapReduce | Hadoop MapReduce |
| 协同管理服务 | Chubby | ZooKeeper |

#### 2. HBase 的特点

（1）易扩展。

HBase 的扩展性主要体现在两方面：一方面是基于运算能力的扩展（RegionServer），通过增加 RegionServer 节点的数量，提升 HBase 上层的处理能力；另一方面是基于存储能力的扩展（HDFS），通过增加数据节点数量对存储层进行扩容，提升 HBase 的数据存储能力。

（2）海量存储。

HBase 作为一个开源的分布式数据库，主要面向 PB 级数据的实时入库和快速随机访问。这主要源于上述易扩展的特点，使得 HBase 通过扩展来存储海量的数据。

（3）列式存储。

HBase 是根据列族来存储数据的，列族下面可以有非常多的列。按列存储，可以带来很高的数据压缩率，适用于以分析性应用为主的存储。列式存储的最大好处就是，其数据在表中是按照某列存储的，这样在查询时只需要少数几个字段，能大大减少读取的数据量。而行式存储则适用于事务性操作比较多的存储。

（4）高可靠性。

HBase 的 WAL 机制保证了数据写入时不会因集群异常而导致写入数据丢失，Replication（复制）机制保证了在集群出现严重的问题时，数据不会发生丢失或损坏。而且 HBase 底层使用 HDFS，HDFS 本身也有备份。

（5）稀疏性。

在 HBase 的列族中，可以指定任意多的列，为空的列不占用存储空间，表可以设计得非常稀疏。

### 3. HBase 的数据模型

HBase 作为一个面向列式存储的分布式数据库，其数据模型与 BigTable 十分相似。在 HBase 表中，一条数据拥有一个全局唯一的行键和任意数量的列，一列或多列组成一个列族，同一个列族中列的数据在物理上都存储在同一个 HFile 中，这样基于列存储的数据结构有利于数据缓存和查询。HBase 是一个稀疏的多维度的映射表，因此用户可以动态地为数据定义各种不同的列。HBase 中的数据按行键排序，同时，HBase 会将表按行键划分为多个 Region 存储在不同 RegionServer 上，以完成数据的分布式存储和读取。

（1）行键。

行键的概念与关系数据库中的主码相似，HBase 使用行键来唯一标识某行的数据。访问 HBase 数据的方式有 3 种：基于行键的单行查询、基于行键的范围查询，以及全表扫描查询。

（2）列族。

列族是 HBase 存储的基本单元，一行可以有多个列族，一个列族可以包含多列。一般同一类的列会放在一个列族中，每个列族都有一组存储属性：是否应该缓存在内存中、数据如何被压缩或行键如何编码等，不同的列族存储在不同的文件中。HBase 在创建表时就必须指定列族，但列族不是越多越好，官方推荐一个表的列族数量最好小于或者等于 3，过多的列族不利于 HBase 数据的管理和索引。

（3）列限定符。

列限定符相当于关系数据库中的列名。在创建表时，列限定符不是必须指定的；表创建后，列限定符可以动态增加。HBase 中的列可以动态增加，指的就是列限定符可以动态增加。通常以"Column Family：Column Qualifier"来确定列族中的某列。

（4）列。

HBase 中的列由一个列族和一个列限定符组成，二者共同决定了一个数据的列名。

（5）Region。

HBase 将表中的数据基于行键的不同范围划分到不同 Region 上，每个 Region 都负责一定范围的数据存储和访问。每一个表一开始只有一个 Region,随着数据不断插入表,Region 不断增大,当增大到一定阈值时,Region 就会等分成两个新的 Region。当表中的行不断增多,就会有越来越多的 Region。另外,Region 是 HBase 中分布式存储和负载均衡的最小单元,不同的 Region 可以分布在不同的 RegionServer 上,但一个 Region 是不会拆分到多个 RegionServer 上的。这样即使有一个包括上百亿条数据的表,由于数据被划分到不同的 Region 上,每个 Region 都可以独立地进行写入和查询,HBase 写查询时可以在多个 Region 分布式并发操作,因此访问速度也不会有太大的降低。Region 的实际大小,取决于单台服务器的有效处理能力。

(6) 时间戳。

时间戳(Timestamp)是实现 HBase 多版本的关键。在 HBase 中,使用不同时间戳来标识相同行键对应的不同版本的数据。相同行键的数据按照时间戳倒序排列。默认查询的是最新的版本,当然用户也可以指定时间戳的值来读取指定版本的数据。

(7) 单元格。

单元格是具体存储数据的地方,每个值都是未经解释的字符串(Bytes 数组)。

(8) 数据坐标。

数据坐标通过四维坐标定位,即通过行键、列族、列限定符和时间戳定位数据。

## 6.1.2  HBase 的实现原理

### 1. 模块组成

HBase 可以将数据存储在本地文件系统中,也可以存储在 HDFS 中。在生产环境中,HBase 一般运行在 HDFS 上,以 HDFS 作为基础的存储设施。HBase 通过 HBase 客户端提供的 Java API 来访问 HBase 数据库,以完成数据的写入和读取。HBase 系统架构主要由 HBase 客户端、HMaster、RegionServer、ZooKeeper 和 HDFS 客户端组成,如图 6-1 所示。

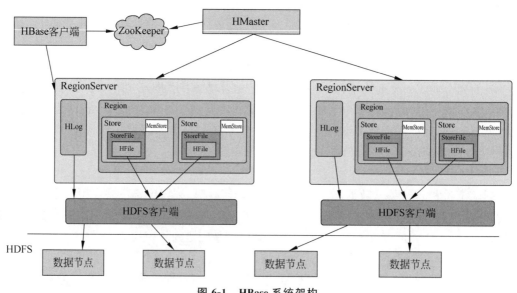

图 6-1  HBase 系统架构

### 2. HBase 客户端

HBase 客户端为用户提供了访问 HBase 的接口，可以通过元数据表来定位到目标数据的 RegionServer。另外，HBase 客户端还维护了对应的缓存来加速 HBase 的访问，如缓存元数据的信息。

### 3. HMaster

HMaster 是 HBase 集群的主节点，负责整个集群的管理工作，主要工作职责包括：

（1）分配 Region。负责启动的时候分配 Region 到具体的 RegionServer。

（2）负载均衡。一方面负责将用户的数据均衡地分布在各个 RegionServer 上，防止 RegionServer 数据倾斜过载；另一方面负责将用户的请求均衡地分布在各个 RegionServer 上，防止 RegionServer 请求过热。

（3）维护数据。发现失效的 Region，并将失效的 Region 分配到正常的 RegionServer 上。在 RegionServer 失效时，协调对应的 HLog 进行任务的拆分。

### 4. RegionServer

RegionServer 直接对接用户的读写请求，主要工作职责如下。

（1）管理 HMaster 为其分配的 Region。

（2）负责与底层的 HDFS 交互，存储数据到 HDFS。

（3）负责 Region 变大以后的拆分以及 StoreFile 的合并工作。

RegionServer 与 HMaster 的协同：当某个 RegionServer 宕机之后，ZooKeeper 会通知 HMaster 进行失效备援。下线的 RegionServer 所负责的 Region 暂时停止对外提供服务，HMaster 会将该 RegionServer 所负责的 Region 转移到其他 RegionServer 上，并且会对所下线的 RegionServer 上存在 MemStore 中还未持久化到磁盘中的数据由 WAL 重播进行恢复。

一个 RegionServer 包含多个 Region，每一个 Region 都有起始行键和结束行键，代表了存储的行的范围，保存着表中某段连续的数据。一开始每个表都只有一个 Region，随着数据量不断增加，当 Region 大小达到一个阈值时，就会被 RegionServer 水平切分成两个新的 Region。当 Region 很多时，HMaster 会将 Region 保存到其他 RegionServer 上。

一个 Region 由多个 Store 组成，每个 Store 都对应一个列族，Store 包含 MemStore 和 StoreFile。作为 HBase 的内存数据存储，数据的写操作会先写到 MemStore 中，当 MemStore 中的数据增长到一个阈值（默认 64MB）后，RegionServer 会启动 flasheatch 进程将 MemStore 中的数据写入 StoreFile 持久化存储，每次写入后都形成一个单独的 StoreFile。当客户端检索数据时，先在 MemStore 中查找，如果 MemStore 中不存在，则会在 StoreFile 中继续查找。MemStore 内存中的数据写到文件后就是 StoreFile，StoreFile 底层是以 HFile 的格式保存。HBase 以 Store 的大小来判断是否需要切分 Region。

当一个 Region 中所有 StoreFile 的大小和数量都增长到超过一个阈值时，HMaster 会把当前 Region 分割为两个，并分配到其他 RegionServer 上，实现负载均衡。HLog 负责记录数据的操作日志，当 HBase 出现故障时可以进行日志重放、故障恢复。例如，磁盘掉电导致 MemStore 中的数据没有持久化存储到 StoreFile 中，这时就可以通过 HLog 日志重放来恢复数据。

Region 由 3 层结构实现寻址定位,如图 6-2 所示。

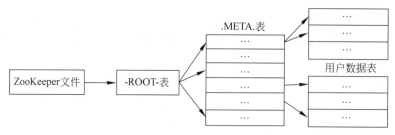

图 6-2　3 层寻址

第一层是 ZooKeeper 文件,它记录了-ROOT-表的位置信息。第二层是-ROOT-表,它记录了.META.表(元数据表)的 Region 位置信息,-ROOT-表只能有一个 Region。第三层是.META.表,它记录了用户数据表的 Region 位置信息。.META.表可以有多个 Region,它保存了 HBase 中所有用户数据表中的 Region 位置信息。

### 5. ZooKeeper

HBase 通过 ZooKeeper 来完成选举 HMaster、监控 RegionServer、维护元数据集群配置等工作,主要工作职责如下。

(1)选举 HMaster:通过 ZooKeeper 来保证集群中有 HMaster 在运行,如果 HMaster 异常,则会通过选举机制产生新的 HMaster 来提供服务。

(2)监控 RegionServer:通过 ZooKeeper 来监控 RegionServer 的状态,当 RegionServer 有异常时,通过回调的形式通知 HMaster 有关 RegionServer 上下线的信息。

(3)维护元数据和集群配置:通过 ZooKeeper 存储信息并对外提供访问接口。

### 6. HDFS

HDFS 为 HBase 提供底层数据存储服务,同时为 HBase 提供高可用的支持。HBase 将 HLog 存储在 HDFS 上,当服务器发生异常宕机时,可以重放 HLog 来恢复数据。

## 6.1.3　HBase 的运行机制

### 1. HBase 写流程

HBase 写流程如图 6-3 所示,步骤如下。

(1)客户端先访问 ZooKeeper,获取.META.表位于哪个 RegionServer。

(2)访问对应的 RegionServer,获取.META.表。根据写请求中的 table/RowKey,查询出目标数据应写入哪个 RegionServer 中的哪个 Region 中,并将该表的 Region 信息以及.META.表的位置信息缓存在客户端的 Meta Cache,方便下次访问(对应图 6-3 中的第 3～5 步)。

(3)与目标 RegionServer 进行通信。将数据顺序写入(追加)到 WAL。将数据写入对应的 MemStore,数据会在 MemStore 中进行排序。

(4)向客户端发送 ACK 信号。

(5)等达到 MemStore 的刷写时机后,将数据刷写到 HFile。

### 2. HBase 读流程

HBase 读流程如图 6-4 所示,主要分为以下步骤。

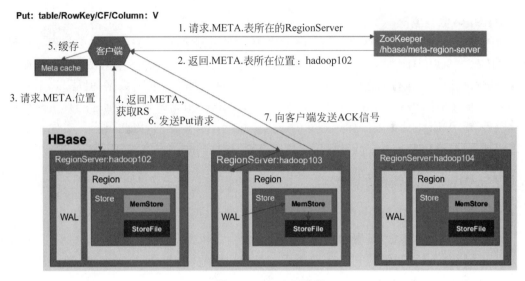

图 6-3 HBase 写流程

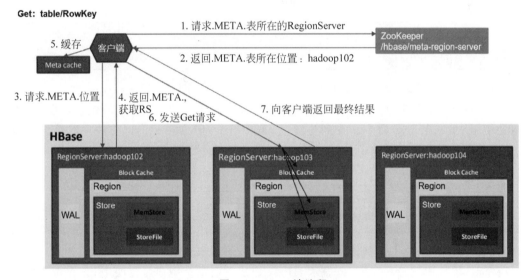

图 6-4 HBase 读流程

（1）客户端先访问 ZooKeeper，获取 .META. 表位于哪个 RegionServer。

（2）访问对应的 RegionServer，获取 .META. 表。根据读请求的 table/RowKey，查询出目标数据位于哪个 RegionServer 中的哪个 Region 中，并将该表的 Region 信息以及 .META. 表的位置信息缓存在客户端的 Meta Cache，方便下次访问（对应图 6-4 中第 3～5 步）。

（3）与目标 RegionServer 进行通信。分别在 Block Cache（读缓存）、MemStore 和 StoreFile（HFile）中查询目标数据，并将查到的所有数据进行合并。此处所有数据是指同一条数据的不同版本或者不同的类型（Put/Delete）。将从文件中查询到的数据块（Block，HFile 数据存储单元，默认大小为 64KB）缓存到 Block Cache。

（4）将合并后的最终结果返回给客户端。

### 3. HBase 数据删除

HBase 的数据删除操作并不会立即将数据从磁盘上删除,因为 HBase 的数据通常被保存在 HDFS 中,而 HDFS 只允许新增或者追加数据文件,所以删除操作主要是对要被删除的数据进行标记。当执行删除操作时,HBase 新插入一条相同的键值对数据,但是 keyType = Delete,这便意味着数据被删除了,直到发生 Major_compaction 操作,数据才会真正地被从磁盘上删除。HBase 这种基于标记删除的方式是按顺序写磁盘的,因此很容易实现海量数据的快速删除,有效避免了在海量数据中查找数据、执行删除及重建索引等复杂的流程。

## 6.1.4　HBase 的安装与使用

下面介绍在单机上安装 HBase 的方法,单机版的 HBase 运行在本地磁盘上。

### 1. 在独立模式下下载、配置和启动 HBase

(1) 从 Apache 下载镜像列表中选择下载站点,下载 HBase Releases。单击 stable 目录,然后下载扩展名为 .tar.gz 的二进制文件到本地文件系统。

(2) 提取下载的文件,并更改到新创建的目录。

```
$ tar xzvf hbase - 3.0.0 - alpha - 3 - bin.tar.gz
$ cd hbase - 3.0.0 - alpha - 3/
```

(3) 在启动 HBase 之前,必须配置 JAVA_HOME 环境变量。HBase 允许用户在 conf/hbase-env.sh 文件中设置它。用户首先需要找到机器上安装 Java 的位置,其中一种方法是使用 whereis java 命令。找到位置后,编辑 conf/hbase-env.sh 文件并取消注释以 #export JAVA_HOME=开头的行,然后将其设置为 Java 安装路径。

```
# Set environment variables here.
# The java implementation to use.
export JAVA_HOME = /usr/jdk64/jdk1.8.0_112
```

(4) bin/start-hbase.sh 脚本是启动 HBase 的一种便捷方法。发出该命令,如果一切正常,将在标准输出中记录一条消息,显示 HBase 已成功启动。用户可以使用 jps 命令来验证是否有一个名为 HMaster 的正在运行的进程。在独立模式下,HBase 运行单个 JVM 中的所有守护进程,即 HMaster、单个 HRegionServer 和 ZooKeeper 守护进程。在 http://localhost:16010 查看 HBase Web UI。

### 2. HBase 的首次使用

(1) 连接到 HBase。使用 hbase shell 命令连接到正在运行的 HBase 实例,该命令位于 HBase 安装的 bin/目录中。在本例中,省略了启动 HBase Shell 时打印的一些使用和版本信息。HBase Shell 提示符以>字符结尾。

```
$ ./bin/hbase shell
hbase(main):001:0 >
```

(2) 显示 HBase Shell 帮助文本。输入 help 并按 Enter 键,以显示 HBase Shell 的一些

基本使用信息，以及几个示例命令。注意，表名、行和列都必须包含在引号字符中。

（3）创建一个表。使用 create 命令创建新表，必须指定表名和列族名。

```
hbase(main):001:0 > create 'test', 'cf'0 row(s) in 0.4170 seconds

=> HBase::Table - test
```

（4）列出有关表的信息。使用 list 命令确认表存在。

```
hbase(main):002:0 > list 'test'
TABLE
test1 row(s) in 0.0180 seconds

=> ["test"]
```

使用 describe 命令查看详细信息，包括配置默认值。

```
hbase(main):003:0 > describe 'test'
Table test is ENABLED
test
COLUMN FAMILIES DESCRIPTION
{NAME => 'cf', VERSIONS => '1', EVICT_BLOCKS_ON_CLOSE => 'false', NEW_VERSION_BEHAVIOR =>
'false', KEEP_DELETED_CELLS => 'FALSE', CACHE_DATA_ON_WRITE =>'false', DATA_BLOCK_ENCODING
=> 'NONE', TTL => 'FOREVER', MIN_VERSIONS => '0', REPLICATION_SCOPE => '0', BLOOMFILTER =
> 'ROW', CACHE_INDEX_ON_WRITE => 'false', IN_MEMORY => 'false', CACHE_BLOOMS_ON_WRITE =>
'false', PREFETCH_BLOCKS_ON_OPEN => 'false', COMPRESSION => 'NONE', BLOCKCACHE =>
'true', BLOCKSIZE
=> '65536'}1 row(s)
Took 0.9998 seconds
```

（5）使用 put 命令，将数据放入表中。示例中，一次插入 3 个值。第一次插入位于第 1 行，列为 cf:a，值为 value1。HBase 中的列由列族前缀（在本例中为 cf）、冒号和列限定符后缀（在本示例中为 a）组成。

```
hbase(main):003:0 > put 'test', 'row1', 'cf:a', 'value1'0 row(s) in 0.0850 seconds

hbase(main):004:0 > put 'test', 'row2', 'cf:b', 'value2'0 row(s) in 0.0110 seconds

hbase(main):005:0 > put 'test', 'row3', 'cf:c', 'value3'0 row(s) in 0.0100 seconds
```

（6）一次扫描表中的所有数据。从 HBase 获取数据的方法之一是扫描，使用 scan 命令可以扫描表中的数据。用户可以限制扫描，但目前，所有数据都会被提取。

```
hbase(main):006:0 > scan 'test'
ROW                      COLUMN + CELL
row1                     column = cf:a, timestamp = 1421762485768, value = value1
row2                     column = cf:b, timestamp = 1421762491785, value = value2
row3                              column = cf:c, timestamp = 1421762496210,
value = value33 row(s) in 0.0230 seconds
```

（7）使用 get 命令获取一行数据。

```
hbase(main):007:0 > get 'test', 'row1'
COLUMN                          CELL
cf:a                            timestamp = 1421762485768, value = value11 row(s) in 0.0350 seconds
```

（8）禁用表。如果要删除表或更改其设置，需要先使用 disable 命令禁用该表。之后可以使用 enable 命令重新启用它。

```
hbase(main):008:0 > disable 'test'0 row(s) in 1.1820 seconds

hbase(main):009:0 > enable 'test'0 row(s) in 0.1770 seconds
```

（9）使用 drop 命令删除表。

```
hbase(main):011:0 > drop 'test'0 row(s) in 0.1370 seconds
```

（10）退出 HBase Shell。使用 quit 命令退出 HBase Shell 并断开与集群的连接，此时 HBase 仍在后台运行。

### 3. 停止 HBase

与提供 bin/start-hbase.sh 脚本以方便地启动所有 HBase 守护进程的方式相同，bin/stop-hbase.sh 脚本将停止它们。

```
$ ./bin/stop - hbase.sh
stopping hbase...................
$
```

发出命令后，进程可能需要几分钟才能关闭，使用 jps 命令确保 HMaster 和 HRegionServer 进程已关闭。

# 6.2 Cassandra

## 6.2.1 Cassandra 介绍

### 1. Cassandra 简介

Cassandra 是一个开源分布式 NoSQL 数据库系统。最早由 Facebook 工程师 Avinash Lakshman 和 Prashant Malik 开发，用于提高 Facebook 邮件收件箱的搜索功能。通过使用 Cassandra，用户可以更快地找到他们需要的邮件和内容。

2008 年 7 月，Facebook 公开了 Cassandra 的源码。2009 年 3 月，Cassandra 成为了 Apache 孵化器的开源项目。2010 年 4 月，Cassandra 从 Apache 孵化器毕业，成为了 Apache 基金会的最高级别项目之一。时至今日，Cassandra 在 Apache 许可证 2.0 版本下可自由使用。由于其良好的可扩展性，该数据库已被 Digg、Twitter 等知名 Web 2.0 网站所采纳，成为了一种流行的分布式结构化数据存储方案。

作为一种混合型的非关系数据库，Cassandra 的架构结合了 Amazon *Dynamo* 论文中提出的分发模型和 Google *BigTable* 论文中描述的日志结构存储引擎（Log-structured Storage Engine），从而实现了在不同节点间的横向拓展。其结果是，Cassandra 作为一种高可拓展性的数据库，能应对大多数数据量巨大及性能密集型的使用场景。

### 2. Cassandra 的特点

（1）Cassandra 中的数据分布。

在早期的 Cassandra 版本中，将这个集群中的节点连接为一个环，如图 6-5 所示。Cassandra 为环中的每个物理节点分配一个数据区间或范围，由一个令牌来表示，通过这个令牌来确定数据在环中的位置。

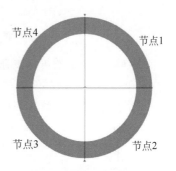

当插入数据时，会通过一个哈希函数计算要插入数据的哈希值，通过这个哈希值得到这个数据在环中所处的位置或区间，并确定拥有这个数据的节点。但采用这种方式会存在一个问题，即增加或替换节点会有非常大的开销，在平衡数据分布时会移动大量的数据。

图 6-5 集群数据分布

因此，在 Cassandra 后期的版本中引入了虚拟节点，即不再为物理节点分配一个令牌，而是将令牌区间分解为多个小区间（每个小区间对应一个虚拟节点）。这样每个物理节点就会被分配为多个虚拟节点，在增加或替换节点时只需要迁移相应的虚拟节点即可。

（2）Cassandra 的去中心化。

相对于传统的集中式元数据管理架构和主从的分布式数据库架构，Cassandra 采用了 P2P（Peer-to-Peer，对等网络）协议，通过 Gossip 协议来维护和同步节点信息。每隔一秒，数据节点就会从集群中随机选择一个节点，初始化与它的一个 Gossip 会话，并发送一个 GossipDigestSynMessage。该节点收到消息时，会返回一个 GossipDigestAckMessage，而发送者收到 ACK 消息时，会再次发送一个 GossipDigestAck2Message 并结束此轮 Gossip 会话。

Cassandra 采用累积型故障探测（对历史数据进行累计与分析）方法判断某节点是否下线。每个节点的存活与死亡都存在一个可信度，可信度是一个随时间连续变化的值。当可信度达到低阈值（Low Threshold）时，节点会被判断为逻辑死亡，其他节点不会将读写操作发送至该节点；而当可信度达到中度阈值（Moderate Threshold）时，则被判断为物理死亡。

对于对等网络分布式一致性问题，如图 6-6 所示，Cassandra 使用 Paxos 共识算法确保在分布式对等节点里达成一致结果，而不需要一个主节点协调。在 Paxos 算法中，每个节点都可以担任提议者的角色，向其他副本节点提议一个新值。其他副本节点会检查该提议，如果这个提议是它看到的最新的提议，则会承诺不接受与之前任何提议关联的提议，每个副本节点都会返回它接收到的最新的提议。如果这个提议被大多数副本接受，提议者就会提交这个提议。

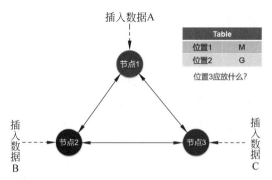

**图 6-6  对等网络中分布式一致性问题**

（3）Cassandra 的可调复制一致性级别。

Cassandra 可通过可调节的一致性级别满足 CP 和 AP 的需要，写复制一致性级别如表 6-2 所示，读复制一致性级别如表 6-3 所示。

**表 6-2  写复制一致性级别（不完全列表）**

| 一致性级别 | 含　义 |
| --- | --- |
| ANY | 弱一致性。写数据时，只要确保这个值能写入一节点即表示写入成功 |
| QUORUM | 确保至少大多数副本（副本因子/2＋1）被成功写入 |
| ALL | 强一致性。要求要写入所有副本，如果有一个副本没有响应，则操作失败 |

**表 6-3  读复制一致性级别（不完全列表）**

| 一致性级别 | 含　义 |
| --- | --- |
| ONE，TWO，THREE | 立即返回响应查询的第一节点包含的记录，创建一个后台线程对这个记录与其他副本上相同的记录做比较，如果过期则进行读修复 |
| QUORUM | 查询所有节点，一旦大多数节点（副本因子/2＋1）做出响应，则向客户端返回最新时间戳的值，必要时进行读修复 |
| ALL | 查询所有节点，等待所有节点做出响应，向客户端返回具有最新时间戳的值，必要时进行读修复 |

写复制一致性级别没有设置为 ALL 时，必然会导致一些副本节点保存的数据不是最新数据，因此要使用修复功能（读修复和逆熵修复）完成节点间的数据同步。

读修复是指 Cassandra 从多个副本读取出数据，并检测到某些副本包含过期的数据。如果有最新值的节点数量不够，就需要进行读修复来更新那些过期的副本。

逆熵修复是一种在节点上手动的修复方式，通过判断两个副本之间 Merkle 树是否相等来确定两个副本的数据是否一致。如果不一致，则进行修复。

（4）Cassandra 的数据接口。

Cassandra 作为 NoSQL 技术的代表性数据库，提供了类似于 SQL 的查询语言 CQL。

Cassandra 数据库的特点可总结如下。

① 弹性可扩展性。Cassandra 是高度可扩展的，它允许添加更多的硬件以适应更多的客户和更多的数据。

② 始终基于架构。Cassandra 没有单点故障，它可以连续用于不能承担故障的关键业务应用程序。

③ 快速线性性能。Cassandra 是线性可扩展的,通过增加集群中的节点数量来增加吞吐量。因此,可以保持一个快速的响应时间。

④ 灵活的数据存储。Cassandra 适应所有可能的数据格式,包括结构化、半结构化和非结构化,可以根据需要动态地适应变化的数据结构。

⑤ 便捷的数据分发。Cassandra 通过在多个数据中心之间复制数据,可以灵活地在需要时分发数据。

⑥ 事务支持。Cassandra 支持属性,如原子性、一致性、隔离和持久性(ACID)。

⑦ 快速写入。Cassandra 被设计为在廉价的商品硬件上运行,它执行快速写入,并可以存储数百 TB 的数据,而不牺牲读取效率。

### 3. Cassandra 的数据模型

(1)集群。

Cassandra 数据库分布在几个一起操作的机器上,最外层容器被称为集群(Cluster)。对于故障处理,每个节点包含一个副本,如果发生故障,副本将被复制。Cassandra 按照环形格式将节点排列在集群中,并为它们分配数据。

(2)键空间。

键空间(Keyspace)是 Cassandra 中数据的最外层容器,如图 6-7 所示。Cassandra 中的一个键空间的基本属性如下。

① 复制因子。它是集群中将接收相同数据副本的计算机数。

② 副本放置策略。它是把副本放在介质中的策略,包括简单策略、旧网络拓扑策略(机架感知策略)和网络拓扑策略(数据中心共享策略)等。

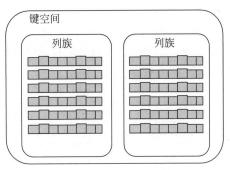

图 6-7　Cassandra 键空间示意图

③ 列族。键空间是一个或多个列族列表的容器,列族又是一个行集合的容器,每行包含有序列。列族表示数据的结构,每个键空间至少有一个列族,但通常是许多列族。

(3)列族。

列族是有序收集行的容器,每行又是一个有序的列集合,如图 6-8 所示。表 6-4 列出了区分关系表和 Cassandra 列族的要点。

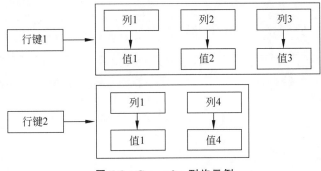

图 6-8　Cassandra 列族示例

表 6-4　关系表与 Cassandra 列族对比

| 关 系 表 | Cassandra 列族 |
| --- | --- |
| 关系模型中的模式是固定的。一旦为表定义了某些列,在插入数据时,在每一行中,所有列必须至少填充一个空值 | 在 Cassandra 中,只定义了列族,可以随时向任何列族自由添加任何列 |
| 关系表只定义列,用户用值填充表 | 在 Cassandra 中,表包含列,或者可以定义为超级列族 |

Cassandra 列族具有以下属性。

① keys_cached:表示每个 SSTable 保持缓存的位置数。

② rows_cached:表示其整个内容将在内存中缓存的行数。

③ preload_row_cache:指定是否要预先填充行缓存。

**注**:与不是固定列族的模式的关系表不同,Cassandra 不强制单个行拥有所有列。

(4)列。

列是 Cassandra 的基本数据结构,具有 3 个值,即键或列名称、值和时间戳。图 6-9 给出了列的结构。

(5)超级列。

超级列是一个特殊列,它存储了子列的地图。通常列族被存储在磁盘上的单个文件中,为了优化性能,重要的是保持可能在同一列族中一起查询的列,超级列在此可以有所帮助。图 6-10 是超级列的结构。

| 列 | | |
| --- | --- | --- |
| name : byte[] | value : byte[] | clock : clock[] |

图 6-9　Cassandra 列结构

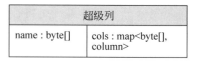

| 超级列 | |
| --- | --- |
| name : byte[] | cols : map<byte[], column> |

图 6-10　Cassandra 超级列结构

(6)Cassandra 和传统关系数据库的数据模型对比。

表 6-5 列出了区分 Cassandra 的数据模型和传统关系数据库数据模型的要点。

表 6-5　Cassandra 与传统关系数据库的数据模型对比

| Cassandra | 传统关系数据库 |
| --- | --- |
| Cassandra 处理非结构化数据 | 传统关系数据库处理结构化数据 |
| Cassandra 具有灵活的架构 | 传统关系数据库具有固定的模式 |
| 在 Cassandra 中,表是"嵌套的键值对"的列表(行×列键×列值) | 在传统关系数据库中,表是一个数组的数组(行×列) |
| 键空间是包含与应用程序对应的数据的最外层容器 | 数据库是包含与应用程序对应的数据的最外层容器 |
| 表或列族是键空间的实体 | 表是数据库的实体 |
| 行是 Cassandra 中的一个复制单元 | 行是传统关系数据库中的单个记录 |
| 列是 Cassandra 中的存储单元 | 列表示关系的属性 |
| 关系使用集合表示 | 传统关系数据库支持外键的概念、连接 |

## 6.2.2　Cassandra 架构

Cassandra 的设计目的是处理跨多节点的大数据工作负载,而没有任何单点故障。其节点之间具有对等分布式系统，并且数据分布在集群中的所有节点。

Cassandra 集群中的所有节点都扮演相同的角色。每个节点是独立的，并且同时相互连接到其他节点。集群中的每个节点都可以接受读取和写入请求，无论数据实际位于集群中的何处。当节点关闭时，可以从网络中的其他节点提供读写请求。

### 1. Cassandra 的组件

Cassandra 的关键组件如下。

（1）节点：存储数据的地方。

（2）数据中心：相关节点的集合。

（3）集群：包含一个或多个数据中心的组件。

（4）提交日志：Cassandra 中的崩溃恢复机制，每个写操作都写入提交日志。

（5）Mem 表：存储器驻留的数据结构。提交日志后，数据将被写入 Mem 表。有时，对于单列族，将有多个 Mem 表。

（6）SSTable：一个磁盘文件，当其内容达到阈值时，数据从 Mem 表中刷新。

（7）布隆过滤器：用于测试元素是否是集合的成员。

### 2. Cassandra 的数据复制

在 Cassandra 中，集群中的一个或多个节点充当给定数据片段的副本。如果检测到一些节点以过期值响应，Cassandra 将向客户端返回最新的值。返回最新的值后，Cassandra 在后台执行读修复以更新失效值。

图 6-11 显示了 Cassandra 如何在集群中的节点之间使用数据复制，以确保没有单点故障。

注：Cassandra 在后台使用 Gossip 协议，允许节点相互通信并检测集群中的任何故障节点。

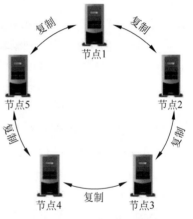

图 6-11 节点数据复制示意

### 3. Cassandra 的写操作

对于写操作，Cassandra 首先将数据以及操作记录到提交日志，提高可靠性，然后再将数据写入 MemTable。每当 MemTable 满时，数据将写入 SSTable 数据文件。所有写入都会在整个集群中自动分区和复制。Cassandra 会定期整合 SSTable，丢弃不必要的数据。图 6-12 展示了写操作的流程。

（1）写日志优先。

Cassandra 进行写操作时，会优先写入提交日志，提交日志是支持 Cassandra 持久性目标的一种失败恢复机制。

（2）基于内存写的数据结构。

在提交日志成功之后，值会被写入一个内存的数据结构中，这个内存结构称为 MemTable，每个表都会有一个或多个独立的 MemTable。当存储在 MemTable 中的记录数量达到一个阈值时，MemTable 中的内容会被刷到磁盘里一个名为 SSTable 的文件中，然后再创建一个新的 MemTable。刷盘是非阻塞操作，与数据写入可以同时进行。在 MemTable 刷入成功之后会删除掉对应的日志。

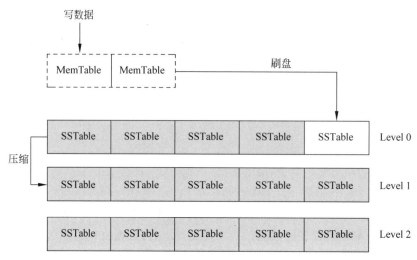

**图 6-12  Cassandra 写操作**

（3）数据合并。

Cassandra 对数据的写操作都是以追加的方式顺序进行的，并不需要任何读或者查找操作，这就会导致同一条数据的操作分布到多个 SSTable 中，同时 SSTable 是不可变的。

Cassandra 的删除操作并不是立即删除的，只是在值上放置一个删除标志，等到可以运行合并时，才真正删除 Cassandra 中的旧数据。

合并触发的条件：每个层级下面会有多个 SSTable，当某个层级的 SSTable 文件数量达到阈值之后，会将该层级的 SSTable 与上一层级的 SSTable 文件合并，并写入新的 SSTable 中。合并过程中，键进行归并，列进行组合，而删除标志将会被删除。

### 4. Cassandra 的读操作

由于对数据的更新都是顺序的，势必会导致对同一条记录多次更新的数据会落入多个 SSTable 或 MemTable 中。为提高查询的速度，Cassandra 使用布隆过滤器检测记录是否存在于 SSTable 中。由于布隆过滤器存在误报的现象（不存在的记录判断为存在），可通过增加过滤器内存大小减少误报率。

## 6.2.3  Cassandra 查询语言

用户可以使用 Cassandra 查询语言(CQL)通过其节点访问 Cassandra。CQL 将数据库视为表的容器，程序员使用 cqlsh: 提示以使用 CQL 或单独的应用程序语言驱动程序。

### 1. cqlsh 命令

默认情况下，Cassandra 提供一个提示 Cassandra 查询语言 Shell(cqlsh)，允许用户与它通信。使用此 Shell，可以执行 CQL，进行模式定义、数据插入和执行查询。

使用命令 cqlsh 启动 cqlsh，如下所示。它提供 Cassandra cqlsh 提示作为输出。

```
[hadoop@linux bin]$ cqlsh
Connected to Test Cluster at 127.0.0.1:9042.
[cqlsh 5.0.1 | Cassandra 2.1.2 | CQL spec 3.2.0 | Native protocol v3]
Use HELP for help.
cqlsh>
```

表 6-6 说明了 cqlsh 命令的选项及用法。

表 6-6　cqlsh 命令的选项及用法

| 选　　项 | 用　　法 |
| --- | --- |
| cqlsh --help | 显示有关 cqlsh 命令的选项的帮助主题 |
| cqlsh --version | 提供正在使用的 cqlsh 的版本 |
| cqlsh --color | 指示 Shell 使用彩色输出 |
| cqlsh --debug | 显示更多的调试信息 |
| cqlsh --execute<br>cql_statement | 指示 Shell 接受并执行 CQL 命令 |
| cqlsh --file="file name" | 如果使用此选项, Cassandra 将在给定文件中执行命令并退出 |
| cqlsh --no-color | 指示 Cassandra 不使用彩色输出 |
| cqlsh -u"user name" | 验证用户。默认用户名为 cassandra |
| cqlsh-p"pass word" | 使用密码验证用户。默认密码为 cassandra |

cqlsh 允许用户与它进行交互,命令如下所示。

(1) 记录的 Shell 命令。

下面给出了 cqlsh 记录的 Shell 命令。这些是用于执行任务的命令,如显示帮助主题、退出 cqlsh、描述等。

- HELP:显示所有 cqlsh 命令的帮助主题。
- CAPTURE:捕获命令的输出并将其添加到文件。
- CONSISTENCY:显示当前一致性级别,或设置新的一致性级别。
- COPY:将数据复制到 Cassandra 并从 Cassandra 中复制数据。
- DESCRIBE:描述 Cassandra 及其对象的当前集群。
- EXPAND:纵向扩展查询的输出。
- EXIT:终止 cqlsh。
- PAGING:启用或禁用查询分页。
- SHOW:显示当前 cqlsh 会话的详细信息,如 Cassandra 版本、主机或数据类型假设。
- SOURCE:执行包含 CQL 语句的文件。
- TRACING:启用或禁用请求跟踪。

(2) CQL 数据定义命令。

- CREATE KEYSPACE:在 Cassandra 中创建键空间。
- USE:连接到已创建的键空间。
- ALTER KEYSPACE:更改键空间的属性。
- DROP KEYSPACE:删除键空间。
- CREATE TABLE:在键空间中创建表。
- ALTER TABLE:修改表的列属性。
- DROP TABLE:删除表。
- TRUNCATE:从表中删除所有数据。
- CREATE INDEX:在表的单个列上定义新索引。

- DROP INDEX：删除命名索引。

（3）CQL 数据操作指令。

- INSERT：在表中添加行的列。
- UPDATE：更新行的列。
- DELETE：从表中删除数据。
- BATCH：一次执行多个 DML 语句。

（4）CQL 子句。

- SELECT：从表中读取数据。
- WHERE：与 SELECT 一起使用以读取特定数据。
- ORDERBY：与 SELECT 一起使用，以特定顺序读取特定数据。

**2. CQL 数据类型**

CQL 提供了一组丰富的内置数据类型，包括集合类型。除了这些数据类型，用户还可以创建自己的自定义数据类型。表 6-7 提供了 CQL 中可用的内置数据类型。

表 6-7　CQL 中可用的内置数据类型

| 数 据 类 型 | 常　　量 | 描　　述 |
|---|---|---|
| ascii | strings | 表示 ASCII 字符串 |
| bigint | bigint | 表示 64 位有符号长整型数 |
| blob | blobs | 表示任意字节 |
| Boolean | booleans | 表示 true 或 false |
| counter | integers | 表示计数器列 |
| decimal | integers,floats | 表示变量精度十进制 |
| double | integers | 表示 64 位 IEEE-754 浮点 |
| float | integers,floats | 表示 32 位 IEEE-754 浮点 |
| inet | strings | 表示一个 IP 地址，IPv4 或 IPv6 |
| int | integers | 表示 32 位有符号整数 |
| text | strings | 表示 UTF8 编码的字符串 |
| timestamp | integers,strings | 表示时间戳 |
| timeuuid | uuids | 表示类型 1 UUID |
| uuid | uuids | 表示类型 1 或类型 4UUID |
| varchar | strings | 表示 UTF8 编码的字符串 |
| varint | integers | 表示任意精度的整数 |

CQL 还提供了一个集合数据类型。表 6-8 提供了 CQL 中可用的集合。

表 6-8　CQL 中可用的集合

| 集　　合 | 描　　述 |
|---|---|
| list | 列表,是一个或多个有序元素的集合 |
| map | 地图,是键值对的集合 |
| set | 集合,是一个或多个元素的集合 |

cqlsh 为用户提供了创建自己的数据类型的工具。下面给出了处理用户定义的数据类型时使用的命令。

- CREATE TYPE：创建用户定义的数据类型。

- ALTER TYPE: 修改用户定义的数据类型。
- DROP TYPE: 删除用户定义的数据类型。
- DESCRIBE TYPE: 描述用户定义的数据类型。

### 3. CQL 集合数据类型

(1) list。

list(列表)用于保持元素的顺序,并且值将被多次存储的情况。可以使用列表中元素的索引来获取列表数据类型的值。

① 使用 list 创建表。

下面给出了创建一个包含两个列(名称和电子邮件)的样本表的示例。要存储多个电子邮件,可以使用列表。

```
cqlsh:tutorialspoint > CREATE TABLE data(name text PRIMARY KEY, email list < text >);
```

② 将数据插入列表。

在将数据插入列表中的元素时,在如下所示的方括号中输入以逗号分隔的所有值。

```
cqlsh:tutorialspoint > INSERT INTO data(name, email) VALUES ('ramu',
['abc@gmail.com','cba@yahoo.com'])
```

③ 更新列表。

下面给出了一个在名为 data 的表中更新列表数据类型的示例。在这里,正在向列表中添加另一封电子邮件。

```
cqlsh:tutorialspoint > UPDATE data
... SET email  =  email + ['xyz@tutorialspoint.com']
... where name  =  'ramu';
```

④ 验证。

使用 SELECT 语句验证表,将得到以下结果:

```
cqlsh:tutorialspoint > SELECT  *  FROM data;

name | email
 ------+-----------------------------------------------------------------------
ramu | ['abc@gmail.com', 'cba@yahoo.com', 'xyz@tutorialspoint.com']

(1 rows)
```

(2) set。

set(集合)是用于存储一组元素的数据类型,集合的元素将按排序顺序返回。

① 使用 set 创建表。

以下示例创建一个包含两个列(名称和电话)的样本表。对于存储多个电话号码,可以使用集合。

```
cqlsh:tutorialspoint > CREATE TABLE data2 (name text PRIMARY KEY, phone set < varint >);
```

② 将数据插入集合。

在将数据插入集合时,在花括号{}中输入逗号分隔的所有值,如下所示。

```
cqlsh: tutorialspoint > INSERT INTO data2 (name, phone) VALUES ( ' rahman ', {9848022338,
9848022339});
```

③ 更新集合。

以下代码显示如何更新名为 data2 的表中的集合。在这里,正在添加另一个电话号码。

```
cqlsh:tutorialspoint > UPDATE data2
    ... SET phone = phone + {9848022330}
    ... where name = 'rahman';
```

④ 验证。

使用 SELECT 语句验证表,将得到以下结果:

```
cqlsh:tutorialspoint > SELECT * FROM data2;

   name | phone
---------+----------------------------------------
 rahman | {9848022330, 9848022338, 9848022339}

(1 rows)
```

(3) map。

map(地图)是用于存储元素的键值对的数据类型。

① 使用 map 创建表。

以下示例展示如何创建具有两个列(名称和地址)的样本表。为了存储多个地址值,可以使用 map。

```
cqlsh:tutorialspoint > CREATE TABLE data3 (name text PRIMARY KEY, address
map < timestamp, text >);
```

② 将数据插入地图中。

在将数据插入地图中的元素时,输入所有的键值对,键值对之间以逗号分隔,如下所示。

```
cqlsh:tutorialspoint > INSERT INTO data3 (name, address)
    VALUES ('robin', {'home' : 'hyderabad', 'office' : 'Delhi'} );
```

③ 更新地图。

以下代码展示如何在名为 data3 的表中更新地图数据类型。在这里,改变了一个名为 robin 的人的办公地址。

```
cqlsh:tutorialspoint > UPDATE data3
    ... SET address = address + {'office':'mumbai'}
    ... WHERE name = 'robin';
```

④ 验证。

使用 SELECT 语句验证表，将得到以下结果：

```
cqlsh:tutorialspoint > select * from data3;

  name | address
 -------+-------------------------------------------
 robin | {'home': 'hyderabad', 'office': 'mumbai'}
 (1 rows)
```

#### 4. CQL 用户定义的数据类型

CQL 提供了创建和使用用户定义的数据类型的功能，可以创建一个数据类型来处理多个字段。下面介绍如何创建、更改和删除用户定义的数据类型。

（1）创建用户定义的数据类型。

命令 CREATE TYPE 用于创建用户定义的数据类型，其语法如下。注意：用于用户定义数据类型的名称不应与保留类型名称一致。

```
CREATE TYPE < keyspace name >. < data typename >
( variable1, variable2).
```

（2）更改用户定义的数据类型。

ALTER TYPE 命令用于更改现有数据类型。使用 ALTER，可以添加新字段或重命名现有字段。

使用以下语法向现有用户定义的数据类型添加新字段。

```
ALTER TYPE typename
ADD field_name field_type;
```

使用以下语法重命名现有的用户定义数据类型。

```
ALTER TYPE typename
RENAME existing_name TO new_name;
```

（3）删除用户定义的数据类型。

DROP TYPE 是用于删除用户定义的数据类型的命令。在删除之前，可以使用 DESCRIBE_TYPES 命令验证所有用户定义的数据类型的列表。

### 6.2.4　Cassandra 的安装与使用

#### 1. 下载 Cassandra 安装包

打开 Cassandra 官方网站，进入下载页面，如图 6-13 所示。从版本列表选择所需要下载的版本,目前最稳定版本为 4.0.11,在此以 3.9 版本为例。

图 6-13　从 Cassandra 官方网站下载

下载 3.9 版本对应的安装包 apache-cassandra-3.9-bin.tar.gz,如图 6-14 所示。

## Index of /dist/cassandra/3.9

| Name | Last modified | Size | Description |
| --- | --- | --- | --- |
| Parent Directory | | - | |
| apache-cassandra-3.9-bin.tar.gz | 2016-09-29 20:24 | 35M | |
| apache-cassandra-3.9-bin.tar.gz.asc | 2016-09-29 20:24 | 819 | |
| apache-cassandra-3.9-bin.tar.gz.asc.md5 | 2016-09-29 20:24 | 32 | |
| apache-cassandra-3.9-bin.tar.gz.asc.sha1 | 2016-09-29 20:24 | 40 | |
| apache-cassandra-3.9-bin.tar.gz.md5 | 2016-09-29 20:24 | 32 | |
| apache-cassandra-3.9-bin.tar.gz.sha1 | 2016-09-29 20:24 | 40 | |
| apache-cassandra-3.9-src.tar.gz | 2016-09-29 20:24 | 32M | |
| apache-cassandra-3.9-src.tar.gz.asc | 2016-09-29 20:24 | 819 | |
| apache-cassandra-3.9-src.tar.gz.asc.md5 | 2016-09-29 20:24 | 32 | |
| apache-cassandra-3.9-src.tar.gz.asc.sha1 | 2016-09-29 20:24 | 40 | |
| apache-cassandra-3.9-src.tar.gz.md5 | 2016-09-29 20:24 | 32 | |
| apache-cassandra-3.9-src.tar.gz.sha1 | 2016-09-29 20:24 | 40 | |

图 6-14　下载 Cassandra 安装包

### 2. 在 Windows 下的安装与使用

Cassandra 使用 Java 语言开发,首先保证已安装 JDK。

(1) 解压安装包并配置环境变量。

将安装包解压到不含有中文路径的文件夹,如 D:\coding-software\apache-cassandra-3.9。

在环境变量中新建一个 CASSANDRA_HOME 变量,其值为刚刚安装包所解压的文件夹路径,即 D:\coding-software\apache-cassandra-3.9。在 Path 环境变量中添加%CASSANDRA_HOME%\bin,如图 6-15 所示。

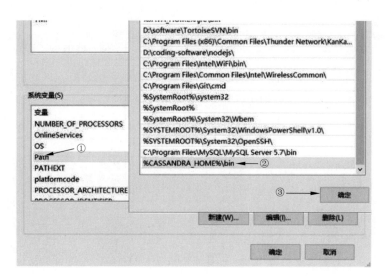

图 6-15 环境变量配置

环境变量配置完成后，可以通过命令行窗口验证是否设置成功。输入 echo％cassandra_home％，若返回安装路径，则设置成功。

（2）配置 Cassandra。

Cassandra 的数据分为 3 类，3 类数据的存储位置可以通过配置文件修改。

data 目录：用于存储真正的数据文件，即 SSTable 文件。

commitlog 目录：用于存储未写入 SSTable 中的数据，每次 Cassandra 系统中有数据写入，都会先将数据记录在该日志文件中，以保证 Cassandra 在任何情况下宕机都不会丢失数据。

saved-caches 目录：用于存储系统中的缓存数据。可以在 cassandra.yaml 文件中定义列族的属性中与缓存相关的信息，如缓存数据的大小（对应配置文件中的 keys_cached 和 rows_ cached）、持久化缓存数据的时间间隔（对应配置文件中的 row cache_save_ period in. seconds 和 key. cache save period in seconds）等。

① 新建数据存储目录：data 目录。

如在 D:\coding-software\apache-cassandra-3.9 目录中新建一个 data 目录，找到 D:\coding-software\apache-cassandra-3.9\conf 目录下的 cassandra.yaml 配置 data 目录，如图 6-16 所示。

```
186  # Directories where Cassandra should store data on disk.  Cassandra
187  # will spread data evenly across them, subject to the granularity of
188  # the configured compaction strategy.
189  # If not set, the default directory is $CASSANDRA_HOME/data/data.
190  # data_file_directories:
191  #     - /var/lib/cassandra/data
192  data_file_directories:
193       -D: coding-software\apache-cassandra-3.9\data
```

图 6-16 配置 data 目录

注意：如果不配置数据目录则默认为 $CASSANDRA_HOME/data/data；-的后面要跟一个空格，这是 yaml 的语法。

② 新建日志目录：commitlog 目录。

在 D:\coding-software\apache-cassandra-3.9 目录中新建一个 commitlog 目录，在 cassandra.yaml 中配置 commitlog 目录，如图 6-17 所示。

```
194  # commit log.  when running on magnetic HDD, this should be a
195  # separate spindle than the data directories.
196  # If not set, the default directory is $CASSANDRA_HOME/data/commitlog.
197  # commitlog_directory: /var/lib/cassandra/commitlog
198  commitlog_directory:
199      - D:\coding-software\apache-cassandra-3.9\commitlog
```

图 6-17　配置 commitlog 目录

**注意**：如果不配置日志目录，默认为 $CASSANDRA\_HOME/data/commitlog。

③ 新建缓存目录：saved_caches 目录。

在 D:\coding-software\apache-cassandra-3.9 目录中新建一个 saved_caches 目录，在 cassandra.yaml 中配置 saved_caches 目录，如图 6-18 所示。

```
368  # saved caches
369  # If not set, the default directory is $CASSANDRA_HOME/data/saved_caches.
370  # saved_caches_directory: /var/lib/cassandra/saved_caches
371  saved_caches_directory: D:\coding-software\apache-cassandra-3.9\saved_caches
```

图 6-18　配置 saved_caches 目录

**注意**：如果不配置日志目录，默认为 $CASSANDRA\_HOME/data/saved_caches。

（3）启动 Cassandra。

打开命令行窗口，进入 Cassandra 安装目录，执行 Cassandra.bat 文件，启动 Cassandra 服务。

### 3. 在 CentOS 下的安装与使用

（1）解压安装文件。

输入命令解压到指定的目录中：

```
# tar -xzvf apache-cassandra-3.9-bin.tar.gz
```

（2）创建数据存放文件夹。

进入解压后的目录，创建 3 个 Cassandra 的数据文件夹。

```
[root@localhost apache-cassandra-3.9]# mkdir data
[root@localhost apache-cassandra-3.9]# mkdir commitlog
[root@localhost apache-cassandra-3.9]# mkdir saved_caches
```

（3）配置 Cassandra。

配置 data_file_directories：

```
data_file_directories:
    - /usr/local/apache-cassandra-3.9/data
```

配置 commitlog_directory：

```
commitlog_directory: /usr/local/apache-cassandra-3.9/commitlog
```

配置 saved_caches_directory：

```
saved_caches_directory: /usr/local/apache-cassandra-3.9/saved_caches
```

（4）启动 Cassandra 服务。

进入/usr/local/apache-cassandra-3.9/bin 目录，执行 Cassandra 服务。

## 思考题

1. 简述 HBase 与 Cassandra 的区别以及适用场景。

2. 简述 HBase 的导入导出方法。

3. 查阅相关资料，说明 HBase 中 HRegionServer 宕机如何处理。

4. HBase 的热点现象怎么产生的？解决方法有哪些？

5. 查阅相关资料，说明 Cassandra 是否可以修改正在运行中的集群中的键空间的副本因子，如果能需要注意什么？如果不能请说明原因。

# 第 7 章

# 文档数据库实例：MongoDB 与 CouchDB

## 7.1 MongoDB

### 7.1.1 MongoDB 介绍

#### 1. MongoDB 简介

MongoDB 是一个基于分布式文件存储的 NoSQL 数据库，由 C++ 语言编写，旨在为 Web 应用提供可扩展的高性能数据存储解决方案。

MongoDB 是当前 NoSQL 数据库产品中最热门的一种。它介于关系数据库和非关系数据库之间，是非关系数据库中功能最丰富、最像关系数据库的产品。它支持的数据结构非常松散，是类似 JSON 的 BSON 格式，因此可以存储比较复杂的数据类型。

2009 年 2 月，MongoDB 1.0 正式面世。2019 年 8 月，MongoDB 4.2 发布，引入了分布式事务。截至 2020 年 8 月，MongoDB 社区版本更新至 6.0.8。

#### 2. MongoDB 的特点

MongoDB 最大的特点是它支持的查询语言非常强大，其语法有点类似于面向对象的查询语言，几乎可以实现类似关系数据库单表查询的绝大部分功能，而且还支持对数据建立索引。具体特点如下。

（1）面向集合存储，易存储对象类型的数据。

（2）模式自由。

（3）支持动态查询。

（4）支持完全索引，包含内部对象。

（5）支持复制和故障恢复。

（6）使用高效的二进制数据存储，包括大型对象，如视频等。

（7）自动处理碎片，以支持云计算层次的扩展性。

（8）支持 Golang、Ruby、Python、Java、C++、PHP、C♯等多种语言。

（9）文件存储格式为 BSON（一种 JSON 的扩展）。

（10）可通过网络访问。

### 3. MongoDB 的数据类型

BSON（Binary Serialized Document Format，简称 Binary JSON）是一种二进制形式的存储格式。采用了类似于 C 语言结构体的名称、表示方法，和 JSON 一样，支持内嵌的文档对象和数组对象，但是 BSON 有 JSON 没有的一些数据类型，如 Date 和 BinData 类型。

1）BSON 的特性

（1）轻量级。

（2）可遍历性。对于 JSON 来说，太大的 JSON 结构会导致数据遍历非常慢。在 JSON 中，要跳过一个文档进行数据读取，需要对此文档进行扫描，需要烦琐的数据结构匹配。而 BSON 将 JSON 的每个元素的长度存在元素的头部，这样只需要读取元素长度就可以直接寻找到指定的点上进行读取。

（3）高效性。BSON 的编码与解码速度很快。

2）数据类型

BSON 的数据类型如表 7-1 所示。

表 7-1　BSON 的数据类型

| 数 据 类 型 | 说　　明 | 解　　　释 |
| --- | --- | --- |
| String | 字符串 | UTF-8 字符串 |
| Integer | 整数 | 存储数值。整数可以是 32 位或 64 位，具体取决于用户的服务器 |
| Boolean | 布尔值 | 存储布尔（true/false）值 |
| Double | 浮点数 | 双精度浮点数 |
| Min/ Max keys | 最小/最大键 | 将值与最低和最高 BSON 元素进行比较 |
| Arrays | 数组 | 将数组或列表或多个值存储到一个键中 |
| Timestamp | 时间戳 | 存储时间戳 |
| Object | 对象 | 嵌入式文档 |
| Object ID | 对象 ID | 存储文档 ID |
| Null | 空值 | 存储空值 |
| Symbol | 符号 | 与字符串相同，用于具有特定符号类型的语言 |
| Date | 日期 | 以 UNIX 时间格式存储当前日期或时间 |
| BinData | 二进制数据 | 存储二进制数据 |
| Code | 代码 | 将 Javascript 代码存储到文档 |
| Regular expression | 正则表达式 | 存储正则表达式 |

### 4. MongoDB 的体系架构

MongoDB 的逻辑结构是一种层次结构，主要由文档（Document）、集合（Collection）、数据库（Database）3 部分组成，如图 7-1 所示。

（1）文档：一个由字段和值对（field：value）组成的数据结构，相当于关系数据库的一行记录。

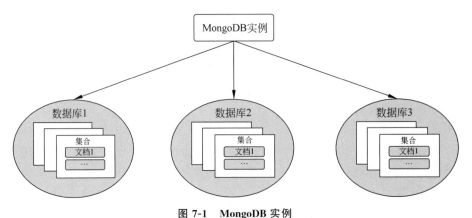

图 7-1　MongoDB 实例

（2）集合：多个文档构成集合，相当于关系数据库中的表。

（3）数据库：多个集合逻辑上组织在一起。不同的数据库拥有独立的权限，且 MongoDB 有 3 类特殊数据库：admin（root 数据库）、local（本地数据库，永远不会被复制，可以用来存储限于本地单台服务器的任意集合）、config（用于分片设置，保存分片信息）。

（4）一个 MongoDB 实例支持多个数据库。

### 5. MongoDB 与传统关系数据库对比

MongoDB 与传统关系数据库对比如表 7-2 所示。

表 7-2　MongoDB 与传统关系数据库对比

| MongoDB | 传统关系数据库 |
| --- | --- |
| Database（数据库） | Database（数据库） |
| Collection（集合） | Table（表） |
| Document（BSON 文档） | Row（行） |
| Index（支持地理位置索引、全文索引、哈希索引） | Index（唯一索引、主键索引） |
| 嵌套文档 | Join（主外键关联） |
| Primary Key（自动将 _id 字段当作主键） | Primary Key（指定 1 到 $N$ 列作为主键） |

### 6. 应用场景

MongoDB 的主要目标是在键值存储方式（提供了高性能和高度伸缩性）和传统关系数据库系统（具有丰富的功能）之间架起一座桥梁，它集两者的优势于一身。MongoDB 适用于以下场景。

（1）网站实时数据：MongoDB 非常适合实时的插入、更新与查询，并具备网站实时数据存储所需的复制及高度伸缩性。

（2）缓存：由于性能很高，MongoDB 也适合作为信息基础设施的缓存层。在系统重启之后，由 MongoDB 搭建的持久化缓存层可以避免下层的数据源过载。

（3）大尺寸、低价值的数据：使用传统的关系数据库存储一些数据时可能会比较昂贵，在此之前，很多时候程序员往往会选择传统的文件进行存储。

（4）高伸缩性的场景：MongoDB 非常适合由数十或数百台服务器组成的数据库，MongoDB 的路线图中已经包含对 MapReduce 引擎的内置支持。

（5）用于对象及 JSON 数据的存储：MongoDB 的 BSON 数据格式非常适合文档化格

式的存储及查询。

MongoDB 的使用也会有一些限制，例如，它不适合于以下几个地方。

（1）高度事务性的系统：例如，银行或会计系统。传统的关系数据库目前还是更适用于需要大量原子性复杂事务的应用程序。

（2）传统的商业智能应用：针对特定问题的 BI（商业智能）数据库会产生高度优化的查询方式。对于此类应用，数据仓库可能是更合适的选择。

（3）需要 SQL 的情况。

## 7.1.2　MongoDB 关键技术

### 1. 架构模式

1）主从模式

MongoDB 提供的第一种架构模式就是主从模式，由主从节点构成，这个也是分布式系统最开始的冗余策略，这是一种热备策略。结构如图 7-2 所示。

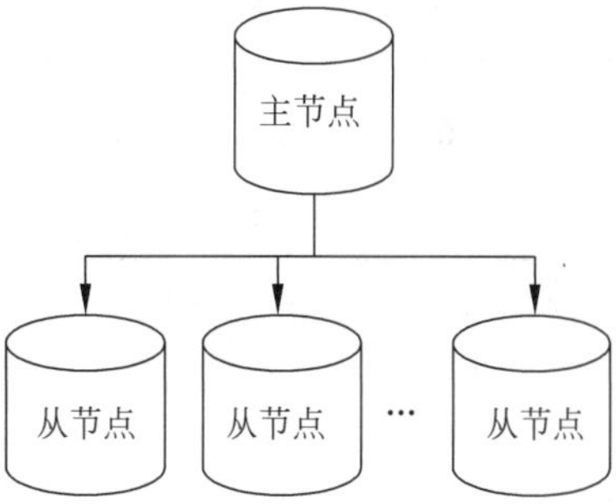

主从架构一般用于备份或者做读写分离，一般是一主一从设计或一主多从设计。

主节点，可读可写，当数据有修改时，会将操作日志同步到所有连接的从节点上。

从节点只读，所有的从节点从主节点同步数据，从节点与从节点之间相互不感知。

图 7-2　MongoDB 主从模式结构

（1）模式特点。

主从模式只区分两种角色：主节点和从节点；

主从模式的角色是静态配置的，不能自动切换角色，必须人为指定。

用户只能写主节点，从节点只能从主节点拉取数据。

还有一个关键点：从节点只和主节点通信，从节点之间相互不感知，这对于主节点来说优点是非常轻量；缺点是系统明显存在单点问题。

（2）现状。

因为主从模式中主节点宕机后不能自动恢复，只能靠人为操作，可靠性差，操作不当就存在丢数据的风险。所以 MongoDB 3.6 起已不推荐使用主从模式。

2）副本集模式

副本集（Replica Set）主要对主从复制进行了优化，相比传统的主从复制，副本集模式最大的优势是自动故障转移，当主节点宕机后，自动选举新的主节点，并保证节点间的数据一致性。

（1）副本集角色。

副本集是 MongoDB 的实例集合，包含 3 类节点角色：主节点（Primary）、副本节点（Secondary）、仲裁节点（Arbiter），如图 7-3 所示。

① 主节点。

只有主节点是可读可写的，主节点接收所有的

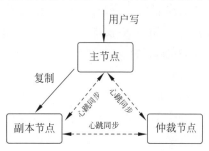

图 7-3　MongoDB 副本集角色

写请求,然后把数据同步到所有副本节点。一个副本集只有一个主节点,当主节点宕机后,其他副本节点或者仲裁节点会重新选举出来一个主节点,这样就又可以提供服务了。读请求默认是发到主节点处理,如果需要转发到副本节点需要客户端修改一下配置(注意,是客户端配置,决策权在客户端)。

这里和主从模式的最大区别在于,主节点角色是通过整个集群共同选举出来的,各节点都可能成为主节点,节点最开始只是副本节点,而这个选举过程完全自动,不需要人为参与。

② 副本节点。

数据副本节点中,每个副本节点的数据与主节点的数据是完全同步的。当主节点宕机时,参与选出主节点。副本节点和主从模式的从节点角色最根本的一个不同在于:副本节点相互有心跳,可以作为数据源,副本可以是一种链式的复制模式。

③ 仲裁节点。

该类节点可以不用单独存在,如果配置为仲裁节点,就主要负责在副本集中监控其他节点状态,投票选出主节点。如果没有仲裁节点,那么投票工作将由所有节点共同进行。使用仲裁节点既能减少数据的冗余备份,又能提供高可用的能力。

(2) 副本集的选举。

MongoDB 副本集采用的是 Bully 算法进行主节点选举。在以下场景副本集会开始进行选举。

① 初始化副本集时。

② 副本节点无法和主节点通信时(可能主节点宕机或网络原因)。

③ 主节点手动降级。

选举机制:从多个副本节点中选举数据最新的副本节点作为新的主节点;获得大多数选票的节点成为主节点;非仲裁节点可以配置优先级,范围为 0~100,值越大越优先成为主节点;可以将性能好的机器的优先级设置得高一些。

数据回滚:主节点故障后,选出新的主节点;之后旧的主节点恢复工作,即使它的数据更新,仍然要以新的主节点的数据为准,旧的主节点要进行数据回滚。

(3) 模式特点。

① 数据多副本,在故障时,可以使用完整的副本恢复服务。注意,这里是故障自动恢复。

② 读写分离,读请求分流到副本上,减轻主节点的读压力。

③ 节点直接互有心跳,可以感知集群的整体状态。

(4) 优缺点。

可用性大大增强,因为故障是自动恢复的,主节点故障,立马就能选出一个新的主节点。但是有一个要注意的点:每两个节点之间互有心跳,这种模式会导致节点的心跳几何倍数增大,单个副本集的集群规模不能太大,一般来讲最大不要超过 50 节点。

3) 分片模式

(1) 为什么采用分片(Sharding)模式。

用户的数据量是永远都在增加的,理论是没有上限的,但副本集却是有上限的。

举个例子,假设单机有 10TB 的空间,内存是 500GB,网卡是 40Gb/s,这个就是单机的物理极限。当数据量超过 10TB,这个副本集就无法提供服务,无法通过加磁盘的方法解决问题,因为单机的容量和性能一定是有物理极限的,如磁盘槽位可能最多就 60 盘。单机存在瓶颈怎么办？解决方案就是利用分布式技术。

解决性能和容量瓶颈一般来说优化有两个方向：纵向优化和横向优化。

纵向优化是传统企业最常见的思路，持续不断地加大单个磁盘和机器的容量和性能。CPU主频不断地提升，核数也不断地增加，磁盘容量从128GB变成当今普遍的12TB，内存容量从以前的MB级别变成现在上百GB。带宽从以前百兆网卡变成现在的普遍的万兆网卡，但这些提升终究追不上用互联网数据规模的增加量级。

横向优化通俗来讲就是加节点，横向扩容来解决问题。业务上要划分系统数据集，并在多台服务器上处理，做到容量和能力跟机器数量成正比。单台计算机的整体速度或容量可能不高，但是每台计算机只能处理全部工作量的一部分，因此与单台高速大容量服务器相比，可能提供更高的效率。

扩展的容量仅需要根据需要添加其他服务器，这比一台高端硬件的机器成本还低，代价就是软件的基础结构要支持，部署维护要复杂。

那么，实际情况下，哪一种更具可行性呢？

自然是分布式技术的方案，纵向优化的方案非常容易到达物理极限，横向优化则对个体要求不高，而是群体发挥效果（但是对软件架构提出更高的要求）。

MongoDB的分片模式就是MongoDB横向扩容的一个架构实现。

（2）模式角色。

分片模式下按照层次划分可以分为3个模块。

① 代理层：mongos。

② 配置中心：副本集群。

③ 数据层：分片集群。

简要如图7-4所示：

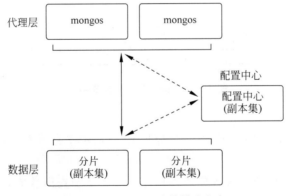

图7-4　MongoDB分片模式角色

（3）概念。

① 代理层。

代理层的组件也就是mongos，这是一个无状态的组件，纯粹是路由功能。向上对接客户端，收到客户端写请求时，按照特定算法均衡哈希到某一个分片集群，然后数据就写到分片集群了。收到读请求时，定位找到这个要读的对象在哪个分片上，就把请求转发到相应的分片。

② 数据层。

数据层就是存储数据的地方。其实数据层就是由一个个副本集集群组成。在前面说过,单个副本集是有极限的,怎么办?那就用多个副本集,这样的一个副本集就叫作分片。理论上,副本集的集群的个数是可以无限增长的。

③ 配置中心。

代理层是无状态的模块,数据层的每个分片是各自独立的,那总要有一个集群统配管理的地方,这个地方就是配置中心。里面记录的是什么呢?例如,有多少个分片,每个分片集群又是由哪些节点组成的。每个分片里大概存储了多少数据量(以便做均衡)。

配置中心存储的就是集群拓扑,管理的配置信息。这些信息也非常重要,所以也不能单点存储,怎么办?配置中心也是一个副本集集群,数据也是多副本的。

分片模式架构如图 7-5 所示。

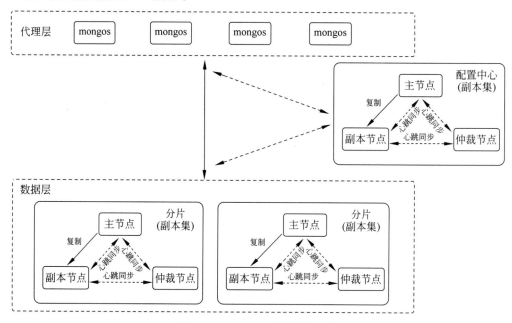

图 7-5　MongoDB 分片模式架构

(4)分片策略。

分片支持单个集合的数据分散在多个分片上,目前主要有范围分片和哈希分片两种数据分片策略。

范围分片:根据键的范围进行分片。其优点在于范围查询性能好,优化读操作;缺点是数据分布可能会不均匀,容易有热点。

哈希分片:把键作为输入,输入一个哈希函数中,计算出一个整数值,值的集合形成了一个值域,按照固定步长去切分这个值域,每一个片叫作数据块(Chunk)。其优点在于计算速度快,均衡性好,纯随机;缺点是正因为纯随机,排序列举的性能极差。

**2. 存储引擎**

存储引擎是 MongoDB 的一个核心组件,负责管理数据如何存储在硬盘和内存上。MongoDB 支持的存储引擎有 MMAPv1、WiredTiger 和 InMemory,如表 7-3 所示。

表 7-3　MongoDB 各存储引擎

| 存 储 引 擎 | 描　　　述 |
| --- | --- |
| MMAPv1 | MMAPv1 是 MongoDB 3.2 之前版本默认的存储引擎 |
| WiredTiger | MongoDB 3.2 开始默认的存储引擎，MongoDB 4. x 版本不再支持 MMAPv1 存储引擎 |
| InMemory | MongoDB 企业版支持 In-Memory 存储引擎 |

下面主要介绍 WiredTiger 存储引擎。

1）WiredTiger 与 MMAPv1 对比（优势）

WiredTiger 与 MMAPv1 的对比如表 7-4 所示。

表 7-4　WiredTiger 与 MMAPv1 的对比

| 分　　类 | WiredTiger | MMAPv1 |
| --- | --- | --- |
| 文档空间分配方式 | B−树存储 | 线性存储 |
| 并发级别 | 文档级别锁 | 表级锁 |
| 数据压缩 | snappy（默认）和 zlib | 无压缩 |
| 内存适用 | 可以指定内存的使用大小 | |
| Cache 使用 | 二阶缓存 WiredTiger Cache、File System Cache 来保证磁盘上的数据的最终一致性 | 只有 Journal 日志 |

2）WiredTiger 包含的文件及作用

① WiredTiger. basecfg：存储基本配置信息，与 ConfigServer 有关系。

② WiredTiger. lock：定义锁操作。

③ table * . wt：存储各张表的数据。

④ WiredTiger. wt：存储 table * 的元数据。

⑤ WiredTiger. turtle：存储 WiredTiger. wt 的元数据。

⑥ Journal：存储 WAL。

3）WiredTiger 工作原理

（1）文档级并发。

WiredTiger 使用文档级并发控制进行写操作。因此，多个客户端可以同时修改集合的不同文档。

对于大多数读写操作，WiredTiger 使用乐观并发控制。WiredTiger 仅在全局、数据库和集合级别使用意图锁。当存储引擎检测到两个操作之间的冲突时，会发生写入冲突，导致 MongoDB 透明地重试该操作。

一些全局操作（通常是涉及多个数据库的短期操作）仍然需要全局"实例范围"锁定。其他一些操作，如删除集合，仍需要独占数据库锁。

（2）快照和检查点。

WiredTiger 使用多版本并发控制。在操作开始时，WiredTiger 为操作提供数据的时间点快照。快照提供了内存数据的一致视图。

写入磁盘时，WiredTiger 将所有数据文件的快照中的所有数据以一致的方式写入磁盘。实时地持久数据充当数据文件中的检查点。该检查点可确保数据文件直到最后一个检查点（包括最后一个检查点）都保持一致。

从版本 3.6 开始，MongoDB 将 WiredTiger 配置为以 60 秒的间隔创建检查点（即，将快照数据写入磁盘)。在早期版本中,MongoDB 将检查点设置为在 WiredTiger 中以 60 秒的间隔或在写入 2GB 日志数据时对用户数据进行检查,以先到者为准。

在写入新检查点期间,先前的检查点仍然有效。这样,即使 MongoDB 在写入新检查点时终止或遇到错误,在重新启动后,MongoDB 也可以从上一个有效检查点中恢复。

当 WiredTiger 的元数据表被原子更新以引用新的检查点时,新的检查点将变为可访问且永久的。一旦可以访问新的检查点,WiredTiger 就会从旧的检查点释放页面。

使用 WiredTiger,即使没有日志,MongoDB 也可以从最后一个检查点恢复;但是,要恢复上一个检查点之后所做的更改,需要使用 journaling 运行。

(3) Journal 日志。

WiredTiger 使用预写日志的机制,在数据更新时,先将数据更新写入日志文件,然后在创建检查点操作开始时,将日志文件中记录的操作刷新到数据文件,就是说,通过预写日志和检查点,将数据更新持久化到数据文件中,实现数据的一致性。WiredTiger 日志文件会持久化记录从上一次检查点操作之后发生的所有数据更新,在 MongoDB 系统崩溃时,通过日志文件能够还原从上次检查点操作之后发生的数据更新。

(4) 数据压缩。

WiredTiger 压缩存储集合(Collection)和索引(Index),减少磁盘空间消耗,但是消耗额外的 CPU 执行数据压缩和解压缩的操作。

默认情况下,WiredTiger 使用块压缩(Block Compression)算法来压缩存储集合,其中 zlib 和 zstd(4.2 版本起)两种块压缩可用;使用前缀压缩(Prefix Compression)算法来压缩索引。此外,Journal 日志文件也是压缩存储的。

对于大多数工作负载,默认的压缩设置能够均衡数据存储的效率和处理数据的需求,即压缩和解压的处理速度是非常高的。

(5) 内存使用。

WiredTiger 利用系统内存资源缓存两部分数据:内部缓存(Internal Cache)与文件系统缓存(Filesystem Cache)。

从 MongoDB 3.4 版本开始,默认的 WiredTiger 内部缓存大小是以下两者中的较大者:256MB 与 50%(RAM-1GB);文件系统缓存大小不固定,通过文件系统缓存,MongoDB 自动使用 WiredTiger 内部缓存或其他进程未使用的所有可用内存,数据在文件系统缓存中是压缩存储的。

默认情况下,WiredTiger 对所有集合使用 Snappy 块压缩,对所有索引使用前缀压缩。压缩默认值是可以在全局级别配置的,也可以在收集和索引创建期间基于每个集合和每个索引进行设置。

WiredTiger 内部缓存中的数据与磁盘格式使用不同的表示形式。

① 文件系统缓存中的数据与磁盘上的格式相同。MongoDB 使用文件系统缓存来减少磁盘 I/O。

② 加载到 WiredTiger 内部缓存中的索引具有与磁盘格式不同的数据表示形式,但仍可以利用索引前缀压缩来减少 RAM 使用。索引前缀压缩对来自索引字段的通用前缀进行重复数据删除。

③ WiredTiger 内部缓存中的收集数据未压缩,并且使用与磁盘格式不同的表示形式。

块压缩可以节省大量的磁盘存储空间,但是必须对数据进行解压缩才能由服务器进行处理。

## 7.1.3 MongoDB 的安装与使用

### 1. MongoDB 在不同平台下的安装

1）在 Windows 下的安装

MongoDB 提供了可用于 32 位和 64 位系统的预编译二进制包,可以从 MongoDB 官方网站下载安装,如图 7-6 所示。

注意,在 MongoDB 2.2 版本后已经不再支持 Windows XP 系统。

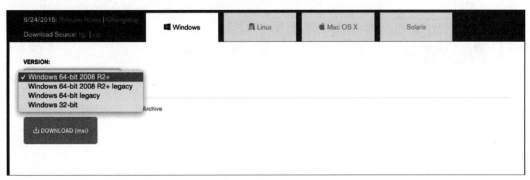

图 7-6　MongoDB 在 Windows 下的下载

安装过程中,可以通过单击 Custom（自定义）按钮来设置安装目录,如图 7-7 所示。

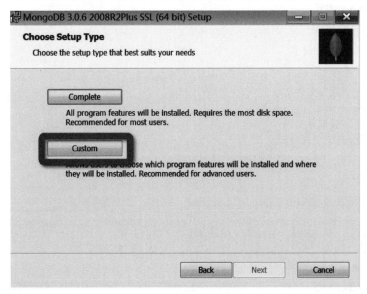

图 7-7　自定义安装

2）在 Linux 下的安装

MongoDB 提供了 Linux 平台上 32 位和 64 位的安装包,可以在官方网站下载安装包,如图 7-8 所示。

图 7-8 右下角所圈内容就是下载地址。复制、运行以下命令:

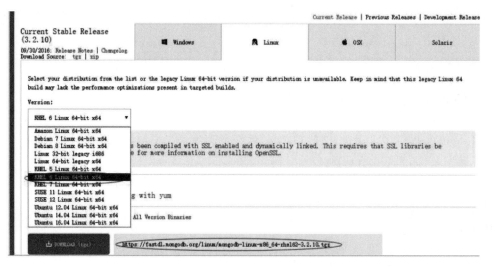

图 7-8　MongoDB 在 Linux 下的下载

```
wget https://fastdl.mongodb.org/linux/mongodb-linux-x86_64-rhel62-3.2.10.tgz
```

下载完成后解压。

```
tar zxvf mongodb-linux-x86_64-rhel62-3.2.10.tgz
```

### 2. 启动 MongoDB

1）创建数据库目录

推荐的数据库目录设置：

```
data/
    conf    -->配置文件目录
        mongod.conf      -->配置文件
    db    -->数据库目录
    log   -->日志文件目录
        mongodb.log      -->日志记录文件
```

2）启动数据库

命令(进入安装目录\bin)如下：

```
安装目录\bin> # mongod --path=/data/db
```

## 7.2  CouchDB

### 7.2.1  CouchDB 介绍

#### 1. CouchDB 简介

CouchDB 是一个开源的面向文档的数据库管理系统。它提供以 JSON 作为数据格式的 REST 接口来对其进行操作，并可以通过视图来操纵文档的组织和呈现。CouchDB 是 Apache 基金会的顶级开源项目。

术语 Couch 是 Cluster Of Unreliable Commodity Hardware 的首字母缩写，它反映了 CouchDB 具有高度可伸缩性，提供了高可用性和高可靠性，即使运行在容易出现故障的硬件上也是如此。

CouchDB 是用 Erlang 开发的面向文档的数据库系统，2010 年 7 月 14 日发布了 1.0 版本，目前最新版本为 3.3.2。CouchDB 不是一个传统的关系数据库，而是面向文档的数据库，其数据存储方式有点类似 Lucene 的 index 文件格式，CouchDB 最大的意义在于它是一个面向 Web 应用的新一代存储系统，事实上，CouchDB 的口号就是下一代的 Web 应用存储系统。

### 2. CouchDB 的特点

（1）分布式，可以把存储系统分布到 $n$ 台不同物理节点上，并且很好地协调和同步节点之间的数据读写一致性。这当然也得靠 Erlang 无与伦比的并发特性才能做到。对于基于 Web 的大规模文档应用，分布式可以让它不必像传统的关系数据库那样分库拆表，在应用代码层进行大量的改动。

（2）面向文档，存储半结构化的数据，比较类似 Lucene 的 index 结构，特别适合存储文档，因此很适合 CMS、电话本、地址本等应用。

（3）支持 REST API，可以让用户使用 JavaScript 来操作 CouchDB 数据库，也可以用 JavaScript 编写查询语句。

（4）为用户提供了强大的数据映射，可以对信息进行查询、组合和过滤。

（5）提供易于使用的复制功能，使用复制功能来共享和同步数据库和计算机之间的数据。

### 3. CouchDB 的数据模型

（1）数据库是 CouchDB 中最外层的数据结构/容器。

（2）每个数据库都是独立文件的集合。

（3）每个文档负责维护自己的数据和自包含的模式。文档元数据包含修订信息，这样可以合并数据库断开连接时存在的差异数据信息。

（4）CouchDB 实现多版本并发控制，以避免在写入期间锁定数据库字段。

### 4. CouchDB 的结构

CouchDB 的结构如图 7-9 所示。

### 5. CouchDB 与 MongoDB 的对比

CouchDB 与 MongoDB 的对比如表 7-5 所示。

表 7-5 概述了这两个数据库之间的主要参数比较。项目的优先级将决定系统的选择。从比较中可以清楚地看出，如果应用程序需要更高的效率和速度，那么 MongoDB 是比 CouchDB 更好的选择。如果用户需要在移动设备上运行数据库，并且还需要多主机复制，那么 CouchDB 是一个更好的选择。此外，如果数据库快速增长，MongoDB 比 CouchDB 更适合。使用 CouchDB 的主要优势是它在移动设备（Android 和 iOS）上得到支持。

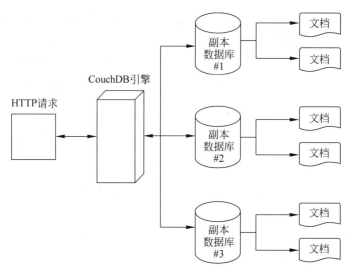

图 7-9　CouchDB 的结构

表 7-5　CouchDB 与 MongoDB 的对比

| 类　别 | CouchDB | MongoDB |
|---|---|---|
| 数据模型 | 遵循面向文档的模型,数据以 JSON 格式呈现 | 遵循面向文档的模型,但数据以 BSON 格式呈现 |
| 接口 | 使用基于 HTTP/REST 的接口,设计非常直观 | 在 TCP/IP 上使用二进制协议和自定义协议 |
| 对象存储 | 数据库包含文档 | 数据库包含集合,而集合包含文档 |
| 查询方法 | 遵循 MapReduce 查询方法(JavaScript＋其他) | 遵循 MapReduce(JavaScript)创建集合＋基于对象的查询语言 |
| 复制 | 支持使用自定义冲突解析功能的主-主复制 | 支持主从复制 |
| 并发 | 遵循 MVCC(多版本并发控制) | 就地更新 |
| 侧重点 | 优先考虑可用性 | 优先考虑一致性 |
| 安全性 | 身份验证、访问控制、SSL 加密等 | 访问控制、数据加密、审计等 |
| 一致性 | 最终一致性 | 强一致性 |
| 编写语言 | Erlang | C++ |

## 7.2.2　CouchDB 技术

### 1. 底层存储结构

CouchDB 是一个"面向文档"的数据库,文档的格式是一个 JSON 字符串(也可包含二进制附件)。底层结构由一个"存储"(Storage),以及多个"视图索引"(View Index)"组成。"存储"用来存储文件,"视图索引"用于查询处理。

CouchDB 落实到最底层的数据结构就是两类 B-树。

第一类：by_id_index(使用文档的 ID 为键)。常用来通过文档的 ID 查找位置。

第二类：by_seqnum_index(使用序列号作为键,当文档进行更新时,就会产生一个新的序列号)。值得注意的是,所有更新操作都是一个串行的方式,因此序列号反映了序列的非同步更新。

## 2. 文档存储

一个承载着CouchDB服务器主机的数据库，以文档方式存储。每个文档在数据库中都有唯一的名称，CouchDB提供一个RESTful HTTP API来读取和更新（添加、编辑、删除）数据库文档。

文档是CouchDB中的主要数据单元，由任意数量的字段和附件组成，每个文档都有一个全局唯一的标识符（ID）以及一个修订版本号（Revision Number）。文档还包括数据库系统维护的元数据。文档字段可以包含不同类型的值（文本、数字、布尔值、列表等），并且没有对文本大小或元素数量的设置限制。

CouchDB文档更新模型是无锁且乐观的。文档编辑是通过客户端应用程序加载文档、应用更改并将它们保存回数据库来完成的。如果另一个编辑相同文档的客户端首先保存其更改，则客户端在保存时将获得编辑冲突错误。要解决更新冲突，可以打开最新的文档版本，重新应用编辑并再次尝试更新。

单个文档更新（添加、编辑、删除）要么全部更新，要么什么也不更新。数据库从不包含部分保存或部分编辑的文档。

设计文档是一类特殊的文档，其ID必须以_design/开头。设计文档的存在是使用CouchDB开发Web应用的基础。在CouchDB中，一个Web应用是与一个设计文档相对应的。

在设计文档中可以包含一些特殊的字段，其中包括：

（1）views：包含永久的视图定义。

（2）shows：包含把文档转换为非JSON格式的方法。

（3）lists：包含把视图运行结果转换成非JSON格式的方法。

（4）validate_doc_update：包含验证文档更新是否有效的方法。

## 3. ACID

CouchDB文件被设计为能够保证系统具有所有原子性、一致性、隔离性、持久性（ACID）属性。在磁盘上，CouchDB从不覆盖提交的数据或相关结构，确保数据库文件始终处于一致的状态。这是一种"仅崩溃"的设计，CouchDB服务器不会经历关闭过程，而是简单地终止。

文档更新（添加、编辑、删除）是序列化的，但并发写的二进制除外。数据库读取永远不会被锁住，也不必等待写入或其他读取者。任何数量的客户端都可以在不被锁定或被并发更新中断的情况下读取文档，即使是在同一文档上。CouchDB读取操作使用多版本并发控制（MVCC）模型，其中每个客户端从读取操作的开始到结束都可以看到数据库的一致性快照。这意味着CouchDB可以在每个文档的基础上保证事务语义。

文档通过它们的名称（文档ID）和序列ID在B-树中建立索引。对数据库实例的每次更新都会生成一个新的序列号。序列ID用于增量地查找数据库中的更改。当保存或删除文档时，这些B-树索引将同时更新。索引更新总是发生在文件的末尾（仅追加更新）。

文档的优势在于，数据已经被方便地打包用于存储，而不是在大多数数据库系统中分散到多个表和行中。当文档被提交到磁盘时，文档字段和元数据被打包到缓冲区中，一个文档接着一个文档。

更新 CouchDB 文档时,所有数据和相关索引都被刷新到磁盘,事务提交总是使数据库处于完全一致的状态。提交分两步进行:

(1) 所有文档数据和相关索引更新都同步刷新到磁盘。

(2) 更新后的数据库头被写入两个连续的、相同的块,组成文件的第一个 4KB,然后同步地刷新到磁盘。

在第(1)步操作系统崩溃或电源故障的情况下,部分刷新的更新将在重新启动时被忽略。如果在第(2)步(提交头文件)中发生这样的崩溃,将保留先前相同头文件的存活副本,以确保先前提交的所有数据的一致性。除了头部区域外,没有必要在崩溃或电源故障后进行一致性检查或修复。

**4. 压缩**

通过压缩回收被浪费的空间。按照计划,或者当数据库文件的浪费空间超过一定数量时,压缩过程将所有活动数据复制到新文件中,然后丢弃旧文件。数据库始终保持在线状态,所有更新和读取都可以成功完成。只有在复制了所有数据并将所有用户转移到新文件时,才会删除旧数据库文件。

**5. 视图**

ACID 属性只处理存储和更新,但是还需要能够以有趣和有用的方式显示数据。与必须小心地将数据分解为表的 SQL 数据库不同,CouchDB 中的数据存储在半结构化文档中。CouchDB 文档是灵活的,每个文档都有自己的隐式结构,这减轻了双向复制表模式及其包含的数据的最困难的问题。

但是,除了充当一个奇特的文件服务器之外,用于数据存储和共享的简单文档模型对于构建真正的应用程序来说过于简单。希望通过许多不同的方式来切分和查看数据,就需要一种方法来过滤、组织和报告尚未分解为表的数据。

1) 视图模式

视图是将文档聚合和形成数据库报表的方法,是按需构建的,用于聚合、连接和形成数据库报表文档。因为视图是动态构建的,并且不影响底层文档,所以可以拥有相同数据的任意多个不同视图表示。

视图定义严格来说是虚拟的,只显示当前数据库实例中的文档,使它们与所显示的数据分离,并与复制兼容。CouchDB 视图是在特殊的设计文档中定义的,可以像常规文档一样跨数据库实例进行复制,这样不仅可以在 CouchDB 中复制数据,还可以复制整个应用程序设计。

2) JavaScript 视图功能

视图是使用 JavaScript 函数定义的,这些函数在 MapReduce 系统中充当映射部分。视图函数接受 CouchDB 文档作为参数,然后执行所需的任何计算,以确定将通过视图提供的数据(如果有的话)。它可以基于单个文档向视图添加多行,也可以完全不添加行。

(1) Map() 函数。

Map() 函数的参数只有一个,就是当前的文档对象。Map() 函数的实现需要根据文档对象的内容,确定是否要输出结果。如果需要输出,可以通过 emit() 函数来完成。emit() 函数有两个参数,分别是 key 和 value,分别表示输出结果的键和值。使用什么样的键和值应该根据视图的实际需要来确定。emit()函数可以在 Map()函数里被调用多次,创建一个文档的多个记录。

当希望对文档的某个字段进行排序和过滤操作时,应该把该字段作为键(key)或是键的一部分;value 的值可以提供给 Reduce()函数使用,也可能会出现在最终的结果中。可以作为键的不仅是简单数据类型,也可以是任意的 JSON 对象。例如,emit([doc. title, doc. price],doc)中,使用数组作为键。

函数实例:

```
function(doc) {
emit(doc._id, doc);
}
```

(2) Reduce()函数。

Reduce()函数的参数有 3 个: key、values 和 rereduce,分别表示键、值和是否是 rereduce。由于 rereduce 情况的存在,Reduce()函数一般需要处理如下两种情况。

① 若传入的参数 rereduce 的值为 false。

这表明 Reduce()函数的输入是 Map()函数输出的中间结果。

参数 key 的值是一个数组,对应于中间结果中的每条记录。该数组的每个元素都是一个包含两个元素的数组,第一个元素是在 Map()函数中通过 emit()函数输出的键,第二个元素是记录所在的文档 ID。

参数 values 的值是一个数组,对应于 Map()函数中通过 emit()函数输出的值。

② 若传入的参数 rereduce 的值为 true。

这表明 Reduce()函数的输入是上次 Reduce()函数的输出。

参数 key 的值为 null。

参数 values 的值是一个数组,对应于上次 Reduce()函数的输出结果。

函数实例:

```
function (key, values, rereduce) {
    return sum(values);
}
```

3) 视图索引

视图是数据库实际文档内容的动态表示,CouchDB 使创建有用的数据视图变得很容易。但是,生成包含数十万或数百万文档的数据库视图需要时间和资源,系统不应该每次都从头开始。

为了保持视图查询的速度,视图引擎维护其视图的索引,并增量地更新它们以反映数据库中的更改。CouchDB 的核心设计主要围绕高效、增量地创建视图及其索引进行优化。

视图及其函数定义在特殊的"设计"文档中,文档中可以包含任意数量的唯一命名的视图函数。当用户打开一个视图并自动更新其索引时,同一设计文档中的所有视图都作为单个组写入索引。

视图生成器使用数据库序列 ID 来确定视图组是否与数据库完全同步。如果没有,视图引擎将检查自上次刷新以来更改的所有数据库文档(按打包顺序排列)。文档按在磁盘文件中出现的顺序读取,从而降低磁盘磁头查找的频率和成本。

视图可以在刷新的同时读取和查询。如果客户机正在缓慢地将大视图的内容读取出来,则可以同时为另一个客户机打开和刷新相同的视图,而不会阻塞第一个客户机。对于任何数量的并发客户机阅读器都是如此,它们可以在为其他客户机并发刷新索引时读取和查询视图,而不会给阅读器带来问题。

当视图引擎通过 Map( )和 Reduce( )函数处理文档时,如果存在它们的前一行值,那么它们将从视图索引中删除。如果文档是由视图函数选择的,那么函数结果将作为新行插入视图。

当将视图索引更改写入磁盘时,更新总是附加在文件末尾,这既可以减少磁盘提交期间的磁头查找时间,又可以确保崩溃和电源故障不会导致索引损坏。如果在更新视图索引时发生崩溃,则不完整的索引更新只会丢失,并从其先前提交的状态增量地重新构建。

### 6. 安全和校验

为了保护那些可以阅读和更新的文档,CouchDB 有一个简单的阅读器访问和更新验证模型,可以扩展该模型来实现定制的安全模型。

1)管理员访问

CouchDB 数据库实例具有管理员账户。管理员账户可以创建其他管理员账户并更新设计文档。设计文档是包含视图定义和其他特殊公式以及常规字段和 blob 的特殊文档。

2)更新校验

由于文档是写到磁盘上的,因此可以通过 JavaScript 函数动态地验证它们,以实现安全性和数据验证。当文档通过所有公式验证条件时,允许继续更新。如果验证失败,更新将中止,客户机将获得错误响应。用户凭证和更新后的文档都作为验证公式的输入,可以通过验证用户更新文档的权限来实现自定义安全模型。基本的"仅限作者更新"文档模型实现起来很简单,其中验证文档更新以检查用户是否列在现有文档的 author 字段中。更动态的模型也是可能的,如检查一个单独的用户账户配置文件的权限设置。更新验证对实时使用和复制的更新都是强制的,以确保共享、分布式系统中的安全性和数据验证。

### 7. 分布式更新和复制

CouchDB 是一个基于对等节点的分布式数据库系统。它允许用户和服务器在断开连接时访问和更新相同的共享数据。这些更改可以在之后双向复制。

CouchDB 文档存储、视图和安全模型旨在协同工作,使真正的双向复制高效可靠。文档和设计都可以复制,允许将完整的数据库应用程序(包括应用程序设计、逻辑和数据)复制到笔记本电脑以供脱机使用,或者复制到远程办公室的服务器上,在这些服务器中,连接速度慢或不可靠使数据共享变得困难。

复制过程是增量的。只在上次更新的复制级别检查复制。如果复制在任何步骤失败,例如,由于网络问题或崩溃,下一个复制将在最后一个检查点重新启动。

可以创建和维护部分副本。可以通过 JavaScript 函数过滤复制,以便只复制满足特定条件的文档。这允许用户将大型共享数据库应用程序的子集脱机供自己使用,同时保持与应用程序和该数据子集的正常交互。

**8. 冲突**

冲突检测和管理是任何分布式系统的关键问题。CouchDB存储系统将编辑冲突视为常见状态，而不是异常状态。冲突处理模型简单且"无损"，同时保留了单个文档语义并允许分散冲突解决。

CouchDB允许在数据库中同时存在任意数量的冲突文档，每个数据库实例都决定哪个文档是"赢家"，哪些是冲突。只有获胜的文档才能出现在视图中，而"丢失"冲突仍然可以访问，并保留在数据库中，直到在数据库压缩过程中删除或清除为止。因为冲突文档仍然是常规文档，所以它们与常规文档一样进行复制，并受相同的安全和验证规则的约束。

当发生分布式编辑冲突时，每个数据库副本都看到相同的成功修订，并且每个副本都有机会解决冲突。可以手动解决冲突，也可以通过自动代理来解决，具体取决于数据和冲突的性质。该系统在维护单文档数据库语义的同时，使分散的冲突解决成为可能。

即使多个断开连接的用户或代理试图解决相同的冲突，冲突管理仍将继续工作。如果已解决的冲突导致更多冲突，系统将以相同的方式容纳它们，在每台计算机上确定相同的赢家，并维护单个文档语义。

## 7.2.3 CouchBase

**1. CouchBase 简介**

CouchBase是一款开源的、分布式的、面向文档的NoSQL数据库，主要用于分布式缓存和数据存储领域。CouchBase是一个较新的、发展迅速的NoSQL数据库技术。2014年，Viber宣布使用CouchBase替换MongoDB，以适应10亿级的用户量。目前，CouchBase已大量运用于生产环境，国内使用的公司主要有新浪、腾讯等。

CouchBase是CouchDB和MemBase这两个NoSQL数据库合并的产物，而MemBase是基于Memcached的。因此CouchBase联合了CouchDB的简单可靠和Memcached的高性能，以及MemBase的可扩展性。

CouchDB和CouchBase这两个NoSQL数据库都是开源、免费的NoSQL文档数据库，都使用了JSON作为其文档格式。CouchDB和CouchBase的相似性极高，但也有不少不同之处。基本上CouchBase结合了CouchDB和MemBase两种数据库的功能特性而构建的。

简而言之，CouchBase = CouchDB + MemBase。

**2. CouchBase 与 CouchDB**

1）相同之处

（1）CouchDB和CouchBase两者都是NoSQL文档数据库，都使用了JSON作为其文档格式。

（2）CouchDB和CouchBase两者都使用了相同的索引和查询方法。

（3）CouchDB和CouchBase两者都使用了相同的复制系统的方法，除了P2P复制。

尽管CouchBase的开发结合了CouchDB和MemBase的功能特性，但是CouchDB和CouchBase还是有很多的不同之处，尤其是在集群、缓存、许可证等方面。

2）不同之处

（1）集群系统。CouchBase内建了一个集群系统，允许数据自动跨多节点传播。而

CouchDB 是一个单节点的解决方案,支持 P2P 复制技术,它更适合分散式的系统,以及适合不需要把数据传播到多节点的场景。

(2) 缓存系统。CouchBase 与 MemBase 相似,它内建了一个基于 Memcached 的缓存技术,始终如一地提供了亚毫秒级的读写性能,在每节点上每秒可执行上百万个操作。Apache CouchDB 是一个基于磁盘的数据库,通常它更适合超低延迟或吞吐量需求不高的场合。

(3) 许可证系统。CouchBase 有两个版本:社区版(免费、不包含最新的 Bug 修复)和企业版(使用有限制、需经过 CouchBase 公司的审核,还有一些很多人觉得无法接受的其他条款限制)。而 CouchDB 是一个开源、免费的软件(没有附带任何条件),它基于 Apache 2.0 许可证。

## 7.2.4 CouchDB 的安装与使用

### 1. 在 Windows 下的安装与使用

访问 CouchDB 的官方网站,选择下载所需要的版本,如图 7-10 所示。

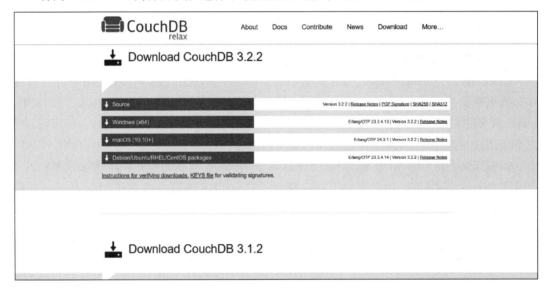

图 7-10 CouchDB 官方网站下载

下载完成后运行安装文件。在完成安装后,访问 CouchDB 的内置 Web 界面 http://127.0.0.1:5984/。如果一切顺利,网页会包含以下输出。

```
{
    "couchdb":"Welcome","uuid":"uuid值",
    "version":"所选版本",
    "vendor":{
        "version":"所选版本","name":"The Apache Software Foundation"
    }
}
```

**2. 在 Linux 下的安装与使用**

1）安装的前提条件

（1）安装 CentOS。

（2）在终端以管理员身份登录。

2）安装 epel-release 存储库

CouchDB 存储库依赖 EPEL 存储库。安装 epel-release 存储库。

```
yum install epel-release -y
```

3）创建 CouchDB 存储库文件

```
vim  /etc/yum.repos.d/apache-couchdb.repo
```

编辑以下内容到文件中。

```
[bintray--apache-couchdb-rpm]
name = bintray--apache-couchdb-rpm
baseurl = http://apache.bintray.com/couchdb-rpm/el$releasever/$basearch/
gpgcheck = 0
repo_gpgcheck = 0
enabled = 1
```

4）安装 CouchDB

```
[root@localhost opt]# yum install couchdb -y
```

安装目录为/opt/couchdb。

5）启动 CouchDB

```
[root@localhost opt]# systemctl start couchdb
[root@localhost opt]# systemctl enable couchdb
```

6）停止与重启 CouchDB

```
[root@localhost opt]# systemctl stop couchdb
[root@localhost opt]# systemctl restart couchdb
```

7）测试 CouchDB 安装

要验证安装是否正常，使用下面的 curl 命令，它会以 JSON 格式打印出 CouchDB 数据库信息。

```
[root@localhost opt]# curl http://127.0.0.1:5984
```

## 思考题

1. 简述 MongoDB 与 CouchDB 的区别以及各自适用场景。
2. MongoDB 中什么是命名空间？什么是数据域？
3. 查阅相关资料，解释 MongoDB 中 GridFS。
4. 查阅相关资料，解释 MongoDB 中分析器及其作用。
5. 学习使用 MongoDB 的操作命令，向集合中插入、删除和获取文档。
6. 说明 CouchDB 如何使用事务。
7. 查阅相关资料，详细介绍 CouchDB 如何进行复制。

# 第 8 章

# 图数据库实例：Neo4j 与 ArangoDB

## 8.1 Neo4j

### 8.1.1 Neo4j 介绍

#### 1. Neo4j 简介

Neo4j 是一个高性能的 NoSQL 图形数据库，是用 Java 语言实现的开源图数据库，支持 ACID、集群、备份和故障转移，它将结构化数据存储在图上而不是表中。从 2003 年开始开发，直到 2007 年正式发布第一版，并托管于 GitHub(一个面向开源及私有软件项目的托管平台)上。Neo4j 分为社区版和企业版，社区版只支持单机部署，功能受限。企业版支持主从复制和读写分离，包含可视化管理工具。

现实中很多数据都是用图来表达的，如社交网络中人与人的关系、地图数据、基因信息等。关系数据库并不适合表达这类数据，NoSQL 数据库的兴起，很好地解决了海量数据的存储问题，图数据库也是 NoSQL 的一个分支，相比于 NoSQL 中的其他分支，它很适合用来原生表达图结构的数据。对于高度关联的数据，Neo4j 比关系数据库快数千倍，非常适合管理跨多个领域的复杂数据，从金融到社交，从电信到地理空间。

Neo4j 的典型应用场景有实时推荐、身份和访问管理、网络和 IT 运营、欺诈检测、反洗钱/逃税、知识图谱、图分析和算法、图驱动的人工智能、智能家居和物联网等。

#### 2. Neo4j 的特点

Neo4j 具有许多竞争优势，这使得该软件成为该领域最常用的软件之一。Neo4j 的主要特点如下。

(1) 灵活的模式。

(2) 遵循属性图数据模型。

（3）可扩展性和可靠性。

（4）使用 Apache Lucence 的索引支持。

（5）驱动支持，如 Java、Spring、Scala、JavaScript。

（6）在线备份。

（7）可将查询数据导出为 JSON 和 XLS 格式。

（8）得益于原生图形存储和处理，具有高性能。

（9）易于将数据加载到软件中。

（10）易于学习和使用。

还有非常重要的一点是 Neo4j 完整支持事务，即满足 ACID 性质。

但使用 Neo4j，当数据过大时插入速度可能会越来越慢，它的免费版本对节点、关系和属性的数量有一些限制。

### 3. Neo4j 与传统关系数据库的区别

Neo4j 数据库与传统关系数据库进行对比，如表 8-1 所示。

表 8-1　Neo4j 与传统关系数据库的对比

| Neo4j | 传统关系数据库 |
| --- | --- |
| 允许对数据进行简单且多样的管理 | 高度结构化的数据 |
| 数据添加和定义灵活，不受数据类型和数量的限制，无须提前定义 | 表格 schema 需预定义，修改和添加数据结构和类型复杂，对数据有严格的限制 |
| 常数时间的关系查询操作 | 关系查询操作耗时 |
| 提出全新的查询语言 Cypher，查询语句更加简单 | 查询语句比较复杂，尤其涉及连接或合并操作时更为复杂 |

### 4. Neo4j 的两种模式

Neo4j 具有两种模式：嵌入式模式和服务器模式。Neo4j 基于 Java 语言开发，最开始只是针对 Java 领域，以嵌入式模式发布的。所以在嵌入式模式中，Java 应用程序可以很方便地通过 API 访问 Neo4j 数据库，Neo4j 就相当于一个嵌入式数据库。随着 Neo4j 的慢慢普及，其应用范围开始涉及一些非 JVM(Java Virtual Machine，Java 虚拟机)语言，为了支持这些非 JVM 语言也能使用 Neo4j，发布了服务器模式。在服务器模式下，Neo4j 数据库以自己的进程运行，客户端通过专用 HTTP 和 REST API 进行数据库调用。

在嵌入式模式中，任何能够在 JVM 中运行的客户端代码都能在 Neo4j 中使用。纯 Java 客户端可以直接使用嵌入式模式，就是直接使用核心 Neo4j 库。

在服务器模式中，客户端代码通过 HTTP，尤其是通过明确定义的 REST API，与 Neo4j 服务器交互。

### 5. Neo4j 技术原理

Neo4j 是一个具有原生处理(Native Processing)功能和原生图存储(Native Graph Storage)的图数据库。

1）原生处理

原生处理是处理图数据的最有效方法。

虽然图模型在图数据库的各种表现基本上是一致的，但在数据库引擎的实现方式上是百花齐放的。对于很多不同的引擎体系结构，如果图数据库存在免索引邻接属性（Index-free Adjacency Field），那么行业上通常认为它具有原生处理能力。

在免索引邻接的数据库引擎中，每个节点都会维护其对相邻节点的引用。因此每个节点都表现为其附近节点的微索引，这比使用全局索引代价小很多。这意味着查询时间与图的整体规模无关，它仅和所搜索图的数量成正比。

相对于传统关系数据库的关系查询，免索引邻接的改进在于：

（1）免索引邻接使用遍历物理关系的方法查找，比全局索引代价小很多。

（2）传统关系数据库当索引建立后，试图反向遍历时，建立的索引会失效，需要再反向建立索引。而免索引邻接机制则不会出现该问题。

所以免索引邻接机制提供了快速、高效的图遍历。

2）原生图存储

免索引邻接是图数据实现高效遍历的关键，那么免索引邻接的实现机制就是 Neo4j 底层存储结构设计的关键。能够支持高效的、本地化的图存储以及支持任意图算法的快速遍历，是使用图数据库的重要原因。

从宏观角度讲，Neo4j 存在如下两种数据类型。

（1）节点。节点类似于 E-R 图中的实体，每个实体可以有零个或多个属性（Property），这些属性以键值对的形式存在，属性没有特殊类别的要求，属性值可以是标量类型（Boolean、Integer、Float、String）或组合类型（List、Map），同时每节点还具有零个或多个标签（Label），用来区分不同类型的节点。存储文件名格式为 neostore. nodestore. db。

（2）关系（Relationship）。关系也类似 E-R 图中的关系，一个关系有起始节点（startNode）和终止节点（endNode），另外，关系也能够有自己的属性和标签。但关系总是有一个方向，而且必须有一个类型来定义（分类）它们是什么类型的关系。存储文件名格式为 neostore. relationshipstore. db。

### 6. Neo4j 的应用场景

（1）金融行业。

反欺诈是金融行业一个核心应用，通过图数据库可以对不同的个体、团体做关联分析，从人物在指定时间内的行为，如去过地方的 IP 地址、曾经使用过的 MAC 地址（包括手机端、PC 端、Wi-Fi 等）、社交网络的关联度分析，分析其同一时间点是否曾经在同一地理位置附近出现过、银行账号之间是否有历史交易信息等。

（2）社交网络图谱。

在社交网络中存在着公司、员工、技能等信息，这些信息都是节点，它们之间的关系都是边，在这样的背景下，图数据库可以做一些非常复杂的公司之间关系的查询。例如，从公司到员工、从员工到其他公司，从中可以寻找相似的公司。

（3）企业关系图谱。

图数据库可以对各种企业进行信息图谱的建立，如基本的工商信息，包括何时注册、何人注册、注册资本、在何处办公、经营范围、高管架构。围绕企业的经营范围，继续细化去查询企业究竟有哪些产品或服务，如通过企业名称查询到企业的自媒体，从而给予其更多关注和了解。另外也可以对企业的产品和服务进行数据关联，查看该企业有没有令人信服的自主知识产权和相关资质,从而支撑业务的开展。

企业在日常经营中,与客户、合作伙伴、渠道方、投资者都有着各种各样的关联,这也决定了企业对社会各个领域都广有涉猎,呈现面错综复杂,因此可以通过企业数据图谱进行查询,层层挖掘信息。基于图数据的企业信息查询不再是传统单一的工商信息查询,可以了解企业的不同方面。

## 8.1.2 Neo4j 图查询语言——Cypher

Cypher 是 Neo4j 的图形查询语言,该语言是 Neo Technology 创建的查询语言,允许用户在图形数据库中存储和检索数据。它是一种声明式的、受 SQL 启发的语言,语法提供了一种视觉和逻辑方式来匹配图中节点和关系的模式。Cypher 旨在让每个人都易于学习、理解和使用,而且还融合了其他标准数据访问语言的强大功能。

### 1. 节点语法

Cypher 使用一对括号()来表示一节点。下面是一些节点示例,提供了不同类型和变量的细节。

```
()
(matrix)
(:Movie)
(matrix:Movie)
(matrix:Movie {title: "The Matrix"})
(matrix:Movie {title: "The Matrix", released: 1997})
```

最简单的形式是(),代表一个匿名的、无特征的节点。如果想在别处引用该节点,可以添加一个变量,如(matrix)。变量仅限于单个语句。它在另一个陈述中可能具有不同的含义或没有含义。其中,Movie 模式声明了节点的标签。而节点的属性表示为键值对列表,括在一对大括号内,如{ title: "The Matrix"}。

### 2. 关系语法

Cypher 使用"——"表示无向关系。定向关系的一端有一个箭头(<--,-->)。括号表达式([...])可用于添加详细信息,可以包括变量、属性和类型信息。

```
--
-->
-[role]->
-[:ACTED_IN]->
-[role:ACTED_IN]->
-[role:ACTED_IN {roles: ["Neo"]}]->
```

关系的括号对中的语法和语义与节点括号之间使用的语法和语义非常相似。role 可以定义一个变量,以便在语句的其他地方使用。关系的类型,例如 ACTED_IN,类似于节点的标签,同时拥有相应的属性,如 roles。

### 3. 模式语法

将节点和关系的语法组合在一起可以表达模式。

```
(keanu:Person {name: "Keanu Reeves"}) - [role:ACTED_IN {roles: ["Neo"]}] ->(matrix:Movie
{title: "The Matrix"})
```

#### 4. 类型

Cypher 处理的所有值都有一个特定的类型，它支持如下类型：数值型、字符串、布尔型、节点、关系、路径、映射、列表。

#### 5. 常用语句

（1）创建语句。

```
CREATE (n{name:"张三"})                      //创建节点并给节点分配一个属性
CREATE({name:"李四"}) - [r:have] ->({bookname:"设计模式"})
                                          //创建一个关系,给两节点建立关系,指定关系类
                                          //型、方向和绑定一个变量
```

（2）查询语句。

```
MATCH (n{name:"张三"}) RETURN n               //根据属性匹配节点信息
MATCH (n:Person) - [:FRIEND] ->(m:Person) WHERE n.name = '张三'
                                          //匹配节点时指定标签、属性和关系类型
MATCH (n) - [k:KNOWS] ->(f) WHERE k.since < 2000 RETURN f   //根据关系属性过滤
```

（3）节点更新和删除语句。

```
MATCH (n {name:'张三'}) SET n = {age:20}       //修改节点信息,覆盖节点属性
MATCH (n {name:'张三'}) SET n += {age:20} RETURN n   //该语句不会删除掉 name 属性,而是在节
                                          //点中新增 age 属性
MATCH (n{name:'张三'}) remove n.age RETURN n   //删除节点属性
MATCH (a) - [r:KNOWS] ->(b) DELETE r,b        //删除一个节点和关系
```

（4）索引和约束。

```
CREATE INDEX ON :Person(name)                //为"Person"标签的 name 属性创建索引
CREATE CONSTRAINT ON (n:Person) ASSERT n.name IS UNIQUE   //创建节点属性唯一约束
```

### 8.1.3 Neo4j 的安装与使用

#### 1. 在 Windows 下的安装与使用

登录 Neo4j 官方网站，其主界面如图 8-1 所示。

在屏幕上方菜单中选择 Products→Download Center，屏幕显示下载 Neo4j 安装包，如图 8-2 所示。

单击右侧的 Neo4j 4.4.9(zip)按钮，选择下载压缩安装包，自动跳转到下载页面，提示初始用户名及密码均为 neo4j，Neo4j 用户名及密码提示页面如图 8-3 所示。

文件下载完成后，解压缩，运行安装文件，完成系统安装和设置。

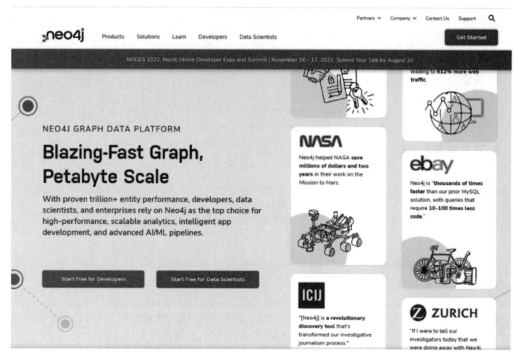

图 8-1　Neo4j 官方网站主界面

图 8-2　下载 Neo4j 安装包

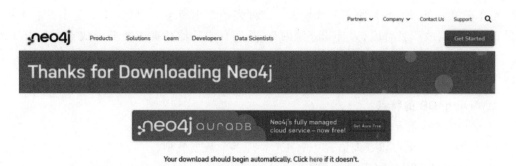

**图 8-3 Neo4j 用户名及密码提示页面**

#### 2. 在 Linux 下的安装与使用

若选择 Linux 版本，则需在图 8-2 下载 Neo4j 安装包的页面中单击 Neo4j 4.4.9(tar)按钮，选择下载压缩安装包，之后打开终端，使用以下命令解压压缩包中的内容：

```
tar – xf < filecode >
```

例如：

```
tar – xf neo4j – community – 4.4.9 – unix.tar.gz
```

将解压的文件放在服务器上的永久主页中。顶级目录称为 NEO4J_HOME。

(1) 若要将 Neo4j 作为控制台应用程序运行，则使用：

```
< NEO4J_HOME >/bin/neo4j console
```

(2) 若要在后台进程中运行 Neo4j，则使用：

```
< NEO4J_HOME >/bin/neo4j start
```

在 Web 浏览器中访问 http://localhost：7474。使用用户名 neo4j 和默认密码 neo4j 进行连接，然后系统会提示用户更改密码。

# 8.2 ArangoDB

## 8.2.1 ArangoDB 介绍

### 1. ArangoDB 简介

ArangoDB 是由 triAGENS GmbH 开发的多模型数据库系统。数据可以存储为键值对、图(Graph)和文档(Document)，并提供了涵盖 3 种数据模型的统一的数据库查询语言 AQL(ArangoDB Query Language)，支持 Python、Java、PHP 和 JavaScript 等多种编程语言,允许在单个查询中混合使用 3 种模型。这种多模型很有意义,因为它简化了性能扩展,增加了灵活性、故障容忍度、大量的存储内存,并拥有比其他数据库更低的成本。基于其本地集成多模型特性,用户可以搭建高性能程序,并且这 3 种数据模型均支持水平扩展。不过,与其他查询语言,如 SQL 相比,AQL 具有更复杂的语法,这被认为是一个主要缺点。

### 2. ArangoDB 的特点

ArangoDB 最重要的优点和特点如下。

（1）使用单一核心和查询语言（AQL）管理多个数据模型。

（2）通过 HTTP API 管理数据库。

（3）多架构——独特的实例、集群或混合服务。

（4）JavaScript Foxx 框架集成。

（5）可分片。

（6）整合——最小化组件,降低技术堆栈的复杂性。这意味着更低的总成本、更高的灵活性和整合技术需求。

（7）简化的性能扩展——通过使用不同的数据模型独立扩展,可以轻松应对不断增长的性能和存储需求。ArangoDB 可纵向和横向扩展,如果用户的性能需求下降,则可以轻松缩减后端系统以节省硬件和运营需求。

（8）强大的数据一致性——单个后端管理不同的数据模型,支持 ACID 事务。在集群模式下运行时提供单实例和原子操作的强一致性。

（9）容错性——使用多模型数据库和统一的技术堆栈。通过设计,ArangoDB 支持运行不同数据模型的模块化架构,并且也适用于集群。

### 3. 索引类型

（1）哈希索引（Hash Index）。

哈希索引在精确查找中非常有用。

（2）跳表（Skip List）。

搜索范围时可以使用跳表。

（3）全文索引（Full-Text Index）。

全文索引将在长字符串中提供快速搜索。

（4）地理索引（Geo-Index）。

地理索引允许搜索某个位置附近或某个区域内的文档。

### 4. ArangoDB 数据模型

ArangoDB 的数据模型分为数据库（Database）、集合（Collection）、文档（Document）,分别与传统关系数据库中的数据库、表、行对应。

Collection 分为 Document Collection（文档集合）、Edge Collection（边集合）两种类型。其中,Document Collection 在 Graph 中又被称为 Vertex Collection（顶点集合）;Edge Collection 只在 Graph 中使用。Edge Collection 中的文档比 Document Collection 中的文档多两个特殊的属性_from、_to,用于指定起始节点和终点节点。

ArangoDB 的 Document 数据在展现层使用 JSON 格式,但物理存储采用的是二进制的 VelocyPack 格式（一种高效紧凑的二进制序列化和存储格式）。Document 数据由_key、_id、 _rev 等属性组成,其中_key 作为分片的依据。

### 5. ArangoDB、MongoDB 和 CouchDB 关键特性对比

ArangoDB、MongoDB 与 CouchDB 关键特性进行对比,如表 8-2 所示。

表 8-2 ArangoDB、MongoDB 与 CouchDB 关键特性对比

| 特 性 | ArangoDB | MongoDB | CouchDB |
|---|---|---|---|
| 类型 | 多模型 | 基于文档 | 基于文档 |
| 查询语言 | AQL | MQL | JavaScript |
| 支持 MapReduce | Yes | Yes | Yes |
| 复制模式 | 主从,多主 | 主从 | 多主 |
| 语言 | JavaScript、C++ | C++ | Erlang |
| 建议使用 | 在一个查询中组合不同的数据模型 | 处理带有文本、地理空间、时间序列维度的缩放数据 | Web 用例和移动应用程序 |

## 8.2.2 ArangoDB 技术原理

### 1. ArangoDB 架构

ArangoDB 的集群是遵循主-主架构的,没有单点故障,遵循 CAP 理论中的 CP。CP 指当发生网络分区通信异常时,数据库优先考虑内部一致性而非可用性。使用这种架构意味着客户端可以将其请求发送到任意节点,并且在每个节点上看到的数据库视图都是一致的。没有单点故障意味着集群中任何节点完全宕机都不会对整个集群的服务产生任何影响,集群可以继续提供服务。通过这种方式,ArangoDB 被设计为分布式多模型数据库。

ArangoDB 集群由 3 部分组成：Agent(代理)、Coordinator(协调者)、DBserver(数据库服务器)。集群内部之间采用 HTTP＋VelocyPack 的方式进行通信。

Agent：一个或多个 Agent 形成 ArangoDB 集群中的 Agency,Agency 是整个集群配置信息的存储中心,是整个集群的心脏,所有其他任何组件都依赖于 Agency。由于 Agency 是整个 ArangoDB 集群的核心,因此必须具备高容错性。为了实现这一点,Agent 之间采用 Raft 算法进行复制,保证一致性。同时,Agency 管理一棵大型配置树,它支持在此树上执行事务性读取和写入操作,并且,支持以 HTTP Callback 的方式订阅配置的变更。

Coordinator：若外部客户端需要访问 ArangoDB,则必须通过 Coordinator。它们将协调集群任务,如执行查询和运行 Foxx 服务。它们知道数据的存储位置,并优化用户提交的查询。Coordinator 是无状态的,因此可以根据需要随时关闭或重新启动。

DBserver：DBserver 负责数据的物理存储以及响应 Coordinator 的查询请求,按照不同的角色又可以分为 Primary、Secondary 两种。Primary DBserver(主数据库服务器)是实际托管数据的服务器,它们托管数据分片并使用分片的同步复制,主分区可以是分片的领导者或跟随者。客户端不应从外部直接访问它们,而应通过 Coordinator 间接访问它们,Coordinator 向其发起查询,Primary DBserver 负责执行部分或者全部查询。Secondary DBserver(次数据库服务器)是 Primary DBserver 的异步复制,如果只使用同步复制,则不需要 Secondary DBserver。对于每个 Primary DBserver,可以有一个或多个 Secondary DBserver。

ArangoDB 的架构非常灵活,允许进行多种配置,以适用于不同的使用场景。

(1) 默认配置是在每台计算机上运行一个 Coordinator 和一个 Primary DBserver。这

样就自然地实现了经典的主/主设置,因为在不同节点之间存在完美的对称性,客户端可以与任何一个协调器进行通信,并且所有客户端看到的数据视图都是一致的。

(2) 可以部署比 DBserver 更多的 Coordinator。当需要部署大量的 Foxx 服务时,这种方式比较适合,因为 Foxx 是运行在 Coordinator 上的。

(3) 如果数据量比较大,而查询请求并不多,则部署的 DBserver 的数量可以比 Coordinator 多。

(4) DBserver 与 Coordinator 分开部署。可以在应用程序服务器,例如,在 Node.js 服务器上部署 Coordinator,在另外的独立的服务器上部署 Agent 程序和 DBserver。这避免了应用服务器和数据库之间的网络调准次数,从而减少了延迟。从本质上讲,这会将一些数据库分发逻辑移动到客户端运行的机器上。

**2. AQL**

ArangoDB 使用自己的查询语言 AQL,支持 Python、Java、PHP 和 JavaScript 等多种编程语言。AQL 可用于检索和修改存储在 ArangoDB 中的数据。AQL 与 SQL 类似。AQL 支持读取和修改集合数据,不支持数据定义操作,如创建和删除数据库、集合和索引。它是纯数据操纵语言(DML),而不是数据定义语言(DDL)或数据控制语言(DCL)。

AQL 查询有两种基本类型:访问数据的查询(读取文档)和修改数据的查询(创建、更新、替换、删除文档)。

1) 数据访问查询

使用 AQL 从数据库中检索数据总是包含 RETURN 操作。它可用于返回静态值,且查询结果始终是一个元素数组,如字符串。

```
RETURN "Hello ArangoDB!"
```

函数 DOCUMENT()能被用于通过文档句柄检索单个文档,例如:

```
RETURN DOCUMENT("users/phil")
```

RETURN 通常伴随着一个 FOR 循环来遍历集合的文档。以下查询为名为 users 的集合的所有文档执行循环体。在此示例中,每个文档都被无改变地返回:

```
FOR doc IN users
    RETURN doc
```

也可以不返回 doc,轻松地创建投影:

```
FOR doc IN users
    RETURN { user: doc, newAttribute: true }
```

对于每个用户文档,都会返回一个具有两个属性的对象。属性 user 的值设置为用户文档的内容,newAttribute 是一个布尔值为 true 的静态属性。

可以将 FILTER、SORT 和 LIMIT 等操作添加到循环体中以缩小排序结果。除了上面显示的调用 DOCUMENT()之外,还可以检索描述用户 phil 的文档,如下所示:

```
FOR doc IN users
    FILTER doc._key == "phil"
    RETURN doc
```

此示例中使用了文档的键,其他属性同样可以用于过滤。由于保证文档的键是唯一的,因此不会有超过一个文档与此过滤器匹配。对于其他属性,情况可能并非如此。要返回活动用户的子集(由名为 status 的属性确定),按名称升序排序,可以执行以下操作:

```
FOR doc IN users
    FILTER doc.status == "active"
    SORT doc.name
    LIMIT 10
```

2) 数据修改查询

AQL 支持以下数据修改操作。

- INSERT:将新文档插入集合中。
- UPDATE:更新集合中的现有文档。
- REPLACE:完全替换集合中的现有文档。
- REMOVE:从集合中删除现有文档。
- UPSERT:有条件地插入或更新集合中的文档。

(1) 修改单个文档。

使用 INSERT、UPDATE 和 REMOVE 对单个文档进行操作,这是一个在现有集合 users 中插入文档的示例:

```
INSERT
{
    firstName: "Anna",
    name: "Pavlova",
    profession: "artist"
} IN users
```

用户可以提供新文件的键,如果未提供,ArangoDB 将为用户创建一个。

```
INSERT
{
    _key: "GilbertoGil",
    firstName: "Gilberto",
    name: "Gil",
    city: "Fortalezza"
} IN users
```

更新非常简单。以下 AQL 语句将添加或更改属性"状态"和"位置"。

```
UPDATE "PhilCarpenter" WITH
{
    status: "active",
```

```
    location: "Beijing"
} IN users
```

替换是更新文档的所有属性的替代方法。例如：

```
REPLACE
{
    _key: "NatachaDeclerck",
    firstName: "Natacha",
    name: "Leclerc",
    status: "active",
    level: "premium"
} IN users
```

如果用户知道文档的键，则删除文档也很简单：

```
REMOVE "GilbertoGil" IN users
```

或者

```
REMOVE {_key: "GilbertoGil"} IN users
```

（2）修改多个文档。

数据修改操作通常与 FOR 循环组合以遍历给定的文档列表。它们可以可选地与
FILTER 语句等组合。

以下是一个修改集合 users 中匹配某些条件的现有文档的示例：

```
FOR u IN users
    FILTER u.status == "not active"
    UPDATE u WITH { status: "inactive" } IN users
```

之后，将集合 users 的内容复制到集合 backup 中：

```
FOR u IN users
    INSERT u IN backup
```

随后，在集合 users 中找到一些文档，并将它们从集合 backup 中删除。两个集合中的
文档之间的连接是通过文档的键建立的：

```
FOR u IN users
    FILTER u.status == "deleted"
    REMOVE u IN backup
```

以下示例将从 users 和 backup 中删除所有文档：

```
LET r1 = (FOR u IN users   REMOVE u IN users)
LET r2 = (FOR u IN backup REMOVE u IN backup)
RETURN true
```

### 8.2.3 ArangoDB 的安装与使用

#### 1. 在 Windows 下的安装与使用

登录 ArangoDB 官方网站，其主界面如图 8-4 所示。

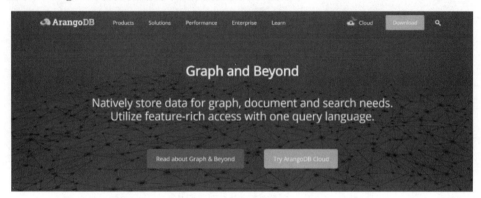

图 8-4　ArangoDB 官方网站主界面

在屏幕上方单击 Download 按钮，屏幕显示下载 ArangoDB 安装包页面，如图 8-5 所示。

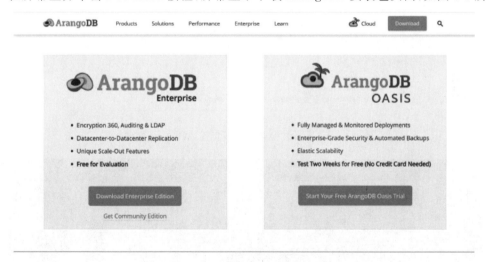

图 8-5　下载 ArangoDB 安装包页面

以社区版为例，选择 Get Community Edition 进入选择版本页面，ArangoDB 不同版本如图 8-6 所示。

选择 Windows 版本，选择 Zip 安装包下载，ArangoDB 安装包下载页面（Windows 系统）如图 8-7 所示。

将 Zip 安装包解压至要安装的目录，以管理员身份运行 cmd，找到自己安装的 bin 目录。使用 arangod --install-service 命令安装 ArangoDB。接着，在 bin 目录下双击 arangod.exe，出现"Have fun!"说明服务开启，服务开启页面如图 8-8 所示。

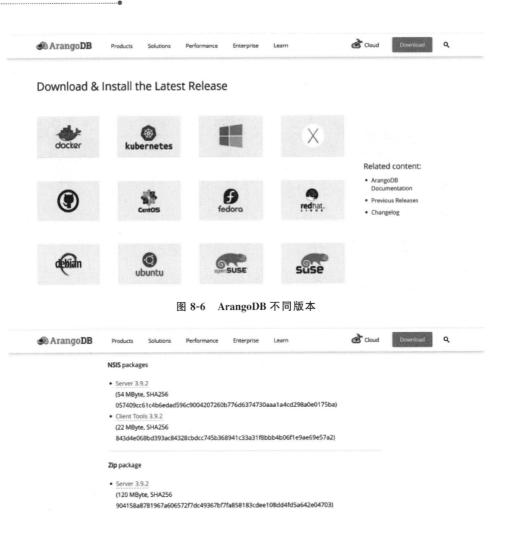

图 8-6　ArangoDB 不同版本

**NSIS packages**

- Server 3.9.2
  (54 MByte, SHA256
  057409cc61c4b6edad596c9004207260b776d6374730aaa1a4cd298a0e0175ba)
- Client Tools 3.9.2
  (22 MByte, SHA256
  843d4e068bd393ac84328cbdcc745b368941c33a31f8bbb4b06f1e9ae69e57a2)

**Zip package**

- Server 3.9.2
  (120 MByte, SHA256
  904158a8781967a606572f7dc49367bf7fa858183cdee108dd4fd5a642e04703)

图 8-7　ArangoDB 安装包下载页面（Windows 系统）

图 8-8　服务开启页面

## 2. 在 Linux 下的安装与使用

若选择 Linux 版本,则需在图 8-6 选择版本的页面选择 CentOS 或 Ubuntu。

（1）若选择 CentOS 版本,在图 8-6 显示的页面单击 CentOS 进入页面,ArangoDB 安装包下载页面（CentOS 系统）如图 8-9 所示。

选择相应的包进行下载,在终端中以 root 身份运行以下命令:

**RPM packages**

- Server 3.9.2
  (136 MByte, SHA256
  e0e6346417b379a1a449bd67e2e94342f6e1630ec194855839c7727ad08d01b2)
- Client Tools 3.9.2
  (34 MByte, SHA256
  80281035e167c382402503adfb7925c1dbeb93235aff132213223f686b4938c4)
- Debug Symbols 3.9.2
  (50 MByte, SHA256
  1ed61ced2b8ab53896479534f2580697aea503cc61d85877aa066102e83f1931)

**Tar package**

- Server 3.9.2
  (149 MByte, SHA256
  f75402e41f114935222eb6d7f602e1b260595e453e609b690604fa0a1851305c)
- Client 3.9.2
  (51 MByte, SHA256
  26dd9c60afa4bfd026affed0f141bd8b52df409063b717ffebe2d743bbd7c3b1)

**图 8-9 ArangoDB 安装包下载页面（CentOS 系统）**

```
cd /etc/yum.repos.d/
curl - OL https://download.arangodb.com/arangodb39/RPM/arangodb.repo
yum - y install arangodb3 - 3.9.2 - 1.0
```

若要安装 debug 符号包（默认情况下不需要），则运行以下命令：

```
yum - y install arangodb3 - debuginfo - 3.9.2 - 1.0
```

（2）若选择 Ubuntu 版本，在图 8-6 下载 ArangoDB 安装包的页面进入 ArangoDB 安装包下载页面（Ubuntu 系统），如图 8-10 所示。

**Debian packages**

- Server 3.9.2
  (148 MByte, SHA256
  be0f8a056443eb38e6164a1ec14dc931df7f33e6e99d62f2b6c9948dd9bbbf3a)
- Client Tools 3.9.2
  (38 MByte, SHA256
  c66461a4d243711e6684b4456806916a0b51b6007a3971549af723628f41367f)
- Debug Symbols 3.9.2
  (52 MByte, SHA256
  be9b9d7028245f38903eb4b8f20caab5dbb0b8a2d263ae5c7f7688595a017088)

**Tar package**

- Server 3.9.2
  (149 MByte, SHA256
  f75402e41f114935222eb6d7f602e1b260595e453e609b690604fa0a1851305c)
- Client 3.9.2
  (51 MByte, SHA256
  26dd9c60afa4bfd026affed0f141bd8b52df409063b717ffebe2d743bbd7c3b1)

**图 8-10 ArangoDB 安装包下载页面（Ubuntu 系统）**

选择相应的包进行下载,首先将存储库密钥添加到 apt 中,如下所示:

```
curl - OL https://download.arangodb.com/arangodb39/DEBIAN/Release.key
sudo apt - key add - < Release.key
```

使用 apt-get 命令安装 ArangoDB:

```
echo 'deb https://download.arangodb.com/arangodb39/DEBIAN/ /' | sudo tee /etc/apt/sources.
list.d/arangodb.list
sudo apt - get install apt - transport - https
sudo apt - get update
sudo apt - get install arangodb3 = 3.9.2 - 1
```

安装 debug 符号包(默认不需要):

```
sudo apt - get install arangodb3 - dbg = 3.9.2 - 1
```

## 思考题

1. 简述 Neo4j 与 ArangoDB 的区别以及各自适用场景。
2. 查阅相关资料,解释 Neo4j 的对象缓存。
3. 查阅相关资料,简述 Neo4j 的数据备份方式。
4. 查阅相关资料,简述 Neo4j 以及 ArangoDB 数据的导入导出方式。

# 第三部分 NewSQL基础与应用

# 第 9 章

# NewSQL

## 9.1 NewSQL 基本原理

NewSQL 是对各种新的可扩展/高性能数据库的统称,这类数据库不仅具有 NoSQL 对海量数据的存储管理能力,还保持了传统关系数据库支持 ACID 和 SQL 等特性。

### 9.1.1 NewSQL 简介

NewSQL 一词是由 451 Group 的分析师 Matthew Aslett 在研究论文中提出的,它代指对老牌数据库厂商做出挑战的一类新型数据库系统。例如,Clustrix、GenieDB、ScalArc、Schooner、VoltDB、RethinkDB、ScaleDB、Akiban、CodeFutures、ScaleBase、Translattice、NimbusDB 以及 Drizzle、带有 NDB 的 MySQL 集群和带有 HandlerSocket 的 MySQL。后者包括 Tokutek 和 JustOne DB。相关的"NewSQL 作为一种服务"类别包括亚马逊的关系数据库服务以及微软的 SQL Azure、Xeround 和 FathomDB。

NewSQL 和 NoSQL 界限并非泾渭分明,例如,RethinkDB 可以看作 NoSQL 数据库中键值存储的高速缓存系统,也可以当作 NewSQL 数据库中 MySQL 的存储引擎。现在许多 NewSQL 提供商使用自己的数据库,为没有固定模式的数据提供存储服务,同时一些 NoSQL 数据库开始支持 SQL 查询和 ACID 事务特性。

传统的 SQL 架构设计中没有分布式架构,而 NewSQL 本身就是分布式架构,其有以下特性。

(1) 支持 SQL、复杂查询和大数据分析。

(2) 支持 ACID 事务和隔离级别。

(3) 弹性伸缩、扩容缩容对于业务层完全透明。

(4) 高可用,自动容灾。

## 9.1.2 NewSQL 的技术特征

### 1. 主内存存储

自 20 世纪 70 年代以来,几乎主流的数据库都采用了 Disk-oriented(以磁盘为中心)的存储架构设计。在这些系统中,数据库的主要存储位置被假定为在一个可进行块寻址的永久性存储设备上,如 SSD、HDD。由于在块存储设备上读写速度慢,这些数据库会将读入的数据块缓存在内存中,也将待写出的数据缓存在内存中,通过批量写出提高效率。由于内存与磁盘相比,容量更小,价格更昂贵,这种设计极大地降低计算机的成本。几十年后的现在,内存的价格和容量都得到了改善,除了一些极大的 OLTP 数据库,绝大多数数据库都可以被完全装入内存中,这使得数据库可以快速地从内存中读取数据。从 Disk-oriented 转向 Memory-oriented(以内存为中心)赋予了数据库性能优化新的可能性。

许多 NewSQL 数据库都采用基于内存的存储架构,包括一些实验性数据库,例如,H-Store、HyPer 和商用的数据库,例如,MemSQL、SAP HANA 和 VoltDB。这些系统的性能在 OLTP 负载下的性能表现都要优于基于外存的存储架构。Memory-oriented 的 NewSQL 数据库中的创新点在于尝试将数据库中比较不活跃的数据清出内存,从而减少内存使用,这使得这些 NewSQL 数据库能够存储比它内存空间更大的数据而无须回到 Disk-oriented 的存储架构。广义地说,这类做法都需要建立一个内部跟踪机制来发现内存中不活跃的记录,在必要时将其清出到外存。以 H-Store 为例,它的 Anti-caching 模块会将不活跃的记录清出,并在其原来的位置放置一个 Tombstone 记录,当某个事务想要访问这条记录时,就将事务中止,然后创建一个独立的线程去异步加载记录放回内存中。直接使用操作系统的虚拟内存的分页(Paging)机制也能达到相同的目的,如 VoltDB。为了避免在利用索引查找时产生误判(False Negative),所有的数据库的索引中都需要保留被清除记录的键,如果应用所用的数据表有较多的二级索引,那么即便记录被清出,依然会造成内存浪费。微软的 Siberia 项目,在解决这个问题时利用了 Bloom Filter(布隆过滤器)来判断目标记录是否存在,以此来减少内存消耗。虽然 Siberia 不是 NewSQL 数据库,但这种做法是非常值得参考的。

另外,MemSQL 数据库没有跟踪记录的元信息,而是采用了不同的方案来解决数据量比内存大的问题。MemSQL 将数据按 Log-Structured 的形式组织,使得数据写入的性能提升。同时,管理员可以手动地告诉数据库将某个表按列 (Columnar Format)存储。

### 2. 分区/分片

几乎所有 NewSQL 数据库都是通过将整个数据库划分成不同的子集,即分区或分片(Partitioning/Sharding),来实现横向扩容。在分区的数据库上进行分布式事务处理并不是一个新的想法,这些系统的许多基本原理来自 Phil Bernstein 和他的同事在 20 世纪 70 年代后期的 SDD-1 项目,而在 20 世纪 80 年代的早期,System R 和 INGRES 的开发团队就各自构建了相应的分布式数据库系统:IBM 的 R* 采用了类似 SDD-1 的 Share-nothing(无共享架构)和 Disk-oriented(面向磁盘)的设计。INGRES 的分布式版本给人们留下最深刻印象的是它的动态查询优化算法,可以递归地将查询动态拆分成更小的查询。后来,Wisconsin-Madison 大学的 GAMMA 项目探索了不同的分区策略。

但是这些早期的分布式数据库并没有真正获得成功,原因有两个:第一,当时硬件成本太高,大部分的客户不可能购买足够多的设备来构建数据库集群环境;第二,应用对分布式数据库的高性能需求还没有成熟,当时对吞吐量的最高要求也只有每秒数千笔交易。但现在这两点原因都不复存在了,在各种云基础设施的平民化、开源分布式系统、工具的帮助下,搭建一个数据密集型的应用变得比过去简单很多,也使得分布式数据库回到历史舞台。

在分布式数据库中,数据表会被按照某个字段或某组字段,横向切分成多个分段Segment,可能通过哈希函数来切分,也可能基于范围进行切分。多个数据表的相关联的数据分段常常会被合并起来放到同一个分片(节点)中,该节点负责执行任何需要访问该分片内部数据的请求。理想情况下,分布式数据库应该能够自动将查询分布到多个分片上执行,然后将结果合并,除了 ScaleArc,其他 NewSQL 数据库基本都提供这样的支持。

分区是许多 OLTP 应用数据库都具备的一个重要特性。这些数据库架构(Schema)可以转换为树状结构,按照 Root Table(根表)的主键哈希 ,可以使得每个查询涉及的数据都在一个分片中。举例来说,一棵树的根节点可能是一个客户表,数据库将会根据每个客户进行分区,将每个人的订单记录和账户信息存放在一起。这样几乎所有事务都能够在同一个分片上执行,减少数据库系统内部节点间的交流,提高整体性能。

NewSQL 数据库的一个重要特性就是支持数据的线上迁移(Live Migration),它允许数据库在不同的物理节点上重新平衡(Rebalance)数据、缓解热点,在扩容的同时,不影响数据库本身的服务。相较于 NoSQL,NewSQL 要做到这点难度更大,因为后者还需要保证ACID 的特性不被破坏。总体上看,NewSQL 有两种方案来支持数据的线上迁移。

(1)将数据组织成粗粒度的逻辑分片,哈希到物理节点上。当需要重新平衡时,就在这些节点之间移动这些逻辑分片。这种方案在 Clustrix、AgilData、Cassandra 和 DynamoDB中都有应用。

(2)在更细的粒度上,如元组(Tuple)或多个元组上,通过取值范围来重排数据。MongoDB、ScaleBase、H-Store 采用了这种方案。

### 3. 并发控制

并发控制(Concurrency Control)机制是数据库系统处理事务最核心、最重要的部分,因为它涉及几乎整个系统的方方面面。并发控制让不同的用户访问数据库时好像是单独占有一样,它提供了事务的原子性和隔离性保证,影响着系统的整体行为。

除了使用哪种并发控制机制,分布式数据库系统的另一设计关键点在于使用中心化还是去中心化的事务协调协议(Transaction Coordination Protocol)。在中心化协议下,所有事务操作的起点都是中心化的协调器(Coordinator),由后者来决定是否同意操作;在去中心化协议下,每节点都维持着访问自身数据的事务状态信息,这些节点需要与其他节点相互通信、协调来确定是否有并发冲突。一个去中心化的协调器对于扩展性更加友好,但通常要求不同节点的墙上时钟高度同步,以便于确定事务的全序。

首批分布式数据库系统诞生于 20 世纪 70 年代,它们普遍使用了 2PL 机制。由于解决死锁问题过于复杂,几乎所有 NewSQL 数据库都抛弃了 2PL,流行的是时间戳排序(Timestamp Ordering,TO)并发控制机制的不同变体,在该机制中数据库假设不会按可能造成违背可序列化排序(Serializable Ordering)的操作顺序来执行并发事务。在 NewSQL

系统中最流行的并发控制协议是去中心化的 MVCC,当更新操作发生时,数据库会为每条记录创建新版本。保持一条记录的多个版本可以让读事务不阻塞写事务、写事务也不阻塞读事务。使用去中心化 MVCC 机制的 NewSQL 数据库包括 MemSQL、HyPer、HANA 及 CockroachDB。

### 4. 二级索引

二级索引(Secondary Index)包含来自表的不同于其主键的属性集。它允许数据库支持主键和分区键以外的快速查询。当整个数据库位于单节点上时,在非分区数据库中支持它们是没有太多意义的。但是在分布式数据库中,不会总是以正好需要的属性值进行分区。举例来说,假设数据库根据客户表的主键进行了分区。但是可能会有一些情况希望通过客户的电子邮件地址反向查询客户的账户。数据库因为是按照客户主键进行的分区,不得不将这个查询广播到所有节点,这明显效率非常低下。

在分布式数据库中支持二级索引有两个设计决策:第一,将二级索引存放在哪里;第二,如何在事务中维护二级索引。在使用中心化的协调器的系统中,二级索引可以同时放在协调器节点和分片节点。这个方法的好处是整个系统中只有一个版本的索引,更加容易维护。使用新架构的 NewSQL 数据库通常使用分片二级索引方案,即每节点都存储索引的一部分,而不是整个索引存放在单独的一节点上,在需要时复制到其他节点。如果 NewSQL 数据库不支持二级索引,开发者的常见做法是自己构建二级索引,并放在分布式缓存系统中。

### 5. 复制

想要确保应用的可用性、数据的持久性,最好的方法就是在数据库层面实现复制(Replication)。所有的现代数据库,包括 NewSQL 系统,都提供某种形式的数据复制机制。在数据库复制上,有两个重要的设计决定。

(1)如何保证跨节点的数据一致性。

在一个强一致(Strongly Consistent)的数据库系统中,新写入的数据必须被相应的所有复制节点持久化之后,事务才能被认为已经提交。这样所有的读请求都能被发送到任意复制节点上,它们接收到的数据可以认为是最新的数据。强一致的数据库系统固然很好,但维持这样的同步状态需要使用像 2PC 这样的原子提交协议(Atomic Commitment Protocol)来保证数据同步,如果在这个过程中有一个节点故障或者出现网络分区,数据库服务就会没有响应。这也是为什么 NoSQL 系统通常使用弱一致性(Weekly Consistent)或最终一致性(Eventual Consistent)模型,在数据库管理系统通知应用程序写入成功之前,并非所有副本都必须确认修改。

不过很多 NewSQL 系统都支持强一致性数据复制,这些系统实现强一致性的方法与以往相似,数据库系统的状态机复制(State Machine Replication)早在 20 世纪 70 年代就已经存在基础研究,在 80 年代问世的 NonStop SQL 就是第一个使用强一致复制的分布式数据库系统。

(2)如何执行跨节点数据传播。

主要有两种执行模式。第一种被称为主-主复制,即让每个复制节点都执行相同的请求。例如,接收到一个新请求,数据库系统会在所有复制节点上执行相同的请求;第二种是主-备复制,即请求先在一节点上执行,再将状态传递给其他复制节点。大多数 NewSQL 数据库系统采用主-备复制,这主要是因为每个请求到达不同节点的顺序不同,如果直接使用主-主复制,很容易导致数据不一致出现。相较之下,确定性(Deterministic)数据库,如 H-Store、VoltDB、ClearDB 都使用主-主复制,因为在确定性数据库中,事务在不同节点上的执行顺序能够保证一致。

NewSQL 与之前的数据库系统在工程上不同的一点在于,前者还考虑了广域网(Wide Area Network,WAN)的复制。在云服务流行的时代,多地多中心的应用部署已经不是难事,尽管 NewSQL 能支持广域网数据同步,但是这也会引起正常操作中很明显的延迟,所以异步复制的方式更为流行。不过 NewSQL 系统中 Spanner 和 CockroachDB 提供了广域网数据同步一致性优化,Spanner 采用了原子钟与 GPS 硬件时钟的组合方案,CockroachDB 则采用混合时钟的方案。

### 6. 崩溃恢复

NewSQL 数据库系统的另一个重要特性就是故障恢复机制。一般传统数据库的容错能力主要强调的是保证数据持久化,而 NewSQL 在此之上,还需要提供更高的可用性,即发生故障还能保证数据库服务的正常使用。

在传统数据库中,故障恢复的实现通常是基于 WAL,即在数据库修复后重新联机,它将加载从磁盘取得的最后一个检查点,然后重播其写入日志以返回崩溃时数据库的状态。这种方案被称为 ARIES,最早由 IBM 的数据库研究人员于 1990 年前后提出,如今几乎所有数据库系统都采用 ARIES 方案或其变种。

在存在复制节点的分布式数据库中,传统的故障恢复方案并不能直接使用,其原因在于:当主节点崩溃时,系统将会自动提升某个从节点充当新的主节点,而之前崩溃的主节点重新联机后,因为已经有了新的数据,数据库并不停留在崩溃之前的状态,所以主节点不能直接从自己的检查点中恢复数据。恢复的节点需要从新的主节点或者其他副本中更新自己的数据,弥补在停机这段时间内缺失的数据。目前,主要有两种实现方案。

第一,恢复的节点仍然从自身的存储中加载最后的检查点和写入日志,然后从其他节点读取缺失的日志部分。如果这个节点处理日志的速度比数据更新快,节点上的数据最终会达到与其他节点上的副本相同的状态。如果数据库使用物理日志,那么这种方法就是可行的,因为将日志更新直接应用到元组的时间远小于执行原始 SQL 语句所需的时间。

第二,节点重新联机时丢弃其检查点,让系统给它另一个新的检查点,然后从这个点开始恢复。这种方法带来的一个额外的好处是,系统中加入新的副本节点时也可以用同样的机制。

## 9.1.3　NewSQL、NoSQL 以及传统关系数据库的对比

NewSQL、NoSQL 以及传统关系数据库的对比如表 9-1 所示。

表 9-1　NewSQL、NoSQL 以及传统关系数据库的对比

| 功　　能 | NewSQL | NoSQL | 传统关系数据库 |
|---|---|---|---|
| SQL | 支持 | 不支持 | 支持 |
| 机器依赖性 | 多机(分布式) | 多机(分布式) | 单机器 |

续表

| 功　　能 | NewSQL | NoSQL | 传统关系数据库 |
|---|---|---|---|
| 模式 | 二者兼有 | 键值、列存储、文档存储 | 表 |
| 属性支持 | ACID | CAP 原则和 BASE 理论 | ACID |
| 水平扩展性 | 支持 | 支持 | 不支持 |
| 大容量数据 | 完全支持 | 完全支持 | 表现较差 |
| OLTP | 完全支持 | 支持 | 不完全支持 |

## 9.2　NewSQL 的分类及设计思想

目前 NewSQL 数据库大致可以分为 3 类，即完全使用新的架构重新设计开发的 NewSQL 数据库；在中间件层实现 NewSQL 特性的数据库；来自云服务提供商的 DBaaS，同样基于全新的架构。

### 9.2.1　新型架构

这个分类包括了 NewSQL 系统最有趣的部分，因为它们是全新架构的，从头设计的。也就是说，跟扩展现有系统不同，如 Microsoft 的 Hekaton for SQL Server，它们从一个全新的起点开始设计，摆脱了原有系统的设计束缚。这个分类中所有的数据库都是基于 Shared-nothing 的分布式架构，同时包含以下模块。

（1）多节点并发控制（Multi-node Concurrency Control）。

（2）基于复制的容错（Fault Tolerance Through Replication）。

（3）流量控制（Flow Control）。

（4）分布式查询处理（Distributed Query Processing）。

使用一个全新的为分布式执行而设计的数据库的好处是，系统所有的部分都可以针对多节点环境进行优化，包括查询优化、节点间通信协议优化等。例如，大部分的 NewSQL 数据库都可以在节点之间直接发送内部查询数据，而不用像一些中间件系统一样需要通过中心节点进行转发。

除了 Google 的 Spanner 之外，属于这个类别的数据库通常都有自己管理存储模块，这意味着需要将数据分布到不同的节点上，而不是采用开箱即用的分布式文件系统（如 HDFS），或存储结构（如 Apache Ignite）。自己管理意味着 send the query to the Data（将查询发送到数据），而依赖三方存储则意味着 bring the Data to the query（将数据带到查询中），前者传递的是查询命令，后者传递的是数据本身，显然前者对于网络带宽资源消耗更加友好，因为跟传输数据（不仅仅是元组，还包括索引、物化视图等）相比，传输查询所需的网络流量要少得多。

对主存储的管理使数据库可以使用比 HDFS 使用的基于块的复制方案更为复杂灵活的复制方案，因此这种数据库比那些建立在其他已有技术分层上的系统拥有更好的性能。在现有技术分层上建立的系统有所谓的 SQL on Hadoop 系统，例如，Trafodion，以及在 HBase 上提供事务支持的 Splice Machine 等，但这类系统并不属于 NewSQL。

新型架构 NewSQL 的优点：系统的所有部分都可以针对多节点环境进行优化，如查询优化、节点间通信优化等；自主管理主存储；NewSQL 可以使用比 HDFS 基于块的复制方案更为复杂灵活的复制方案。

使用新的架构并非没有缺点，其最大的缺点就是它的技术过新，没有大规模的安装基础和实际的生产环境的验证，导致用户担心这些技术背后还有许多未知，这也进一步意味着使用新系统的用户群体过小，不利于产品本身的打磨。除此之外，一些已经被广泛接受的运维、监控、报警生态也需要从头做起。为了避免此类问题，一些数据库，如 Clustrix、MemSQL、TiDB 选择兼容 MySQL 的通信协议，CockroachDB 选择兼容 PostgreSQL 的通信协议。

该类型的典型数据库有 Google 的 Spanner、Clustrix、NuoDB、CockroachDB、H-Store、MemSQL、SAP HANA。

CockroachDB 是一个分布式 SQL 数据库，建立在事务性和强一致性键值存储之上。它可以水平扩展，对应用程序透明，能在磁盘、机器、机架甚至数据中心故障中"存活"，延迟中断小，并支持强一致的 ACID 事务。CockroachDB 的灵感来自 Google 的 Spanner，旨在为其提供一个开源替代方案。它在键值存储上提供了一个 SQL 接口，并实现了一个从键到值的单一、整体的排序映射，其中键和值都是字节字符串。另外，它通过分布式 SQL 提供水平可扩展性，这意味着可以通过添加新节点来增加整体吞吐量；它使用高效的非锁定分布式提交，并通过实现 Raft 共识算法提供强一致性；通过地理分布的数据中心上的低延迟复制提供生存能力。

MemSQL 是一种分布式 SQL 横向扩展数据库，具有内存中的行存储以及支持事务和分析工作负载的基于内存和磁盘的列存储。它实现了一个两层架构，提供高吞吐量，可以在商品硬件上水平扩展，并提供与大数据处理生态系统（如 Apache Spark）的高度兼容性。它作为 HTAP 系统销售，对 OLTP 和 OLAP 工作负载都有好处。它还具有 Streamliner，这是一种可以有效地将数据流传输到 MemSQL 行存储和列存储的工具。MemSQL 具有无共享架构，这意味着没有两节点共享任何系统资源。使用无锁数据结构和多版本并发控制，允许数据库避免读取和写入锁定，从而提高吞吐量和性能。MemSQL 性能随着节点添加到集群而线性扩展。当需要更高的性能或容量时，可以"及时"添加节点，同时保持集群在线。MemSQL 还保证了持久性，并将数据持久化到磁盘，并可以根据需要进行配置。它支持完全同步的持久性，这意味着写入在持久化到磁盘之前不会被确认。

## 9.2.2　透明的数据分片中间件

市面上也有一些产品提供与 eBay、Google、Facebook 以及其他公司类似的中间件解决方案，并支持 ACID。在中间件之下的每个数据库节点通常：

（1）运行相同的单机版数据库系统。

（2）只包含整体数据的一部分。

（3）不用于单独接收读写请求。

这些中心化的中间件主要负责路由请求，协调事务执行、分布数据、复制数据以及划分数据到多节点。通常在每个数据库节点中还有一层薄薄的通信模块，负责与中间件通信、代替中间件执行请求并返回数据。所有这些模块合起来共同向外界提供一个逻辑单体数据库。

使用中间件的好处在于其替换现有数据库系统十分简单,应用开发者无感知。采用中间件方案中最常见的单机数据库就是 MySQL,这意味着为了兼容 MySQL,中间件层需要支持 MySQL 通信协议。尽管 Oracle 公司提供了 MySQL Proxy 和 Fabric 工具帮助兼容,但为了避免 GPL 许可证的潜在问题,大部分公司都选择自行实现协议层的兼容。

基于中间件方案的缺点在于其依赖传统数据库。传统数据库普遍采用以磁盘为中心的设计架构,因此这类方案无法使用一些 NewSQL 系统使用的以内存为中心的设计架构,从而也就无法有效利用其更高效的存储管理模块和并发控制模块。之前的一些研究已经表明,以磁盘为中心的架构设计在某种程度上限制了传统数据库更高效地利用更多的 CPU 核以及更大的内存空间。同时,对于复杂的查询,中间件方案有可能会引入冗余的查询计划和优化(中间件一次、数据库节点一次),尽管这种做法也可以看成是查询的局部优化。

该类型的典型数据库有 AgilData Scalable Cluster、MariaDB MaxScale、ScaleArc、ScaleBase。

## 9.2.3 DBaaS

DBaaS 是软件即服务的一种形式,在这种形式中,IT 组织可以从云服务提供商那里订购数据库,而无须购买硬件和软件并部署自己的数据库。服务提供商将管理服务器硬件、存储硬件、软件和许可证,并为数据库客户端提供安全的网络连接。IT 组织只需要为服务提供商指定 DBaaS 的服务级别目标,服务提供商就会向客户提供服务。

许多云计算供应商提供了 NewSQL 的 DBaaS 产品。使用这类服务,开发团队就没有必要在私有的硬件或者从云服务商处购买的虚拟机上维护数据库系统,而是由云服务商接管数据库的配置、调优、复制、备份等。云服务商的用户只需要通过给定的 URL 访问数据库系统,或者利用控制面板和 API 来管理系统。

DBaaS 的消费者根据其资源利用情况来支付。由于不同的数据库查询使用的计算资源可能大相径庭,因此 DBaaS 供应商通常不会像采用块存储服务一样根据查询次数的计费方式,而是让消费者确定其最大的资源使用限制,如存储空间、计算资源和内存使用等,来提供服务保证。例如,Amazon 的 Aurora,它既兼容 MySQL 的通信协议又兼容 PostgreSQL 的通信协议,其背后使用基于 Log-structured 的存储管理模块来提高 I/O 的并行效率。

也有一些公司依托于大型云服务商提供的云平台服务构建 DBaaS 解决方案,如 ClearDB,它们可以被部署在各大云服务商的基础设施之上。这种方案的好处是可以在同一区域将数据库分布在不同的提供商上,来减少故障风险。

其适用于以下场景。

(1) 没有专业的数据库团队。如果企业的技术团队没有那么多的软件开发人员,无法应对数据库的复杂性,那么就可以考虑使用 DBaaS。除了更方便数据库管理以外,DBaaS 服务商还能提供数据的自动备份等其他服务,让企业只专注于关键业务开发,而不用担心数据库的运行问题。

(2) 临时数据库。如果企业只是在短期内有需要,用于持续集成或者后端的测试,DBaaS 模式可以为用户快速构建一个数据库,当测试结束时,用户可以删掉数据以及相应的数据库。这种方式大大加快了企业测试环境下的自动化部署和更新,让数据库应用更加简单。

(3) 微服务设计。在企业的生产环境中,如果使用了由数据库组成的大量的微服务设计，DBaaS 这种模式也会非常适用。另外，即使企业有很多专业的数据库开发人员，但如果不愿意在数据库部署方面投入大量的时间和精力，也可以通过 DBaaS 快速投入生产。

该类型的典型数据库有 Aurora、ClearDB、Cloud Spanner。

## 9.2.4　NewSQL 实例及特点对比

不同 NewSQL 特点的对比如表 9-2 所示。

表 9-2　不同 NewSQL 特点的对比

| 数据库类型 | 数据库名称 | 是否内存存储 | 是否数据分区 | 并发控制方案 | 复制方案 | 总　　结 |
|---|---|---|---|---|---|---|
| 新型架构的 NewSQL | Clustrix | 否 | 是 | MVCC＋2PL | Strong＋Passive | 兼容 MySQL，支持无共享、分布式执行 |
| | CockroachDB | 否 | 是 | MVCC | Strong＋Passive | 建立在分布式键值存储之上，使用软件混合时钟实现广域网的复制方案 |
| | Spanner | 否 | 是 | MVCC＋2PL | Strong＋Passive | 广域网复制、无共享，使用 GPS 和原子钟生成的全局时间戳机制 |
| | H-Store | 是 | 是 | TO | Strong＋Active | 为每一个数据分区启动一个单线程执行引擎，对存储过程进行了优化 |
| | HyPer | 是 | 是 | MVCC | Strong＋Passive | HTAP。使用查询编译和内存索引 |
| | MemSQL | 是 | 是 | MVCC | Strong＋Passive | 分布式的、无共享。使用编译过的查询，支持 MySQL 的通信协议 |
| | NuoDB | 是 | 是 | MVCC | Strong＋Passive | 使用分离架构，具有多个内存中的执行节点和单一的共享存储节点 |
| | SAP HANA | 是 | 是 | MVCC | Strong＋Passive | 行和列的混合存储方案。融合了之前的 TREX、P * TIME 和 MaxDB 系统 |
| | VoltDB | 是 | 是 | TO | Strong＋Active | 为每个分区启动一个单线程执行引擎。支持流数据操作 |
| 中间件类型的 NewSQL | AgilData | 否 | 是 | MVCC＋2PL | Strong＋Passive | 无共享的数据分片。基于单个的 MySQL 实例 |
| | MariaDB MaxScale | 否 | 是 | MVCC＋2PL | Strong＋Passive | 支持定制化 SQL 重写的查询路由。依赖 MySQL Cluster 来组织集群 |
| | ScaleArc | 否 | 是 | Mixed | Strong＋Passive | 基于规则引擎的查询路由。支持 MySQL、SQL Server 和 Oracle |
| DBaaS 类型的 NewSQL | Aurora | 否 | 否 | MVCC | Strong＋Passive | RDS，使用定制化的日志结构的 MySQL 引擎 |
| | ClearDB | 否 | 否 | MVCC＋2PL | Strong＋Active | 中心化的路由器。为单节点 MySQL 实例在多个数据中心创建镜像 |

## 思考题

1. 简述 NewSQL 数据库诞生的原因。
2. 简述 NewSQL 数据库 New 在哪里。
3. 简述 NewSQL、NoSQL 以及传统关系数据库的对比。
4. 简述 NewSQL 数据库 3 种类型适应场景以及优缺点。
5. 简述 NewSQL 目前存在的局限性。

# 第 10 章

# NewSQL 实例： TiDB、Vitess 以及 CockroachDB

## 10.1 TiDB

### 10.1.1 TiDB 介绍

#### 1. TiDB 简介

TiDB 是由 PingCAP 公司自主设计、研发的 NewSQL 数据库,是一款同时支持联机事务处理与联机分析处理的分布式数据库,具备弹性扩展、金融级高可用、实时 HTAP、云原生的分布式数据库、兼容 MySQL 5.7 协议和 MySQL 生态等重要特性。

TiDB 的设计目标是为用户提供一站式 OLTP、OLAP、HTAP 解决方案。TiDB 适合高可用、强一致要求较高、数据规模较大等各种应用场景。

#### 2. TiDB 核心特性

1）水平弹性扩展

通过简单地增加新节点即可实现 TiDB 的水平扩展。因为 TiDB 存储计算分离的架构的设计,所以可按需对计算、存储分别进行在线扩容或者缩容。TiDB 能够轻松应对高并发、海量数据场景。

2）金融级高可用

数据采用多副本存储,数据副本通过 Multi-Raft 协议同步事务日志,绝大多数副本写入成功事务才能提交,确保数据强一致性且少数副本发生故障时不影响数据的可用性。可按需配置副本地理位置、副本数量以满足不同容灾级别的要求。

3）实时 HTAP

提供行存储引擎 TiKV、列存储引擎 TiFlash 两种存储引擎。TiFlash 通过 Multi-Raft Learner 协议实时从 TiKV 复制数据,确保行存储引擎 TiKV 和列存储引擎 TiFlash 之间的数据强一致。TiKV、TiFlash 可按需部署在不同的机器,解决 HTAP 资源隔离的问题。

4)云原生分布式数据库

专为云而设计的分布式数据库,通过 TiDB Operator 可在公有云、私有云、混合云中实现部署工具化、自动化。

5)高度兼容 MySQL

兼容 MySQL 5.7 协议、MySQL 常用的功能、MySQL 生态,应用无须或者修改少量代码即可从 MySQL 迁移到 TiDB。提供丰富的数据迁移工具帮助应用便捷完成数据迁移。

### 3. TiDB 应用场景

(1)对数据一致性、高可靠、系统高可用、可扩展性、容灾要求较高的金融行业。

金融行业对数据一致性、高可靠、系统高可用、可扩展性、容灾要求较高。传统的解决方案是同城两个机房提供服务、异地一个机房提供数据容灾能力但不提供服务,此解决方案存在以下缺点:资源利用率低、维护成本高、RTO 及 RPO 无法真实达到企业所期望的值。TiDB 采用多副本+Multi-Raft 协议的方式将数据调度到不同的机房、机架、机器,当部分机器出现故障时系统可自动进行切换,确保系统的 RTO≤30s 及 RPO=0。

(2)对存储容量、可扩展性、并发要求较高的海量数据及高并发的 OLTP 场景。

随着业务的高速发展,数据呈现爆炸性的增长,传统的单机数据库无法满足因数据爆炸性的增长对数据库的容量要求,可行方案是采用分库分表的中间件产品或者 NewSQL 数据库替代、采用高端的存储设备等,其中性价比最大的是 NewSQL 数据库,如 TiDB。TiDB 采用计算、存储分离的架构,可对计算、存储分别进行扩容和缩容,计算最大支持 512 节点,每节点最大支持 1000 并发,集群容量最大支持 PB 级别。

(3)实时 HTAP 场景。

随着 5G、物联网、人工智能等技术的发展,企业所生产的数据越来越多,其规模可能达到数百 TB 甚至 PB 级别,传统的解决方案是通过 OLTP 数据库处理在线联机交易业务,通过 ETL 工具将数据同步到 OLAP 数据库进行数据分析,这种处理方案存在存储成本高、实时性差等多方面的问题。TiDB 在 4.0 版本中引入列存储引擎 TiFlash 结合行存储引擎 TiKV 构建真正的 HTAP 数据库,在增加少量存储成本的情况下,可以在同一个系统中做联机交易处理、实时数据分析,极大地节省企业的成本。

(4)数据汇聚、二次加工处理的场景。

当前绝大部分企业的业务数据都分散在不同的系统中,没有一个统一的汇总,随着业务的发展,企业的决策层需要了解整个公司的业务状况以便及时做出决策,故需要将分散在各个系统的数据汇聚在同一个系统并进行二次加工处理生成报表。传统的解决方案是采用 ETL+Hadoop 来完成,但 Hadoop 体系复杂,运维、存储成本高无法满足用户的需求。与 Hadoop 相比,TiDB 就简单得多,业务通过 ETL 工具或者 TiDB 的同步工具将数据同步到 TiDB,在 TiDB 中可通过 SQL 直接生成报表。

## 10.1.2 TiDB 架构

### 1. TiDB 架构概述

TiDB 架构主要由 3 个核心组件构成:TiDB 服务器、PD 以及存储节点。此外,还有用于解决用户复杂 OLAP 需求的 TiSpark 组件，如图 10-1 所示。

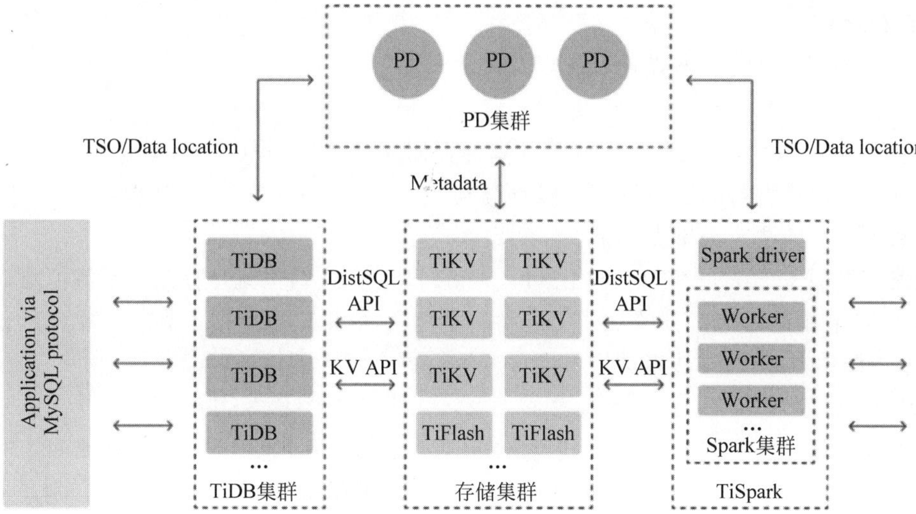

图 10-1　TiDB 架构

1）TiDB 服务器

TiDB 服务器负责接受客户端的连接，执行 SQL 解析和优化，最终生成分布式执行计划。TiDB 服务器是无状态的，其本身并不存储数据，只负责计算，可以无限水平扩展，可以通过负载均衡组件，如 LVS、HAProxy 或 F5，对外提供统一的接入地址。

2）PD 服务器

PD 是整个 TiDB 集群的元信息管理模块，负责存储每个 TiKV 节点实时的数据分布情况和集群的整体拓扑结构，提供 TiDB Dashboard 管控界面，并为分布式事务分配事务 ID。PD 不仅存储元信息，同时还会根据 TiKV 节点实时上报的数据分布状态，下发数据调度命令给具体的 TiKV 节点，可以说是整个集群的"大脑"。此外，PD 本身由至少 3 节点构成，拥有高可用的能力。

3）存储节点

（1）TiKV：负责存储数据，从外部看 TiKV 是一个分布式的提供事务的键值存储引擎。存储数据的基本单位是 Region，每个 Region 负责存储一个键范围（Key Range，从 StartKey 到 EndKey 的左闭右开区间）的数据，每个 TiKV 节点会负责多个 Region。TiKV 的 API 在键值对层面提供对分布式事务的原生支持，默认提供了 SI（Snapshot Isolation）的隔离级别，这也是 TiDB 在 SQL 层面支持分布式事务的核心。TiDB 的 SQL 层做完 SQL 解析后，会将 SQL 的执行计划转换为对 TiKV API 的实际调用。所以，数据都存储在 TiKV 中。另外，TiKV 中的数据都会自动维护多副本（默认为三副本），天然支持高可用和自动故障转移。

（2）TiFlash：是一类特殊的存储节点。和普通 TiKV 节点不一样的是，在 TiFlash 内部，数据是以列式的形式进行存储，主要的功能是为分析型的场景加速。

4）TiSpark

TiSpark 作为 TiDB 中解决用户复杂 OLAP 需求的主要组件，将 Spark SQL 直接运行在 TiDB 存储层上，并融入大数据社区生态。

至此,TiDB 可以通过一套系统,同时支持 OLTP 与 OLAP,免除用户数据同步的烦恼。

**2. TiDB 存储**

本节主要介绍 TiDB 的一些设计思想以及关键概念。

1)键值对

作为存储数据的系统,首先要决定的是数据的存储模型,也就是以什么形式保存数据。TiKV 的选择是键值模型,并且提供有序遍历方法。

TiKV 数据存储的两个关键点如下。

(1)这是一个巨大的 Map(可以类比一下 C++的 std::map),也就是存储的是键值对。

(2)这个 Map 中的键值对按照键的二进制顺序排序,也就是可以搜索到某一个键的位置,然后不断地调用 Next()方法以递增的顺序获取比这个键大的键值对。

2)RocksDB

TiKV 不依赖任何分布式文件系统,它将键值对保存在 RocksDB 中,具体向磁盘上写数据则由 RocksDB 完成。这个选择的原因是开发一个单机存储引擎工作量很大,特别是要做一个高性能的单机引擎,需要做各种细致的优化,而 RocksDB 是由 Facebook 开源的一个单机键值对存储引擎,可以满足 TiKV 对单机引擎的各种要求。

这里可以简单地认为 RocksDB 是一个单机持久化的键值对映射。

3)Raft 算法

TiKV 保证单机失效的情况下,数据不丢失,不出错?

简单来说,需要把数据复制到多台机器上,这样即使一台机器无法服务了,其他的机器上的副本还能提供服务,即需要数据复制方案是可靠和高效的,并且能处理副本失效的情况。

TiKV 选择 Raft 算法。Raft 算法是一种管理复制日志的一致性算法,提供了与 Paxos 算法相同的容错功能和性能,但更容易理解,并且更容易构建一个分布式系统。Raft 算法详见 3.1.2 节。

TiKV 利用 Raft 算法来做数据复制,每次数据变更都会落地为一条 Raft 日志,通过 Raft 的日志复制功能,将数据安全可靠地同步到复制组的每一节点中,如图 10-2 所示。不过在实际写入中,根据 Raft 算法,只需要同步复制到多数节点,即可安全地认为数据写入成功。

通过 Raft 算法,将数据复制到多台机器上,以防单机失效。数据的写入是通过 Raft 这一层的接口写入,而不是直接写 RocksDB。通过实现 Raft 算法,TiKV 变成了一个分布式的键值对存储,少数几台机器宕机也能通过原生的 Raft 算法自动把副本补全,可以做到对业务无感知。

4)Region

TiKV 可以看作一个巨大的有序键值对映射,为了实现存储的水平扩展,数据将被分散在多台机器上。TiKV 采用范围分片的方法,将整个键值对空间分成很多段,每一段是一系列连续的键,被称为一个 Region,如图 10-3 所示,系统会尽量保持每个 Region 中保存的数据不超过一定的大小,目前在 TiKV 中默认是 96MB。每一个 Region 都可以用[StartKey,EndKey)这样一个左闭右开区间来描述。

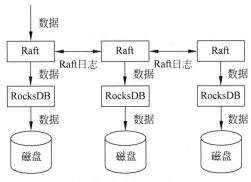

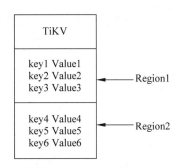

图 10-2　TiKV 数据复制过程　　　　　　图 10-3　TiKV 中的 Region

将数据划分成 Region 后,TiKV 将会做如下两件重要的事情。

(1) 以 Region 为单位,将数据分散在集群中所有的节点上,并且尽量保证每个节点上服务的 Region 数量均衡。TiDB 系统会有一个组件(PD)来负责将 Region 尽可能均匀地散布在集群中所有的节点上,这样一方面实现了存储容量的水平扩展(增加新的节点后,会自动将其他节点上的 Region 调度过来);另一方面也实现了负载均衡(不会出现某节点有很多数据,其他节点上没什么数据的情况)。同时为了保证上层客户端能够访问所需要的数据,系统中也会有一个组件(PD)记录 Region 在节点上面的分布情况,也就是通过任意一个键就能查询到这个键在哪个 Region 中,以及这个 Region 目前在哪个节点上(即键的位置路由信息)。

(2) 以 Region 为单位做 Raft 的复制和成员管理。TiKV 是以 Region 为单位做数据的复制,也就是一个 Region 的数据会保存多个副本。副本之间通过 Raft 算法来保持数据的一致,一个 Region 的多个副本会保存在不同的节点上,构成一个 Raft Group。其中一个副本会作为这个 Group 的领导者,其他的副本作为跟随者。

5) MVCC

MVCC 是一种并发控制方法,在数据库系统当中实现对数据库的并发访问。

在 TiKV 中,如果两个客户端同时去修改一个键值对,而且没有使用多版本控制,则需要对访问的键值对上锁,保证在同一时刻只有一个客户端对这个数据进行操作。在分布式场景下,采用这种上锁机制可能会带来性能以及死锁的问题,因此,TiKV 采用 MVCC 来完成这种多用户的并发访问。

MVCC 的实现是通过在键后面添加版本(Version)来实现的,多个用户可以同时对数据进行写操作,同时也可以提供旧版本给其他用户访问,如图 10-4 所示。

### 3. TiDB 计算

TiDB 在 TiKV 提供的分布式存储能力基础上,构建了兼具优异的事务处理能力与良好的数据分析能力的计算引擎。本节主要介绍 TiDB 如何将库表中的数据映射到 TiKV 中的键值对以及 TiDB SQL 层的主要架构。

1) 库表数据与键值对的映射

在关系数据库中,数据是使用二维表的逻辑结构进行存储的,每张表由多个元组(即二维表中的行)组成,而每个元组由多个属性组成,即二维表中的列。例如,定义表结构如图 10-5 所示,而表中数据如图 10-6 所示。

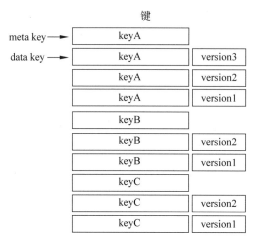

图 10-4　TiKV 的 MVCC 实现

```
01.  CREATE TABLE User {
02.      User ID int,
03.      Name varchar(20),
04.      Email varchar(20),
05.      PRIMARY KEY (User ID)
06.  };
```

| User ID | Name | Email |
|---------|------|-------|
| 1 | Tony | tony@pingcap.com |
| 2 | Tim | tim@pingcap.com |
| 3 | Jack | jack@pingcap.com |

图 10-5　User 表结构　　　　　　　　图 10-6　User 表数据

TiDB 为每个表分配一个 TableID,每个索引分配一个 IndexID,同样每一行也对应一个 RowID,但如果表的主键是整型,则会将主键作为 RowID,例如,User 表的主键为 UserID 且是整型的,那么,在 TiDB 中 UserID 就作为 RowID 使用。

同时,TableID 在整个 TiDB 集群中是唯一的,IndexID 和 RowID 在表内唯一。TiDB 将 User 表中的一行数据映射为一个键值对,键为 TableID+RowID 的格式,整行数据为值。

同样地,索引也需要建立键值对,一条索引可映射为一个键值对,键以 TableID+IndexID 构造前缀,以索引值构造后缀,即 TableID+IndexID+IndexColumnsValue 格式,值指向行键。

| 键 | 值 |
|------|-------------------------|
| 10_1 | Tony \| tony@pingcap.com |
| 10_2 | Tim \| tim@pingcap.com |
| 10_3 | Jack \| jack@pingcap.com |

对于上面的 User 表,假设 TableID 为 10,RowID 为 User 表的关键字,则 User 表的数据映射成键值对的格式,如图 10-7 所示。

图 10-7　Table 表的键值对映射

如果以 Name 属性构建索引,IndexID 为 1,则索引表可以映射的格式如图 10-8 所示。

从这个例子中可以看到,一个表中的数据或索引会具有相同的前缀,因此,在 TiKV 的键值对空间内,一个表的数据会出现在相邻的位置,便于 SQL 的查找。

2) SQL 层

TiDB 的 SQL 层,即 TiDB Server,负责将 SQL 翻译成键值对操作,将其转发给共用的分布式键值对存储层 TiKV,然后合并 TiKV 返回的结果,最终将查询结果返回给客户端。

这一层的节点都是无状态的,节点本身并不存储数据,节点之间完全对等。

| 键 | 值 | | 键 | 值 |
|---|---|---|---|---|
| 10_1_Tony | 1 | → | 10_1 | Tony \| tony@pingcap.com |
| 10_1_Tim | 2 | → | 10_2 | Tim \| tim@pingcap.com |
| 10_1_Jack | 3 | → | 10_3 | Jack \| jack@pingcap.com |

图 10-8　索引表的映射

（1）SQL 运算（如何用 SQL 的查询语句来操作底层存储的数据）。

主要分成 3 个步骤：首先将 SQL 查询映射为对键值对的查询，然后通过键值对接口获取对应的数据，最后执行各种计算。

例如 select count(*) from user where name = "TiDB"这样一个 SQL 语句，具体流程如下。

① 构造出键范围：一个表中所有的 RowID 都在[0,MaxInt64)这个范围内，使用 0 和 MaxInt64 根据行数据的键编码规则，就能构造出一个[StartKey,EndKey)的左闭右开区间。

② 扫描键范围：根据上面构造出的键范围，读取 TiKV 中的数据。

③ 过滤数据：对于读到的每一行数据，计算 name = "TiDB"这个表达式，如果为真，则向上返回这一行，否则丢弃这一行数据。

④ 计算 Count(*)：对符合要求的每一行，累计到 Count(*)的结果上面。

整体的流程如图 10-9 所示。

（2）分布式 SQL 运算。

上述的 SQL 运算存在一些问题，如在扫描数据时，每一行都要通过键值对操作从 TiKV 中读取出来，至少有一次 RPC 开销，如果需要扫描的数据很多，那么这个开销会非常大。

为了解决上述问题，计算应该需要尽量靠近存储节点，以避免大量的 RPC 调用。首先，SQL 中的谓词条件 name = "TiDB"应被下推到存储节点进行计算，这样只需要返回有效的行，避免无意义的网络传输。然后，聚合函数

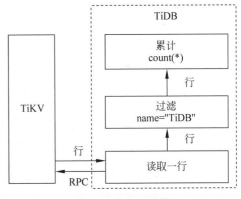

图 10-9　SQL 运算

Count(*)也可以被下推到存储节点，进行预聚合，每节点只需要返回一个 Count(*)的结果即可，再由 SQL 层将各节点返回的 Count(*)的结果累加求和，如图 10-10 所示。

（3）SQL 架构。

在实际情况中，SQL 层要复杂得多，模块以及层次非常多，如图 10-11 所示。

用户的 SQL 请求会直接或者通过负载均衡器（Load Balancer）发送到 TiDB 服务器，TiDB 服务器会解析 MySQL 协议包，获取请求内容，对 SQL 进行语法解析和语义分析，制订和优化查询计划，执行查询计划并获取和处理数据。数据全部存储在 TiKV 集群中，所以在这个过程中 TiDB 服务器需要和 TiKV 交互，获取数据。最后 TiDB 服务器需要将查询结果返回给用户。

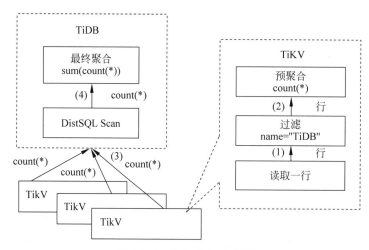

图 10-10　分布式 SQL 运算

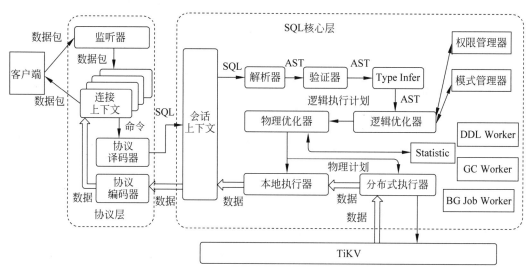

图 10-11　SQL 层机构

### 4. TiDB 调度管理机制

本节主要介绍 PD 作为全局中心总控节点是如何来调度管理分布式数据库系统。

1）信息收集

调度依赖于整个集群信息的收集，简单来说，调度需要知道每个 TiKV 节点状态、Region 的副本数及位置信息、Raft Group 的信息等。TiKV 集群会向 PD 汇报两类消息：TiKV 节点信息和 Region 信息。

（1）每个 TiKV 节点会定期向 PD 汇报节点的状态信息。

TiKV 节点（Store）与 PD 之间存在心跳包，一方面 PD 通过心跳包检测每个 Store 是否存活，以及是否有新加入的 Store；另一方面，心跳包中也会携带这个 Store 的状态信息，主要包括总磁盘容量、可用磁盘容量、承载的 Region 数量、数据写入/读取速度、发送/接收的快照数量（副本之间可能会通过快照同步数据）、是否过载以及标签信息。

TiKV Store 的状态具体分为 Up、Disconnect、Down、Offline 和 Tombstone。各状态的

关系如下。

　　① Up：表示当前的 TiKV Store 处于提供服务的状态。

　　② Disconnect：当 PD 和 TiKV Store 的心跳信息丢失超过 20 秒后，该 Store 的状态会变为 Disconnect 状态。

　　③ Down：表示该 TiKV Store 与集群失去连接的时间已经超过了 max-store-down-time 指定的时间，默认为 30 分钟。超过该时间后，对应的 Store 会变为 Down，并且开始在存活的 Store 上补足各个 Region 的副本。

　　④ Offline：当对某个 TiKV Store 通过 PD Control 进行手动下线操作，该 Store 会变为 Offline 状态。该状态只是 Store 下线的中间状态，处于该状态的 Store 会将其上的所有 Region 搬离至其他满足搬迁条件的 Up 状态 Store。

　　⑤ Tombstone：表示该 TiKV Store 已处于完全下线状态，可以使用 remove-tombstone 接口安全地清理该状态的 TiKV。

　　（2）每个 Raft Group 的领导者会定期向 PD 汇报 Region 的状态信息。

　　每个 Raft Group 的领导者和 PD 之间存在心跳包，用于汇报这个 Region 的状态，主要包括下面几点信息：领导者的位置、跟随者的位置、掉线副本的个数以及数据写入/读取的速度。

　　PD 不断地通过这两类心跳消息收集整个集群的信息，再以这些信息作为决策的依据。

　　2）调度基本操作

　　调度的基本操作指的是为了满足调度的策略。主要分为以下 3 个操作。

　　（1）增加一个副本。

　　（2）删除一个副本。

　　（3）将领导者角色在一个 Raft Group 的不同副本之间迁移。

　　Raft 协议通过 AddReplica、RemoveReplica、TransferLeader 这 3 个命令，可以支撑上述 3 种基本操作。

　　3）调度的基本策略

　　（1）一个 Region 的副本数量是否正确。

　　当 PD 通过某个 Region 领导者的心跳包发现这个 Region 的副本数量不满足要求时，需要通过 Add/Remove Replica 操作调整副本数量。出现这种情况的可能原因是：

- 某节点掉线，上面的数据全部丢失，导致一些 Region 的副本数量不足。
- 某个掉线节点又恢复服务，自动接入集群，这样之前已经补足了副本的 Region 的副本数量过多，需要删除某个副本。
- 管理员调整副本策略，修改了 max-replicas 的配置。

　　（2）一个 Raft Group 中的多个副本是否不在同一个位置。

　　注意，这里用的是"同一个位置"而不是"同一节点"。在一般情况下，PD 只会保证多个副本不落在一个节点上，以避免单节点失效导致多个副本丢失。在实际部署中，还可能出现下面这些需求。

- 多节点部署在同一台物理机器上。
- TiKV 节点分布在多个机架上，希望单个机架掉电时，也能保证系统可用性。
- TiKV 节点分布在多个机房中，希望单个机房掉电时，也能保证系统可用性。

这些需求本质上都是某一节点具备共同的位置属性,构成一个最小的容错单元。为保证这个单元内部不会存在一个 Region 的多个副本,可以给节点配置标签并且通过在 PD 上配置 location-labels 来指名哪些标签是位置标识,在副本分配的时候尽量保证一个 Region 的多个副本不会分布在具有相同的位置标识的节点上。

(3)副本在 Store 之间的分布是否均匀分配。

由于每个 Region 的副本中存储的数据容量上限是固定的,通过维持每节点上面副本数量的均衡,使得各节点间承载的数据更均衡。

(4)领导者数量在 Store 之间是否均匀分配。

Raft 协议要求读取和写入都通过领导者进行,所以计算的负载主要在领导者上面,PD 会尽可能将领导者在节点间分散开。

(5)访问热点数量在 Store 之间是否均匀分配。

每个 Store 以及 Region 领导者在上报信息时携带了当前访问负载的信息,如键的读取/写入速度。PD 会检测出访问热点,且将其在节点之间分散开。

(6)各个 Store 的存储空间占用是否大致相等。

每个 Store 启动时都会指定一个 Capacity 参数,表明这个 Store 的存储空间上限,PD 在做调度时,会考虑节点的存储空间剩余量。

(7)控制调度速度,避免影响在线服务。

调度操作需要耗费 CPU、内存、磁盘 I/O 以及网络带宽,需要避免对线上服务造成太大影响。PD 会对当前正在进行的操作数量进行控制,默认的速度控制是比较保守的,如果希望加快调度速度,那么可以通过调节 PD 参数动态加快调度速度。

4)调度的实现

PD 不断地通过 Store 或者领导者的心跳包收集整个集群信息,并且根据这些信息以及调度策略生成调度操作序列。每次收到 Region 领导者发来的心跳包时,PD 都会检查这个 Region 是否有待进行的操作,然后通过心跳包的回复消息,将需要进行的操作返回给 Region 领导者,并在后面的心跳包中监测执行结果。

### 10.1.3　TiDB 的安装与使用

#### 1. 部署本地测试集群

TiDB 是一个分布式系统。最基础的 TiDB 测试集群通常由 2 个 TiDB 实例、3 个 TiKV 实例、3 个 PD 实例和可选的 TiFlash 实例构成。通过 tiup playground 命令,可以快速搭建出上述的一套基础测试集群。下面以 Linux 系统为例。

1)下载并安装 TiUP

```
curl -- proto '= https' -- tlsv1.2 - sSf https://tiup - mirrors.pingcap.com/install.sh | sh
```

安装完成后会提示如下信息:

```
Successfully set mirror to https://tiup - mirrors.pingcap.com
Detected shell: bash
```

```
Shell profile: /home/user/.bashrc
/home/user/.bashrc has been modified to add tiup to PATH
open a new terminal or source /home/user/.bashrc to use it
Installed path: /home/user/.tiup/bin/tiup
===============================================
Have a try:    tiup playground
===============================================
```

2）声明全局环境变量

注意，TiUP 安装完成后会提示 Shell profile 文件的绝对路径。在执行以下 source 命令前，需要将 ${your_shell_profile}修改为 Shell profile 文件的实际位置。

```
source ${your_shell_profile}
```

3）在当前会话中执行以下命令启动集群

（1）直接执行 tiup playground 命令会运行最新版本的 TiDB 集群，其中 TiDB、TiKV、PD 和 TiFlash 实例各 1 个。

```
tiup playground
```

（2）可以指定 TiDB 版本以及各组件实例个数，命令类似于：

```
tiup playground v6.1.0 -- db 2 -- pd 3 -- kv 3
```

上述命令会在本地下载并启动某个版本的集群，如 v6.1.0。最新版本可以通过执行 tiup list tidb 命令来查看。运行结果将显示集群的访问方式。

```
CLUSTER START SUCCESSFULLY, Enjoy it ^ - ^
To connect TiDB: mysql -- host 127.0.0.1 -- port 4000 - u root - p (no password) -- comments
To view the dashboard: http://127.0.0.1:2379/dashboard
PD client endpoints: [127.0.0.1:2379]
To view the Prometheus: http://127.0.0.1:9090
To view the Grafana: http://127.0.0.1:3000
```

注意，以这种方式执行的 tiup playground 命令，在结束部署测试后 TiUP 会清理掉原集群数据，重新执行该命令后会得到一个全新的集群。

4）新开启一个会话以访问 TiDB 数据库

（1）执行 tiup client 命令连接 TiDB。

```
tiup client
```

（2）可使用 MySQL 客户端连接 TiDB。

```
mysql -- host 127.0.0.1 -- port 4000 - u root
```

5）TiDB 管理

（1）通过 http://127.0.0.1:9090 访问 TiDB 的 Prometheus 管理界面。

(2) 通过 http://127.0.0.1:2379/dashboard 访问 TiDB Dashboard 页面,默认用户名为 root,密码为空。

(3) 通过 http://127.0.0.1:3000 访问 TiDB 的 Grafana 界面,默认用户名和密码都为 admin。

(4) 测试完成之后,可以通过执行以下步骤来清理集群。

按下 Ctrl+C 组合键停掉上述启用的 TiDB 服务。

等待服务退出操作完成后,执行以下命令:

```
tiup clean -- all
```

注意: tiup playground 命令默认监听 127.0.0.1,服务仅本地可访问。若需要使服务可被外部访问,可使用--host 参数指定监听网卡绑定外部可访问的 IP。

## 10.2 Vitess

### 10.2.1 Vitess 介绍

#### 1. Vitess 简介

Vitess 是用于部署、扩展和管理 MySQL 实例大型集群的数据库解决方案。它结合了 NoSQL 数据库的可伸缩性,并扩展了许多重要的 MySQL 功能,在架构上可以像在专用硬件上一样有效地在公共或私有云架构中运行。Vitess 可以帮助解决以下问题。

(1) 支持对 MySQL 数据库通过分片来进行扩展规模,同时将应用变更降至最低。

(2) 从裸机迁移到私有云或公有云。

(3) 部署和管理大量 MySQL 实例。

Vitess 包括使用本机查询协议的兼容 JDBC 和 Go 数据库驱动程序。另外,它实现了 MySQL Server 协议,该协议实际上与任何其他语言兼容。

自 2011 年以来,Vitess 一直是 YouTube 数据库基础架构的核心组件,如今已被许多企业采用以满足其生产需求。

#### 2. Vitess 的特点

1) 性能

连接池:将前端应用程序查询复用到 MySQL 连接池中以优化性能。

查询去重:针对在执行查询时收到的任何相同请求,重复使用执行中查询的结果。

事务管理器:限制并发事务的数量并管理截止日期,以优化整体吞吐量。

2) 保护

查询重写和清理:添加限制并避免不确定的更新。

查询黑名单:自定义规则以防止可能有问题的查询进入数据库。

查询 killer:终止花费很长时间才能返回数据的查询。

表级 ACL:根据所连接的用户为表指定访问控制列表(Access Control List,ACL)。

3）监控

性能分析工具可以监视、诊断和分析数据库性能。

4）拓扑管理工具

- 基于 Web 的管理 GUI。
- 设计用于多个数据中心/区域。

5）分片

- 几乎无缝的动态重新分片。
- 垂直和水平分片支持。
- 多种分片方案，可以插入自定义方案。

## 10.2.2 Vitess 原理

### 1. Vitess 架构

Vitess 平台由许多服务器进程、命令行实用程序和基于 Web 的实用程序组成，并由一致的元数据存储提供支持。

根据应用程序的当前状态，用户可以通过许多不同的流程来实现完整的 Vitess 数据库。例如，如果要从头开始构建服务，那么使用 Vitess 的第一步就是定义数据库拓扑。但是，如果需要扩展现有的数据库，则可能首先要部署连接代理。

Vitess 工具和服务器旨在为使用用户提供帮助。对于较小规模的数据库，vttablet 功能（例如，连接池和查询重写）可帮助用户从现有硬件中获得更多收益。对于大规模数据库，Vitess 的自动化工具为大型实施提供了更多便利。

图 10-12 展示了 Vitess 的架构图。

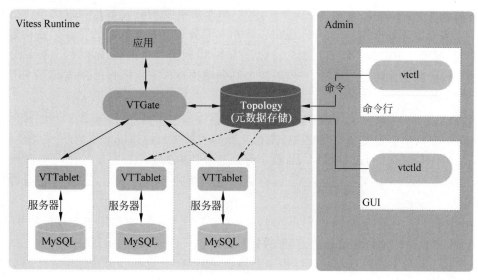

图 10-12 Vitess 架构

### 2. Vitess 相关概念

1）Cell

Cell（区域）是一组服务器和网络基础设施并置的区域，并且和其他 Cell 故障隔离。它通常是完整的数据中心或数据中心的子集,有时称为区域或可用性区域。Vitess 可以优雅地处理 Cell 级别的故障,如当 Cell 被切断网络时。

Vitess 实现中的每个 Cell 都有一个本地拓扑服务,该服务托管在该 Cell 中。拓扑服务使 Cell 中包含有关 Vitess 表中的大多数信息,这使 Cell 可以作为一个单元进行拆解和重建。

Vitess 限制了数据和元数据的跨 Cell 流量。虽然也可以将读取流量路由到各个单元,但 Vitess 当前仅服务于本地 Cell 的读取。必要时,写入将跨 Cell 到达该分片的主文件所在的位置。

2) Keyspace

一个 Keyspace(键空间)是一个逻辑数据库。如果使用分片,则 Keyspace 将映射到多个 MySQL 数据库;如果不使用分片,则 Keyspace 将直接映射到 MySQL 数据库名称。无论哪种情况,从应用程序的角度来看,Keyspace 都显示为单个数据库。

从 Keyspace 读取数据就像从 MySQL 数据库读取数据一样。但是,根据读取操作的一致性要求,Vitess 可能会从主数据库或副本中获取数据。通过将每个查询路由到适当的数据库,Vitess 允许将代码构造为好像从单个 MySQL 数据库读取一样。

3) Keyspace ID

键空间 ID,用于确定给定行在哪个分片上。

4) Shard

Shard(分片)是 Keyspace 的拆分,一个分片通常包含一个 MySQL 主服务器和许多 MySQL 从节点。分片中的每个 MySQL 实例都具有相同的数据,从节点可以为只读流量提供服务,执行长时间的数据分析或管理任务。

重新分片:Vitess 支持动态重新分片,其中动态集群上的分片数量可以更改。这可以将一个或多个分片分成较小的分片,也可以将相邻的分片合并成较大的分片。在动态重新分片期间,源分片中的数据将被复制到目标分片中,以跟上复制的步伐,然后与原始分片进行比较以确保数据完整性。然后,将实时服务基础结构转移到目标分片,并删除源分片。

5) Tablet

Tablet 是 mysqld 和 VTTablet 的组合,通常运行在同一服务器,每个 Tablet 被分配一个 Tablet 类型,用于指定其当前的执行角色。Tablet 的类型包括以下几个。

(1) Master:一个 Tablet 副本,目前正好是其分片的 MySQL 主节点。

(2) Replica:一个 MySQL 从节点,有资格晋升为主节点。通常,这些用于服务实时的、面向用户的请求。

(3) Rdonly:无法升级为主节点的 MySQL 从节点。通常,它们用于后台处理作业,如进行备份、将数据转储到其他系统、繁重的分析查询、MapReduce 和重新分片。

(4) Backup:Tablet 已在一致的快照处停止了复制,因此可以为其分片上传新的备份数据。完成后,它将恢复复制并返回其先前的类型。

(5) Restore:一种 Tablet,没有数据启动,并且正在从最新的备份中恢复时的状态。完成后,它将在备份的 GTID 位置开始复制,并成为 Replica 或 Rdonly。

(6) Drained:由 Vitess 后台进程保留的 Tablet,例如,重新分片的 Rdonly Tablet 会变成此状态。

6）Topology Service（TOPO，锁定服务）

该拓扑服务是一组在不同的服务器上运行的后端进程，这些服务器存储拓扑数据并提供分布式锁定服务。Vitess 使用一个插件系统来支持各种后端来存储拓扑数据，为这些后端服务提供分布式的、一致的键值存储。默认情况下，Vitess 的本地示例使用 ZooKeeper 插件，而 Kubernetes 示例使用 etcd2。

存在拓扑服务的原因如下。

（1）它使 Tablet 之间可以作为一个集群进行协调。

（2）它使 Vitess 能够发现 Tablet，因此知道将查询路由到何处。

（3）它存储数据库管理员提供的 Vitess 配置，集群中许多不同服务器都需要该配置，并且在服务器重新启动之间必须保持这种配置。

一个 Vitess 集群在每个 Tablet 中都有一个全局拓扑服务和一个本地拓扑服务。

全局拓扑：全局拓扑服务存储不经常更改的 Vitess 范围的数据。具体来说，它包含有关键空间和分片以及每个分片的主 Tablet 别名的数据。全局拓扑用于某些操作，包括重定主节点和重新分片。

局部拓扑：每个本地拓扑都包含与其自己的 Cell 有关的信息。具体来说，它包含有关 Cell 中的 Tablet 的数据、该 Cell 的键空间图以及复制图。

本地拓扑服务必须正常工作以供 Vitess 来发现 Tablet 并调整路由。但是，在稳定状态下为查询提供服务的关键路径中，没有对拓扑服务进行任何调用。这意味着在拓扑暂时不可用期间仍可提供查询服务。

7）VTGate

VTGate 是一种轻量级的代理服务器，可将流量路由到正确的 VTTablet 服务器，并将合并结果返回给客户端。它使用 MySQL 协议和 Vitess gRPC 协议。因此，用户的应用程序可以连接到 VTGate，就像它是 MySQL 服务器一样。

在将查询路由到适当的 VTTablet 服务器时，VTGate 会考虑分片方案、所需的延迟以及表及其底层 MySQL 实例的可用性。

8）vtctl

vtctl 是用于管理 Vitess 集群的命令行工具。它允许用户或应用程序轻松地与 Vitess 实现交互。使用 vtctl，用户可以标识主数据库和副本数据库、创建表、启动故障转移、执行分片（和重新分片）操作等。

当 vtctl 执行操作时，它会根据需要更新锁服务器。其他 Vitess 服务器会观察到这些更改并做出相应的反应。例如，如果使用 vtctl 故障转移到新的主节点数据库，则 VTGate 会看到更改并将将来的写操作定向到新的主节点。

9）vtctld

vtctld 是一个 HTTP 服务器，使用户可以浏览存储在拓扑服务中的信息。这对于故障排除或获取服务器及其当前状态的高级概述很有用。

## 10.2.3 Vitess 的安装与使用

### 1. 下载安装包

PlanetScale 提供适用于 64 位 Linux 的 Vitess。

（1）从 GitHub 上下载、解压最近发布的.tar.gz。

（2）安装 MySQL。

```
# Apt based
sudo apt - get install mysql - server
# Yum based
sudo yum install mysql - server
```

Vitess 支持 MySQL 5.6＋和 MariaDB 10.0＋。建议使用 MySQL 5.7。

## 2. 禁用 Apparmor

建议卸载或禁用 Apparmor。有些版本的 MySQL 提供了 Vitess 工具尚未识别的默认 Apparmor 配置。当 Vitess 通过 mysqlctl 工具初始化 MySQL 实例时，这会导致各种权限失败。这只是测试环境中的一个问题。如果生产中需要 Apparmor，则可以适当配置 MySQL 实例，而不必使用 mysqlctl。

```
sudo service apparmor stop
sudo service apparmor teardown # safe to ignore if this errors
sudo update - rc.d - f apparmor remove
```

重新启动以确保完全禁用 Apparmor。

## 3. 配置环境

将以下内容添加到.bashrc 文件中。确保将/path/to/extracted-tarball 替换为解压最新版本文件的实际路径。

```
export VTROOT = /path/to/extracted - tarball
export VTTOP = $ VTROOT
export MYSQL_FLAVOR = MySQL56
export VTDATAROOT = $ {HOME}/vtdataroot
export PATH = $ {VTROOT}/bin: $ {PATH}
```

## 4. 启动单个 Keyspace 集群

首先将 Vitess 中包含的本地示例复制到本地某个位置。对于示例的第一个例子，将部署一个单个不分片 Keyspace 文件。101_initial_cluster.sh 是第 1 阶段的第 01 个例子，执行该例子。

```
cp - r /usr/local/vitess/examples/local ~/my - vitess - example
cd ~/my - vitess - example
./101_initial_cluster.sh
```

可以看到类似于以下内容的输出。

```
~/...vitess/examples/local > ./101_initial_cluster.sh
enter zk2 env
Starting zk servers...
Waiting for zk servers to be ready...
Started zk servers.
```

```
Configured zk servers.
enter zk2 env
Starting vtctld...
Access vtctld web UI at http://ryzen:15000
Send commands with: vtctlclient - server ryzen:15999 ...
enter zk2 env
Starting MySQL for tablet zone1 - 0000000100...
Starting MySQL for tablet zone1 - 0000000101...
Starting MySQL for tablet zone1 - 0000000102...
```

还可以使用 pgrep 验证进程是否已启动。

```
~/...vitess/examples/local > pgrep - fl vtdataroot
5451 zksrv.sh
5452 zksrv.sh
5453 zksrv.sh
5463 java
5464 java
5465 java
5627 vtctld
5762 mysqld_safe
5767 mysqld_safe
5799 mysqld_safe
10162 mysqld
10164 mysqld
10190 mysqld
10281 vttablet
10282 vttablet
10283 vttablet
10447 vtgate
```

如果遇到任何错误,例如,已在使用的端口,可以终止进程并重新开始。

```
pkill - f '(vtdataroot|VTDATAROOT)' # kill Vitess processes
```

### 5. 连接集群

使用以下命令连接到集群。

```
~/...vitess/examples/local > mysql - h 127.0.0.1 - P 15306
Welcome to the MySQL monitor. Commands end with ; or \g.
mysql > show tables;
+-----------+
| Tables_in_vt_commerce |
+-----------+
| corder    |
| customer  |
| product   |
+-----------+
3   rows in set(0.01 sec)
```

还可以使用以下 URL 浏览 vtctld 控制台。

```
http://localhost:15000
```

# 10.3 CockroachDB

## 10.3.1 CockroachDB 介绍

### 1. CockroachDB 简介

CockroachDB(蟑螂数据库,CRDB)是一个可扩展的 SQL 数据库,它从头开始构建,以支持面向全球 OLTP 工作负载,同时保持高可用性和强一致性。就像它的名字一样,CockroachDB 通过复制和自动恢复机制来抵御灾难。

CockroachDB 是数据中心在面对大规模系统故障时持续透明地提供自动化服务的桥梁。所以应用程序不需要对这些情况有特殊的知识或处理。CockroachDB 为 SQL 数据库提供可扩展性和一致性,并且还可以在最坏的情况下(系统故障)执行自动恢复以安全地存储数据。CockroachDB 还非常一致地支持分布式 SQL 和事务,使应用程序开发人员可以自由地构建健壮的应用程序。

CockroachDB 的设计目的是实现以下目标。

(1) 让人的操作更轻松。这意味着更少的人工操作和更多的自动化操作,并且对开发人员来说简单易懂。

(2) 提供业界领先的一致性,即使在大规模部署中也是如此。这意味着启用分布式事务,以及消除最终一致性问题和过期读取的痛苦。

(3) 创建一个 Always-On(可用性组)的数据库,该数据库所有节点都可接收读写操作,而不会产生冲突。

(4) 允许在任何环境中灵活部署,而无须与任何平台或供应商联系。

(5) 支持熟悉的工具来处理关系数据,如 SQL。

### 2. CockroachDB 的特点

CockroachDB 具有容错和高可用性(Fault Tolerance and High Availability)的特点。CockroachDB 通过数据复制、发生故障时的自动恢复机制和数据放置不同地理区域来保证容错性和高可用性。

(1) 使用 Raft 进行复制。

CockroachDB 使用 Raft 共识算法进行一致性复制。Range 的副本形成了一个 Raft 组,其中每个副本要么是一个长寿命的领导者,负责协调对 Raft 组的所有写入,要么是一个跟随者。CockroachDB 中的复制单元是一个命令,它表示要对存储引擎进行的一系列低级编辑。Raft 在 Range 的副本中维护一个一致的、有序的更新日志,并且每个副本单独将命令应用到存储引擎,因为 Raft 声明它们将提交到 Range 的日志中。

(2) 成员资格更改和自动负载(重新)平衡。

节点可以添加到正在运行的 CockroachDB 集群中或从中删除,并且可能会暂时甚至永久失败。CockroachDB 以类似方式对待所有这些场景: 它们都会导致负载在新的和/或剩余的活动节点之间重新分配。

（3）副本放置。

CockroachDB 具有手动机制和自动机制来控制副本放置。

要手动控制放置,用户可以使用一组属性配置 CockroachDB 中的各节点。这些属性可以指定节点能力(例如,专用硬件、RAM、磁盘类型等)和/或节点位置(例如,国家、地区等)。在数据库中创建表时,用户可以指定放置约束和首选项作为表模式的一部分。例如,用户可以在表中包含一个 region 列,该列可用于定义表的分区并将分区映射到特定的地理区域。

副本放置的另一种机制是自动的: CockroachDB 将副本分布在故障域中(同时遵守指定的约束和偏好),以容忍不同严重程度的故障模式(磁盘、机架、数据中心或区域故障)。CockroachDB 还使用各种启发式方法来平衡负载和磁盘利用率。

### 3. 与其他数据库的对比

CockroachDB 与其他数据库的对比如表 10-1 所示。

表 10-1　CockroachDB 与其他数据库对比

| 功　能　点 | CockroachDB | MySQL | Cassandra | HBase | MongoDB | DynamoDB |
|---|---|---|---|---|---|---|
| 自动拓展 | √ | × | √ | √ | √ | √ |
| 自动故障转移 | √ | 可选 | √ | √ | √ | √ |
| 自动修复 | √ | × | √ | √ | √ | √ |
| 强一致性复制 | √ | × | 可选 | × | × | √ |
| 基于共识的复制 | √ | × | 可选 | × | × | × |
| 分布式事务 | √ | × | × | × | × | × |
| ACID 特性 | √ | √ | × | row 限定 | Document 限定 | Document 限定 |
| 最终一致性读 | × | √ | √ | √ | √ | √ |
| SQL | √ | √ | × | × | × | × |
| 开源 | √ | √ | √ | √ | √ | × |
| 商业版本 | 可选 | 可选 | 可选 | 可选 | 可选 | √ |

## 10.3.2　CockroachDB 架构

### 1. 相关术语和概念

CockroachDB 是一个开源的、自动化的、分布式的、可扩展的和一致的 SQL 数据库。大部分管理是自动化的,系统本身的复杂性对最终用户是隐藏的。CockroachDB 大致由 5 个功能层组成。为了更容易理解多层架构,将首先介绍 CockroachDB 数据库中最常用的术语和概念。

CockroachDB 数据库中最常用的术语介绍如表 10-2 所示。

表 10-2　CockroachDB 相关术语

| 术　　　语 | 定　　　义 |
|---|---|
| Cluster(集群) | 部署的 CockroachDB 集群,它包含一个或多个数据库,对外则像一个逻辑应用程序一样提供服务 |
| Node(节点) | 运行 CockroachDB 的单个机器。许多节点连接在一起以创建用户的集群 |

续表

| 术 语 | 定 义 |
| --- | --- |
| Range | 集群中一组连续的已排序的数据 |
| Replica(副本) | Range 的副本,存储在至少 3 节点上,以确保可用性 |
| Range Lease(Range 租约) | 对于每个 Range,其中的一个 Replica 持有 Range Lease,该 Replica(称为 Leaseholder)是接收和协调该 Range 的所有读写请求的 Replica |

CockroachDB 相关概念如表 10-3 所示。

表 10-3  CockroachDB 相关概念

| 概 念 | 定 义 |
| --- | --- |
| Consistency(一致性) | 数据库中的数据始终处于最终有效状态,从不处于中间状态。CockroachDB 通过 ACID 事务保持一致性 |
| Consensus(共识) | 这是分布式系统就一个数据的值达成一致的过程。CockroachDB 数据库使用 Raft 算法来达成共识。收到写入请求后,CockroachDB 会等待大多数副本确认数据已成功写入。通过这种机制,可以避免数据丢失并在其中一节点发生故障时保持数据库的一致性 |
| Replication(复制) | 在节点之间复制和分发数据的过程,使数据保持一致的状态。CockroachDB 使用同步复制。这意味着所有写入请求必须首先获得规定数量的副本的同意,然后才能将更改视为已提交 |
| Transaction(事务) | 在数据库上执行的一组操作,满足 ACID 语义的要求。这是系统一致性的关键组成部分,可确保开发人员可以信任其数据库中的数据 |
| Multi-Active Availability(多活可用性) | 基于共识的高可用性概念,允许集群中的每个节点处理对存储数据子集的读写(基于每个 Range)。这与 active-passive 复制形成对比,在 active-passive 复制中,active 节点接收 100% 的请求流量,以及 active-active 复制,其中所有节点都接收请求,但通常无法保证读取都是最新的和快速的 |

**2. CockroachDB 数据库层次**

CockroachDB 数据库由 5 层组成。下面描述了每个层执行的功能,但忽略了其他层的细节,只描述该层发生的过程,CockroachDB 数据库层次如表 10-4 所示。

表 10-4  CockroachDB 数据库层次

| 层 | 顺序 | 目 的 |
| --- | --- | --- |
| SQL(SQL 层) | 1 | 将客户端 SQL 查询转换为键值操作 |
| Transaction(事务层) | 2 | 允许对多个键值条目进行原子性改变 |
| Distribution(分布式层) | 3 | 将复制的键值范围作为单个实体 |
| Replication(复制层) | 4 | 跨越多节点的一致性和同步复制键值范围。此层还允许通过租约实现一致的读取 |
| Storage(存储层) | 5 | 在磁盘上写入和读取键值数据 |

1) SQL 层

SQL 层代表数据库和其他应用程序之间的接口。CockroachDB 数据库实现了大部分 SQL 标准。外部应用程序通过 PostgreSQL 有线协议进行通信。这使得外部应用程序之间的连接变得容易,并且与现有的驱动程序、工具和 ORM 兼容。

此外,CockroachDB 集群中的所有节点都是对称的,这意味着应用程序可以连接到任何节点。该节点将处理请求或将其重定向到可以处理它的节点，这使得负载的分布很容易。

节点收到 SQL 请求后，首先将其解析为抽象语法树。然后 CockroachDB 开始准备查询计划。在这一步中，CockroachDB 还会检查查询的语义正确性，然后将所有操作转换为键值操作，并将数据转换为二进制格式。事务层随后执行所有操作。

SQL 层与 CockroachDB 中的其他层的交互：将请求发送到事务层。

2）事务层

CockroachDB 数据库是一致的。它通过让事务层实现 ACID 事务的完整语义来实现这一点。每个语句都被视为自己的事务，代表 COMMIT。这称为自动提交模式。事务不限于单个语句、特定表、范围或节点，可以跨整个集群操作。因此，CockroachDB 通过两阶段提交过程确保正确性。

阶段 1：写和读。当事务层执行写操作时，它不会直接将值写入磁盘。相反，它创建了两个有助于它协调分布式事务的东西：第一，事务记录存储在第一次写入发生的 Range 内，其中包括事务的当前状态。第二，为所有事务的写入创建 Write Intents，表示临时的，未提交的状态。它们与标准 MVCC 值基本相同，但也包含指向存储在集群上的事务记录的指针。当创建 Write Intents 时，CockroachDB 会检查新的提交值（如果存在，则重新启动事务）以及相同键的现有 Write Intents ——这种情况将被作为事务冲突来解决。如果由于其他原因导致事务失败，例如，未能通过 SQL 约束检查，则事务将中止。

如果事务尚未中止，则事务层开始执行读取操作。如果只读操作遇到标准的 MVCC 值，则一切正常，但是，如果遇到任何 Write Intents，则必须将操作作为事务冲突解决。

阶段 2：提交。CockroachDB 检查正在运行的事务的记录，看它是否被"中止"。如果被中止，则重新启动事务。如果事务通过了这些检查，它将进入 COMMITTED，并告知客户端事务成功。此时，客户端可以自由开始向集群发送更多请求。

阶段 3（异步）：当事务结束时，<intent> 标志和指向事务记录的指针从所有已确认的 Write Intents 中删除。未经确认的 Write Intents 被简单地删除。这是异步完成的，因此后续所有操作在创建 Write Intents 之前，都要检查现有的 Write Intents 和事务记录。

与 CockroachDB 中的其他层的交互中，事务层从 SQL 层接收键值操作，控制发送到分布式层的键值操作流。

3）分布式层

为了使集群中的所有数据都可以从任何节点访问，CockroachDB 将数据存储在键值对的整体有序映射中。此 Keyspace 描述了集群中的所有数据及其位置，并分为称为 Ranges 的 Keyspace 的连续块，以便可以在单个 Range 内找到键。

CockroachDB 实现有序映射以允许：

（1）简单的查找：确定了哪些节点负责数据的某些部分，所以查询能够快速找到用户想要的数据的位置。

（2）高效扫描：通过定义数据的顺序，可以在扫描期间轻松查找特定 Range 内的数据。

与 CockroachDB 中的其他层的交互中，分布式层从同一节点上的事务层接收请求；标识应接收请求的节点，然后将请求发送到合适的节点的复制层。

4）复制层

复制层负责在节点之间复制数据并使它们保持一致状态。这是通过 Raft 共识算法实现的。该算法确保集群中的大多数节点都同意数据库中的每一次更改。这样,尽管单节点出现故障,但数据仍能保持一致的状态,同时也保证了数据库的不间断运行(高可用性)。

与 CockroachDB 中的其他层的关联中,复制层接收来自分布式层的请求并将响应发送到分布式层;将已接收的请求写入存储层。

5) 存储层

每个 CockroachDB 节点至少包含一个 Store,在节点启动时指定,这是 CockroachDB 进程在磁盘上读取和写入其数据的地方。

使用 RocksDB 将此数据作为键值对存储在磁盘上,RocksDB 被作为黑盒 API。在内部,每个 Store 包含 3 个 RocksDB 实例:一个用于 Raft 日志;一个用于存储临时分布式 SQL 数据;一个用于节点上的所有其他数据。

此外,在节点中的所有 Store 之间共享块缓存。这些 Store 有一系列 Range 副本。一个 Range 的多个副本永远不会放在同一个 Store 甚至同一节点上。

与 CockroachDB 中的其他层的交互中,存储层为复制层提供成功的读取和写入服务。

### 3. CockroachDB 的 SQL

CockroachDB 兼容 PostgreSQL 协议和 PostgreSQL 语法,它的目标是提供对 ANSI SQL 标准的兼容,在兼容标准的前提下进行了一定程度的扩展。PostgreSQL 生态中的很多工具、程序和应用能够适用于 CockroachDB(不用修改或少量修改)。从客户端的角度看,可以把 CockroachDB 当作一个存储容量和计算能力可以"无限扩展"的 PostgreSQL。

## 10.3.3　CockroachDB 的安装与使用

打开 CockroachDB 官方网站,在其中选择 Mac、Linux 或 Windows 版本。通过官方文档步骤进行下载与安装。

### 1. 在 Windows 下安装与使用

选择 Windows 版本,如图 10-13 所示。

图 10-13　CockroachDB 下载页面

之后进入下载安装步骤。

(1) 使用 PowerShell 下载安装包,并将二进制文件复制到 PATH。建议为系统环境在 PATH 变量中添加;$ env:appdata/cockroach,以便可以从任何 Shell 执行 cockroach 命令。

(2) 运行以下命令以确保安装成功。

```
PS cockroach version
```

### 2. 在 Linux 下的安装与使用

按照官方文档的安装步骤进行安装。

（1）下载适用于 Linux 的 CockroachDB 存档和用于提供空间特征的支持库，并将二进制文件复制到用户的文件中，以便从任何 Shell PATH 执行 cockroach 命令。

```
curl https://binaries.cockroachdb.com/cockroach - v22.1.5.linux - amd64.tgz | tar - xz &&
sudo cp - i cockroach - v22.1.5.linux - amd64/cockroach /usr/local/bin/
```

（2）CockroachDB 使用 GEOS 库的定制版本。将这些库复制到 CockroachDB 指定路径下。默认情况下，CockroachDB 在 CockroachDB 二进制文件的当前目录/usr/local/lib/cockroach 或其子目录中查找外部库。

① 创建将存储外部库的目录。

```
mkdir - p /usr/local/lib/cockroach
```

② 将库文件复制到目录。

```
cp - i cockroach - v22.1.5.linux - amd64/lib/libgeos.so /usr/local/lib/cockroach/
cp - i cockroach - v22.1.5.linux - amd64/lib/libgeos_c.so /usr/local/lib/cockroach/
```

（3）验证 CockroachDB 是否可以执行空间查询。

① 确保刚刚安装的二进制文件是在 Shell 中 cockroach 输入时运行的二进制文件。

```
which cockroach
/usr/local/bin/cockroach
```

② 使用以下命令启动一个临时的内存集群。

```
cockroach demo
```

③ 在演示集群的交互式 SQL Shell 中，运行以下命令以测试空间库是否已正确加载。

```
SELECT ST_IsValid(ST_MakePoint(1,2));
```

应该看到以下输出：

```
    st_isvalid
  ------
true
(1 row)
```

如果 CockroachDB 二进制文件未正确访问/usr/local/lib/cockroach，它将输出如下错误消息。

```
ERROR: st_isvalid(): geos: error during GEOS init: geos: cannot load GEOS from dir "/usr/
local/lib/cockroach": failed to execute dlopen
            Failed running "sql"
```

## 思考题

1. 简述 TiDB、Vitess 以及 CockroachDB 的对比以及适用场景。

2. 简述 TiDB 如何进行水平扩缩容。

3. 了解 TiDB 的 dumpling 与 BR 工具，以及如何利用 BR 工具进行数据热备份与恢复。

4. 查询相关资料，简述 CockroachDB 如何实现分布式原子事务。

5. 查询相关资料，简述 CockroachDB 如何管理元数据。

# 参 考 文 献

请读者扫描下方二维码查看参考文献。

参考文献

# 图 书 资 源 支 持

感谢您一直以来对清华版图书的支持和爱护。为了配合本书的使用，本书提供配套的资源，有需求的读者请扫描下方的"书圈"微信公众号二维码，在图书专区下载，也可以拨打电话或发送电子邮件咨询。

如果您在使用本书的过程中遇到了什么问题，或者有相关图书出版计划，也请您发邮件告诉我们，以便我们更好地为您服务。

**我们的联系方式：**

地　　址：北京市海淀区双清路学研大厦 A 座 714

邮　　编：100084

电　　话：010-83470236　　010-83470237

客服邮箱：2301891038@qq.com

QQ：2301891038（请写明您的单位和姓名）

资源下载：关注公众号"书圈"下载配套资源。

资源下载、样书申请

图书案例

书 圈

清华计算机学堂

观看课程直播